"十四五"职业教育国家规划教材

U0268133

电子技术教学做一体化教程

（第2版）

主　编　董建民

副主编　路荣亮　刘　娜

参　编　崔如泉　孙丰收　李东晶

北京理工大学出版社

BEIJING INSTITUTE OF TECHNOLOGY PRESS

内 容 简 介

本教材针对高职学生的认知特性，结合课程的特点，按照技术技能人才成长特点和教学规律，将课程内容重新设计，弱化理论性和计算性的内容，讲解以技能性和实用性为主的内容。本教材将课程内容整合为 6 个项目，模拟电子部分 4 个项目，每个项目下有 1～2 个任务。以 8 个精心设计的电子制作项目任务为载体，将理论知识点和技能有机地融入电子制作中，提供每一个项目和任务的实施方案，有效地支撑课程在实施过程中实现教、学、做一体化的教学模式。每一个任务后面总结所要掌握的达标知识点，并配有自我评测的试题，将课程知识点具体化、系统化，明确课程学习的具体目标。在教材中每一个知识点和技能点都有一个二维码，学习者扫描二维码，即可获得微课、教学视频、电子课件等资源。

本教材适用于高等职业院校电气自动化技术、应用电子技术等相关专业的学生作为教材使用。

图书在版编目（CIP）数据

电子技术教学做一体化教程 / 董建民主编. --2 版
. --北京：北京理工大学出版社，2022.1（2024.1 重印）
ISBN 978-7-5763-1003-0

Ⅰ. ①电… Ⅱ. ①董… Ⅲ. ①电子技术–高等职业教育–教材 Ⅳ. ①TN

中国版本图书馆 CIP 数据核字（2022）第 028063 号

责任编辑： 陈莉华　　　　**文案编辑：** 陈莉华
责任校对： 刘亚男　　　　**责任印制：** 施胜娟

出版发行 / 北京理工大学出版社有限责任公司
社　　址 / 北京市丰台区四合庄路 6 号
邮　　编 / 100070
电　　话 /（010）68914026（教材售后服务热线）
　　　　　　（010）68944437（课件资源服务热线）
网　　址 / http://www.bitpress.com.cn

版 印 次 / 2024 年 1 月第 2 版第 4 次印刷
印　　刷 / 三河市天利华印刷装订有限公司
开　　本 / 787 mm×1092 mm　1/16
印　　张 / 17.25
字　　数 / 405 千字
定　　价 / 45.00 元

前言 *Preface*

  党的二十大报告指出深入实施人才强国战略，培养造就大批德才兼备的高素质人才，是国家和民族长远发展大计，加快建设国家战略人才力量，努力培养造就更多大师、战略科学家、一流科技领军人才和创新团队、青年科技人才、卓越工程师、大国工匠、高技能人才。随着电子技术突飞猛进的发展，带动了整个高科技的腾飞，对社会生产生活和国防的各个方面产生了极大的影响，国家急需电子技术、集成电路等领域的人才。

  传统的电子技术教材内容设置主要停留在书本知识的范围内，理论性较强，知识晦涩难懂，学生学习吃力、枯燥，学生被动接受，参与性和积极性都不高，难以与实践相结合，对于技能培养的作用不够显著。鉴于此，教材编写组希望编写一本教材，重新系统化设计知识结构，建设碎片化教学资源，弱化复杂分析和计算，注重实践能力的培养和基础理论与知识的学习，依托电子制作将知识点和技能点融入实践任务中。比如项目一 常用半导体器件的识别与检测，半导体二极管、三极管、电阻、电感、电容和继电器等元器件，这些具有很好的直观性的器件，学生们通过实际动手焊接组装小电子产品，从眼、脑、手等多感官的接触，更加深了对常用电子元器件的认识。通过电子制作实践项目可以提高学生的学习兴趣，把抽象的理论内容直观化，不仅锻炼了学生的电子焊接技能、电子产品装配技能、元器件的识别与检测技能等实践技能，还促进了电子基础基本理论知识的理解和学习。本教材的每一个项目和任务都有丰富的学习资源进行支撑，包括电子课件、电子教案、动画、视频、仿真等，可以通过扫描二维码方便地获得。

  本教材共分为 6 个项目，每个项目下有 1~2 个任务，每个任务有 7 个栏目，即引言、任务概述、知识准备（任务所需的每一部分知识为一个知识链接）、任务实施、知识拓展、任务达标知识点总结、自我评测。通过课程的学习和锻炼，使学生能够掌握电子技术的基本知识和技能，掌握基本的电子线路分析方法，为后续课程的学习和从事相关的工作奠定基础。

  参加本教材编写的人员有：山东工业职业学院董建民（项目一、项目四）、路荣亮（项目五、项目六）、刘娜（项目二）、崔如泉（项目三），本书由山东工业职业学院顾海远副教授主审，对全书进行了审阅并提出了许多宝贵意见，由董建民对全书进行了统稿。山东工业职业学院孙丰收、李东晶老师在本书的编写中也做了很多工作。

  在本教材的编写过程中，编者参考了许多相关资料和书籍，在此向有关资料与书籍的作者表示感谢。本教材在使用中，最好是有理实一体化教室，需要准备电子制作的相应套件，每名同学要有电子产品装配的工具和仪表，如电烙铁、万用表。要有专用的焊接实验室。

  由于编者的水平和经验有限，书中难免有不足之处，敬请广大读者批评指正。

编 者

目录 Contents

项目一

常用半导体器件的识别与检测

 引言

半导体二极管和三极管是电子技术中最基本的半导体电子器件，它们的基本结构、工作原理、特性及参数是学习电子技术和分析电子电路的基础。本项目主要是让同学们认识和了解二极管与三极管，知道它们的结构、特点、参数以及主要用途。以后见到这些电子器件不仅能够认识它们，还能检测出它们的引脚极性，熟悉它们在电路中的作用。为后面各项目的学习打下必要的基础。

任务一　微型 LED 照明器的制作

任务概述

利用普通二极管、发光二极管、电阻、电容等电子元器件，制作一个小夜灯。包括阻容降压电路、二极管桥式整流电路，完成小夜灯的装配与调试。

【任务目标】

（1）了解半导体的基本特性。

（2）了解相关元器件（普通二极管、发光二极管、电阻、电容）的结构和基本应用。

（3）熟悉相关元器件（普通二极管、发光二极管、电阻、电容）极性的识别和极性检测方法。

（4）练习电子焊接的实践技能。

（5）实施并完成小夜灯的制作。

【参考电路】

图 1-1-1 所示为小夜灯电路原理图。

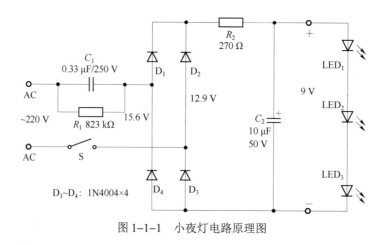

图 1–1–1　小夜灯电路原理图

知识准备

知识链接 1　半导体基本知识

世界上的物质根据导电能力的不同，可分为导体（如金、银、铜、铁等）和绝缘体（如干燥的木头、玻璃等），还有一类物质它的导电能力介于导体和绝缘体之间，称为半导体。常用的半导体材料是硅（Si）、锗（Ge）和砷化镓等。

（一）半导体的主要特性

1. 半导体的奇妙特性

在电工技术的发展史上，由于半导体既不是良好的导电材料，又不是可靠的绝缘材料，所以长期受到冷落，之所以后来得到广泛的应用，是因为人们发现了半导体具有以下 3 个可贵的特性。

1）光敏特性

即半导体的导电能力对光照辐射很敏感。对半导体施加光线照射时，光照越强，等效电阻越小，导电能力越强。利用半导体的光敏特性，可以制成光敏检测元件，如光敏电阻、光敏二极管、光敏三极管和光电池等，可用于路灯、航标灯的自动控制或制成火灾报警装置、光电控制开关等。

2）热敏特性

即半导体的导电能力对温度很敏感。温度升高，将使半导体的导电能力大大增强。例如，纯锗，温度每升高 10 ℃它的导电能力增加一倍（电阻率会减少到原来的 $\frac{1}{2}$）。利用半导体对温度十分敏感的特性，可以制成自动控制中常用的热敏电阻（是负温度系数）及其他热敏元件。

3）掺杂特性

"杂质"可以显著改变（控制）半导体的导电能力。这里所说的"杂质"是指人为的、有目的的、在纯净的半导体（通常称本征半导体）中掺入的极其微量的三价或五价元素（如硼、磷）。在本征半导体中掺入微量的杂质元素，则它的导电能力将大大增强。例如在纯硅中掺入一亿分之一的硼元素，其导电能力可以增加两万倍以上。利用掺杂半导体可以制造出晶体二极管、晶体三极管、场效应管、晶闸管和集成电路等半导体器件。

这也说明，任何东西的特性本身无所谓好坏，主要是看人们如何去利用它们。

2. 本征半导体

纯净的结构完整的半导体称为本征半导体。用于制造半导体器件的纯硅和锗都是四价元素，其最外层原子轨道上有 4 个电子（称为价电子）。

在单晶结构中，由于原子排列的有序性，价电子为相邻的原子所共有，形成图 1-1-2 所示的共价键结构，图中+4 代表四价元素原子核和内层电子所具有的净电荷。共价键中的价电子，将受共价键的束缚。在室温或光照下，少数价电子可以获得足够的能量摆脱共价键的束缚成为自由电子，同时在共价键中留下一个空位，如图 1-1-3 所示，这种现象称为本征激发，这个空位称为空穴，可见本征激发产生的自由电子和空穴是成对出现的。原子失去价电子后带正电，可等效地看成是有了带正电的空穴。空穴很容易吸引邻近共价键中的价电子去填补，使空位发生转移，这种价电子填补空位的运动可以看成空穴在运动，但其运动方向与价电子运动方向相反。自由电子和空穴在运动中相遇时会重新结合而成对消失，这种现象称为复合。温度一定时，自由电子和空穴的产生与复合将达到动态平衡，这时自由电子和空穴的浓度一定。

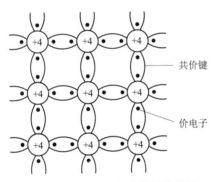

图 1-1-2　单晶硅的共价键结构图

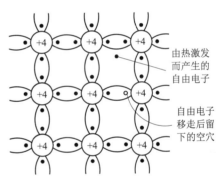

图 1-1-3　本征激发产生的电子-空穴对

在电场作用下，自由电子和空穴将做定向运动，这种运动称为漂移，所形成的电流叫作漂移电流。因为半导体中有自由电子和空穴两种载流子（载有电荷，并能参与导电过程的粒子称为载流子）参与导电，分别形成电子电流和空穴电流，这一点与金属导体的导电机理不同。在常温下本征半导体载流子浓度很低，因此导电能力很弱。不过，当本征半导体受到光或热的作用时，由于外界能量的激发，则有较多的共价键破裂，形成电子-空穴对，从而涌现出大量的载流子，使得半导体的导电能力明显上升，呈现出半导体的光敏、热敏特性。

3. 掺杂半导体

本征半导体导电能力差，本身用处不大，但是在本征半导体中掺入某种微量的杂质，却可以大大改善它的导电性能。按照掺入杂质的不同，可分为 N 型和 P 型两种掺杂半导体，这两种半导体是制造各种半导体器件的基础材料。其中 P 是 Positive（正）的第一个字母，N 是 Negative（负）的第一个字母。

1）N型（电子型）半导体

如果在本征硅中掺入微量的五价元素，例如磷（P），这种掺入磷杂质的硅半导体中就具有相当数量的自由电子，这种半导体主要靠自由电子导电，所以称为电子型半导体，简称 N 型半导体，在 N 型半导体中，不但有数量很多的自由电子而且也有少量的空穴存在，自由电子是多数载流子（简称多子），空穴是少数载流子（简称少子），自由电子主要是由五价杂质产生的，而空穴是原半导体由于热或光的激发产生的。

2）P型（空穴型）半导体

同理，如果在本征硅中掺入微量的三价元素，例如，百万分之几的硼（B）和镓（Ga）等，掺入硼杂质的硅半导体中就具有相当数量的空穴载流子，这种半导体主要靠空穴导电，所以称为空穴型半导体，简称 P 型半导体。

总之，不管是 N 型还是 P 型半导体，内部都有大量的载流子，导电能力都较强。

视频　PN 结的形成　　视频　PN 结的单向导电性　　视频　两种载流子

视频　半导体基础知识　　文档　知识碎片：半导体基础知识

（二）PN 结

如果通过一定的工艺把 P 型半导体和 N 型半导体结合在一起，则在它们的交界面处就会形成一个具有特殊性能的导电薄层，称为 PN 结。它是构成二极管、三极管、晶闸管以及半导体集成电路等名目众多的半导体器件的核心部分。

知识链接 2　半导体二极管特性及主要参数

（一）半导体二极管的结构和符号

半导体二极管简称二极管，其结构是由一个 PN 结加上相应的电极引线和管壳构成。它有两个电极，由 P 型半导体引出的电极是正极（又叫阳极），由 N 型半导体引出的电极是负极（又叫阴极），如图 1-1-4（a）所示。二极管的外形有多种，如图 1-1-4（c）所示，在电路图中并不需要画出二极管的结构，而是用约定的电路符号和文字符号来表示，二极管的电路符号如图 1-1-4（b）所示，通常用字母 D（或 VD）表示二极管。许多二极管的管壳上标有符号，其极性是不难识别的，对于极性不明的二极管，可以用万用表的电阻挡，测量它的正、反向电阻值，判别出它的正、负电极。

普通二极管有点接触型和面接触型两类结构，如图 1-1-4（d）、（e）所示。点接触型由于结面积小，因而结电容也小，适用于高频工作，但允许通过的电流很小（几十毫安以下）。国产锗检波二极管 2AP 系列和开关二极管 2AK 系列都属于点接触型二极管。面接触型二极管由于结面积大，因而能通过较大的电流，主要用于整流电路中。国产硅二极管 2CP 和 2CZ 系列都属于面接触型二极管。

（二）二极管的主要特性

1. 二极管导电特性的演示实验

为了了解二极管的导电特性，先来做一个二极管导电特性的演示实验。将二极管串接到由电池和指示灯组成的电路中。按图 1-1-5（a）连接电路，观察指示灯是否发亮；将二极管的阴、阳极对调后，按图 1-1-5（b）连接电路，再观察指示灯的亮暗情况。通过实验可以发现，当电流由二极管的阳极流入、阴极流出时，指示灯亮，表明二极管的电阻很小，很容易导电，近似为开关的接通状态；若电流要以相反方向通过时，指示灯不亮，表明此时二极管的电阻很大，反向几乎不导电，近似为开关的断开状态。

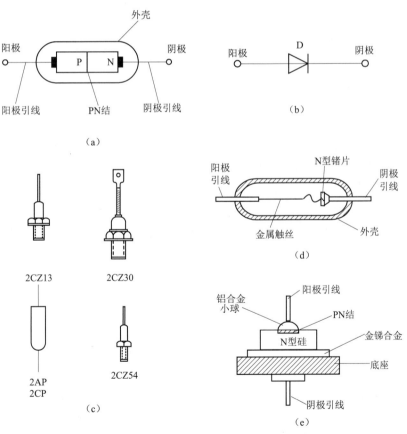

图 1-1-4　二极管的结构、符号、外形和类型
（a）二极管的结构；（b）二极管的符号；（c）二极管的部分外形；
（d）点接触型二极管；（e）面接触型二极管

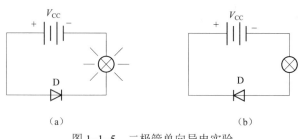

图 1-1-5　二极管单向导电实验

（a）二极管导通；（b）二极管截止

2. 二极管的主要特性——单向导电性

通过以上的实验和分析，可以得到二极管导电的主要特性：单向导电（性）。单向导电性是二极管最重要的特性。

所谓二极管单向导电，是说二极管只能一个方向导电，另一个方向不导电；也就是说按二极管符号中箭头的方向，由阳极（P 区）往阴极（N 区）可以顺利地流电流，而反方向时就不导电。

二极管的单向导电性，只有在其两端外加不同极性的电压时才能表现出来。

1）二极管的正向导通

在二极管的两电极加上电压，称为给二极管以偏置。并规定，当外加电压使二极管的阳极电位高于阴极电位时，称为二极管的正向偏置，简称正偏。在正向偏置的情况下，二极管的等效电阻很小，近似为开关的接通状态，这就是二极管的正向导通（状态）。这时通过二极管的电流称为正向电流，用 I_F 表示，其大小由外部电路的参数决定。

2）反向截止（截止即不导通）

当外加电压使二极管的阳极电位低于阴极电位时，称为二极管的反向偏置，简称反偏。在反向偏置的情况下，二极管的等效电阻很大，通过二极管的电流很小，约为零，近似为开关的断开状态。这就是二极管的反向截止（状态）。这时通过二极管的电流称为反向电流，用 I_R 表示，随着反向电压的升高，反向电流几乎保持不变，故称为反向饱和电流，用 I_{sat} 表示。I_{sat} 虽然很小，但受温度影响很大。

总之，二极管具有单向导电性，即正向导通，反向截止。单向导电性是二极管最重要的特性。

（三）二极管的伏安特性

粗略地说，二极管的主要特性就是单向导电性，但更准确、全面的（静态）特性，反映在它的伏安特性上。二极管的伏安特性是指通过二极管的电流随其两端电压对应变化的关系。伏安特性是外特性，是内部载流子运动的外在表现形式，对使用者来说，掌握外特性比掌握其内部机理更加重要。伏安特性可以用表达式表示，也可以在 u–i 坐标平面上以曲线的形式描绘出来，称为伏安特性曲线。

1. 二极管的伏安特性曲线

利用晶体管图示仪能十分方便地测出二极管的正、反向伏安特性曲线，如图 1-1-6 所示。

1）正向特性（以硅为例）

正向伏安特性曲线指第一象限部分，它的两个主要特点如下。

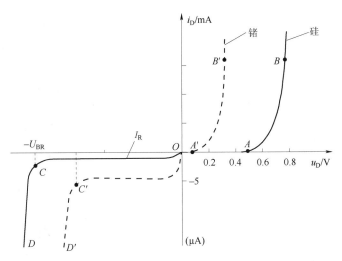

图 1-1-6　二极管伏安特性曲线

（1）外加电压较小时，二极管呈现的电阻较大，正向电流几乎为零，曲线 *OA* 段称作不导通区或者死区。一般硅二极管的死区电压约为 0.5 V，锗二极管约为 0.1 V。

（2）正向电压 u_D 超过死区电压时，二极管正向导通。*AB* 段特性曲线很陡，几乎与横轴垂直，说明这时通过二极管的电流在很大范围内变化，而其两端的电压却基本保持不变。*AB* 段称作导通区。二极管导通后两端的正向电压称作管压降 （或导通压降），基本不变。一般硅管的管压降约为 0.7 V，锗管的管压降约为 0.2 V。

2）反向特性（以硅为例）

反向伏安特性曲线指第三象限部分，它的两个主要特点如下。

（1）反向截止区。当二极管承受反向电压时，二极管截止，如曲线 *OC* 段称为反向截止区。此时仅有很小的反向电流 I_R，而且反向电流几乎不随反向电压的增大而变化，所以反向电流也称为反向饱和电流（或称反向漏电流）。反向饱和电流值越小越好。一般小功率硅管的反向电流较小，约在 1 μA 以下，锗二极管的则达几十微安以上，大功率二极管会稍大些；反向电流虽然较小，但随温度升高而明显增大。

（2）反向击穿区。当反向电压增大到超过某一个值时（图中 *C* 点），反向电流随反向电压的增加会突然急剧地加大，这种现象叫作反向击穿。*CD* 段称为反向击穿区，发生击穿时的电压（图中 *C* 点）就叫反向击穿电压 U_{BR}。击穿后容易造成管子损坏，因此在实际使用过程中，加在二极管上的反向电压不允许超过击穿电压（除稳压管外）。

2. 二极管伏安特性的数学表达式

二极管伏安特性的数学表达式亦称为二极管的电流方程。理论分析表明，二极管的伏安特性可表示为

$$i_D = I_S(e^{u_D/U_T} - 1) \tag{1-1-1}$$

式中　I_S——反向饱和电流；

$\qquad$ U_T——温度电压当量，$U_T = kT/Q$，其中 k 为玻耳兹曼常数，T 为绝对温度，Q 为电子电量。在室温（27 ℃或 300 K）时 $U_T \approx 26$ mV。

由式（1-1-1）知，若外加电压 $u_D = 0$，则 $i_D = 0$ 时，二极管无电流通过；若正向电压 $u_D \gg U_T$

（例如 $u_D > 100\ \text{mV}$），则 $i_D \approx I_S\, \text{e}^{u_D/U_T}$，即 i_D 与 u_D 近似成指数关系；若反向电压满足 $|u_D| \gg U_T$（例如 $u_D < -100\ \text{mV}$），则 $i_D \approx -I_S$，即反向电流与反向电压无关，为一恒定值，其中负号表示反向电流。

注意，式（1-1-1）不适用于特性曲线击穿时的情况。

通过以上分析可看出，二极管的伏安特性曲线不是直线，所以二极管是一个非线性器件。

视频　半导体二极管

动画　二极管结构

动画　二极管特性动画教程

文档　知识碎片：半导体二极管特性及主要参数

（四）二极管的主要参数

任何器件都有几个主要参数，器件的参数是指国标或者制造厂家对生产的半导体器件应达到的技术指标所提供的数据要求，它反映了器件的技术特性和质量好坏，它是我们选择和使用器件的重要依据。器件的参数可以通过查半导体手册来获得，也可以通过实际测量来得到。在实际应用中二极管的主要参数有以下4个。

1. 最大整流电流 I_{FM}

最大整流电流通常称为额定工作电流，是指在规定的环境温度（通常是 25 ℃）和散热条件下，二极管长期运行时所允许通过的最大正向平均电流。如果通过二极管的实际工作电流超过了 I_{FM}，会导致二极管因过热而损坏。锗管的允许温度为 75～100 ℃，硅管的允许温度为75～125 ℃（塑封管）或 125～200 ℃（金属封装管）。

当环境温度过高或大功率管子安装的散热装置不符合要求时，二极管必须降额使用。

2. 最高反向工作电压 U_{RM}

最高反向工作电压通常称为耐压值或额定工作电压，是指为了保证二极管不至于反向击穿的条件下，而允许加在二极管上的反向电压的峰值。为了确保二极管安全工作，晶体管手册中给出的最高反向电压 U_{RM} 约为反向击穿电压 U_{BR} 的一半。在实际运用时二极管所承受的最大反向电压不应超过 U_{RM}，否则二极管就有发生反向击穿而造成损坏的可能。

3. 反向电流 I_S（或 I_R）

反向电流又称反向饱和电流或反向漏电流，它指常温下二极管未反向击穿时的电流，其值越小越好。通常 $I_S \approx 0$，但温度增加，反向电流会急剧增大，所以使用二极管时要注意温度的影响。

4. 最高工作频率 f_M

二极管的 PN 结具有结电容，随着工作频率的升高，结电容的容抗减小，当工作频率超过 f_M 时，管子将失去它的单向导电特性（正反向都导通）。所以，f_M 是保持管子单向导电特性的最高频率。一般小电流二极管的 f_M 高达几百 MHz，而大电流的整流管仅几 kHz。

（五）理想二极管

所谓理想二极管，粗略地说就是最好的二极管。它的特性是：正向导通时，死区电压和导通压降均为零，I_{FM} 为无穷大；反向截止时，反向电流 I_R 为零，反向击穿电压 U_{BR} 为无穷大（并且 $f_M = \infty$）。理想二极管可用一理想开关来等效，二极管正向导通时相当于理想开关闭合，反向截止时相当于理想开关断开。在实际应用中，当二极管的导通压降远小于电路中的电源电压，并且反向不击穿时，可认为二极管是理想的，否则应考虑二极管的导通压降。

（六）半导体二极管的型号

二极管的型号和部分参数见附录 2 所示内容。

知识链接 3　二极管整流电路

将交流电变成脉动直流电的过程称为整流，能实现整流功能的电路称为整流电路或整流器。利用半导体二极管的单向导电性可以组成各种整流电路，既简单方便又经济。下面分别介绍单相半波和桥式全波整流电路。

（一）单相半波整流电路

1. 电路组成

单相半波整流电路如图 1-1-7（a）中的虚线框内所示，主要是由整流二极管组成。整流电路的前面通常接有降压电源变压器 T，后面通常接有负载。

2. 工作原理

设电源变压器次级绕组交流电压为

$$u_2 = \sqrt{2}U_2 \sin\omega t \tag{1-1-2}$$

其中 U_2 为变压器次级交流电压的有效值。u_2 的波形如图 1-1-7（b）所示，在 u_2 的正半波期间，变压器的次级绕组上端为正，下端为负。二极管 D 因正向偏置而导通，有电流流过二极管和负载。若略去二极管导通时的正向压降（通常小于 1 V），则 $u_L = u_2$。在 u_2 的负半波期间，变压器的次级绕组上端为负，下端为正。二极管 D 因反向偏置而截止，没有电流流过二极管和负载。R_L 上电压为零，此时，二极管如同开关断开，所以其两端电压 $u_D = u_2$。

在图 1-1-7（b）中还画出了负载上的电压和电流的波形图。这种电路利用二极管的单向导电性，使电源电压的半个周期有电流通过负载，负载上得到的电压是交流电压 u_2 的半个周期，故称为半波整流电路。半波整流在负载上得到的是单向脉动直流电压和电流。

3. 负载上的直流电压和电流的计算

直流电压是指一个周期内脉动电压的平均值。对于半波整流电路为

$$U_{L(AV)} = \frac{1}{2\pi}\int_0^{2\pi} u_L d(\omega t) = \frac{1}{2\pi}\int_0^{\pi} \sqrt{2}U_2 \sin\omega t d(\omega t) = \frac{2\sqrt{2}U_2}{2\pi} \approx 0.45U_2 \tag{1-1-3}$$

即

$$U_{L(AV)} = \frac{\sqrt{2}U_2}{\pi} \approx 0.45U_2 \tag{1-1-4}$$

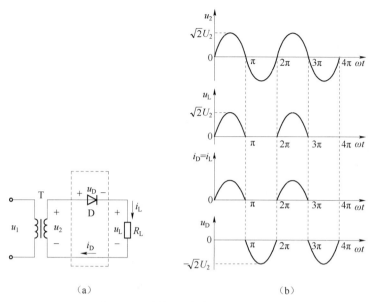

（a）

（b）

图 1-1-7　单相半波整流电路及波形

（a）电路图；（b）波形图

式（1-1-4）表明，半波整流电路负载上得到的直流电压还不到变压器次级电压有效值的一半。

流经负载的直流电流为

$$I_{L(AV)} = \frac{U_L}{R_L} \approx 0.45 \frac{U_2}{R_L} \qquad (1-1-5)$$

4. 整流二极管的选择

流经二极管的电流 I_D 与负载电流 I_L 相等，故选用的二极管要求其

$$I_{FM} > I_{D(AV)} = I_{L(AV)} \qquad (1-1-6)$$

由图 1-1-7 可见，二极管承受的最大反向电压，等于二极管截止时两端电压的最大值，即交流电源负半波的峰值。故选用的二极管要求其耐压值

$$U_{RM} > U_{DM} = \sqrt{2} U_2 \qquad (1-1-7)$$

根据 I_{FM} 和 U_{RM} 计算值，查阅有关半导体器件手册选用合适的二极管型号，使其定额略大于计算值，通常取 $I_{FM} = (2 \sim 4) I_{L(AV)}$，$U_{RM} = (2 \sim 3) U_{DM}$。

（二）单相桥式整流电路

视频 半波整流电路

半波整流电路，电路简单（只用一个二极管）。但是，这种电路只利用了交流电压的半个周期，负载上得到的直流电压较低（不到 U_2 的一半，约为 $0.45U_2$），且脉动性较大。为了克服这些缺点，可以采用桥式整流电路。

1. 电路组成

如图 1-1-8 中虚线框内所示，4 个二极管接成桥式，在 4 个顶点中，相同极性接在一起的一对顶点接向直流负载；不同极性接在一起的一对顶点接向交流电源。

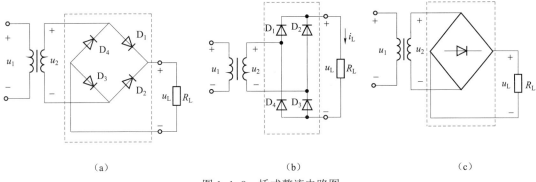

图 1-1-8　桥式整流电路图

（a）电路画法一；（b）电路画法二；（c）简化画法

2. 工作原理

设电源变压器次级交流电压为

$$u_2 = \sqrt{2}U_2\sin\omega t \tag{1-1-8}$$

其波形如图 1-1-9（a）所示。在 u_2 的正半波期间，变压器次级绕组上端为正，下端为负，二极管 D_1、D_3 因正向偏置而导通，电流由绕组上端流出，经 D_1、R_L 和 D_3 而回到绕组下端，负载上得到上正下负的半波电压 u_L。此时，二极管 D_2、D_4 因承受反向电压而截止，没有电流通过。

在 u_2 的负半波期间，变压器次级绕组下端为正，上端为负，二极管 D_2、D_4 导通，D_1、D_3 截止，电流由绕组下端流出，经 D_2、R_L 和 D_4 而回到绕组上端，负载上仍得到上正下负的半波电压。

可见，在电源电压的整个周期内，由于 D_1、D_3 和 D_2、D_4 各导通半个周期，两组二极管轮流导通，负载上得到的是全波整流电压和电流，如图 1-1-9（b）、（c）、（d）、（e）、（f）所示。

3. 负载上直流电压和电流的计算

桥式整流电路负载上得到的输出电压或电流是半波整流电路的 2 倍，即

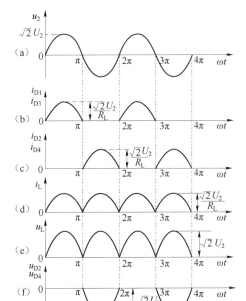

图 1-1-9　桥式整流电路电压、电流波形

$$U_{L(AV)} = \frac{2\sqrt{2}U_2}{\pi} \approx 0.9U_2 \tag{1-1-9}$$

$$I_{L(AV)} = \frac{U_L}{R_L} \approx 0.9\frac{U_2}{R_L} \tag{1-1-10}$$

4. 整流二极管的选择

二极管的最大整流电流

$$I_{FM} > I_{D(AV)} = \frac{1}{2}I_{L(AV)} \tag{1-1-11}$$

二极管的最大反向电压，按其截止时所承受的反向峰压有

$$U_{RM} > U_{DM} = \sqrt{2}U_2 \qquad (1-1-12)$$

由于桥式整流电路优点较显著，所以使用很普遍。现在已生产出现成的二极管组件——硅桥堆，它们应用集成电路技术将4个二极管集中在同一硅片上，具有体积小、特性一致、使用方便等优点。

【例1-1-1】 某直流负载 $U_L = 110\ V$，$I_L = 3\ A$，要求用桥式整流电路供电，试选择整流二极管的型号和电源变压器次级电压的有效值。

解： 由式（1-1-9）确定变压器次级绕组的电压有效值为

$$U_2 = \frac{U_L}{0.9} = \frac{110}{0.9} \approx 122 \ (V)$$

二极管的最大反向电压，按式（1-1-12）为

$$U_{RM} > U_{DM} = \sqrt{2}U_2 = \sqrt{2} \times 122 \approx 172 \ (V)$$

二极管的最大整流电流，按式（1-1-11）为

$$I_{FM} > I_{D(AV)} = \frac{1}{2}I_{L(AV)} = \frac{1}{2} \times 3 = 1.5 \ (A)$$

根据这两个数据，查半导体器件手册，可选2CZ56G型硅整流二极管4个，其最大整流电流为3 A，其最高反向工作电压为500 V，满足电路要求。

必须注意，为了保证二极管能安全可靠地工作，选用管子时要留有电流、电压余量（2～3倍的余量）；对功率较大的二极管应按器件手册的要求加装散热器。

视频　二极管桥式整流

视频　桥式整流电路

动画　单向桥式整流电路

（三）滤波电路

整流电路，输出的都是脉动直流电，含有很大的交流成分。这种脉动直流电可以给蓄电池充电，或者作为小容量直流电动机、电磁铁等的直流电源，但不能直接作为电子设备的电源来使用，否则，由于脉动直流电中含有较大的交流成分，将对电子设备的工作产生严重的干扰（如音响设备出现交流噪声、电视机图像产生扭曲等）。为此需要将脉动直流电中的交流成分尽可能滤除掉，使输出电压变得平滑，接近直流电压源电压，这一过程称为滤波。

滤波电路通常由电容、电感和电阻等元件组成。滤波电路又简称为滤波器，常用的有电容滤波器、电感滤波器和复式滤波器。

1. 电容滤波电路

1）电路组成

电容滤波是一种并联滤波。图1-1-10（a）是一个半波整流电容滤波电路，滤波电容直接并联在负载两端。

2）工作原理

电容的特点是能够存储电荷，电容器两端的电压不能突变。用于滤波的电容通常是容量较大的电解电容（几百或几千 μF）。在图 1-1-10（a）中，当 u_2 的正半波开始时，若 $u_2 > u_C$（电容两端电压），则二极管 D 导通，C 被充电。由于充电回路电阻很小，所以充电很快，当 $\omega t = \pi/2$ 时，u_2 达到峰值，C 的两端电压也近似充至 $\sqrt{2} U_2$ 值。u_2 过了峰值就开始下降，由于放电回路电阻较大，C 上的存储电荷尚未放掉，这时就出现了 $u_C > u_2$ 的现象，二极管 D 因反偏而截止。D 截止后，电容 C 向 R_L 放电，放电速度较慢，当 u_2 进入负半波后，D 仍处于截止状态，电容 C 继续放电，端电压 $u_C = u_L$ 也逐渐下降。

当 u_2 的第二个周期的正半波来到时，C 仍在放电，直到 $u_2 > u_C$ 时，二极管 D 又因正偏而导通，电容 C 又再次被充电。这样，不断重复第一周期的过程，负载上的电压和电流以及通过二极管的电流的波形就如图 1-1-10（b）所示。与无滤波的半波整流电路相比较，可见电容滤波电路，负载上得到的直流电压脉动情况已大大改善。显然电路的放电时间常数 $R_L C$ 越大，放电过程就越慢，电容的端电压变化就越小，负载上得到的直流电也就越平滑，这就是电容滤波的基本原理。

图 1-1-10（c）、（d）所示为全波（桥式）整流、电容滤波的电路和波形图。其滤波原理与半波电路类似，由于电容的充、放电过程缩短为电源电压的半个周期重复一次，因此，输出的直流电压波形更为平滑。

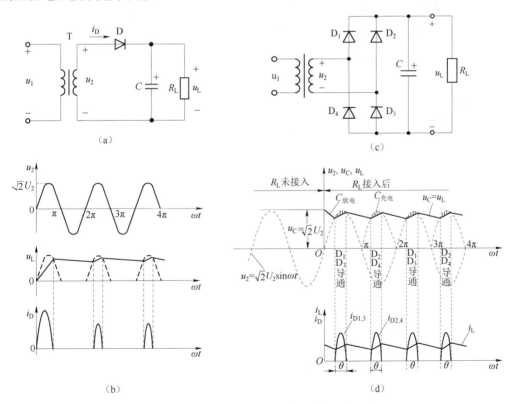

图 1-1-10　整流、电容滤波电路及电流、电压波形

（a）半波整流、电容滤波电路；（b）半波整流电压、电流波形；（c）桥式整流、电容滤波电路；

（d）全波整流电压、电流波形

3）电容滤波的特点

下面以桥式全波整流电路为例进行说明。

（1）滤波电容接入后，不但输出电压得到平滑（脉动性减小），而且输出的直流电压会升高，外特性变软。

（2）接通电源瞬间，有浪涌电流通过二极管，二极管的导电角 $\theta < \pi$。

4）滤波电容 C 的选择与负载上直流电压的估算

选取滤波电容 C 的大小与负载 R_L 和脉动电压的频率 f 有关。当 f 一定，$R_L C$ 愈大，输出电压的脉动就愈小。通常取 $R_L C$ 为脉动电压中最低次谐波周期 T 的 3～5 倍，即

$$R_L C \geqslant (3 \sim 5) T \tag{1-1-13}$$

当交流电源频率 $f = 1/T = 50$ Hz，R_L 的单位为欧姆时，对于半波整流电路，由上式求得滤波电容 C，即

$$C \geqslant (3 \sim 5) \frac{T}{R_L} = (3 \sim 5) \frac{0.02}{R_L} \times 10^6 (\mu F) \tag{1-1-14}$$

对于全波整流电路，最低次谐波频率等于电源频率的 2 倍，故得

$$C \geqslant (3 \sim 5) \frac{T}{R_L} = (3 \sim 5) \frac{0.01}{R_L} \times 10^6 (\mu F) \tag{1-1-15}$$

动画　电容滤波电路　　　视频　电容滤波　　　视频　滤波

【例 1-1-2】 某桥式整流电容滤波电路，已知 $U_L = 12$ V，$I_L = 1$ A（即 $R_L = U_L / I_L = 12$ Ω），交流电源频率 $f = 50$ Hz（$T = 0.02$ s），试选择滤波电容。

解： 按式（1-1-15）可得

$$C \geqslant (3 \sim 5) \frac{0.01}{R_L} \times 10^6 = (3 \sim 5) \frac{0.01}{12} \times 10^6 = (2\,500 \sim 4\,167) \mu F$$

C 可选标称值 3 300 μF。此外，当负载断开时，电容器两端的电压将升高至 $\sqrt{2} U_2$，电容器的耐压值应大于此值，通常取（1.5～2）U_2，本例中可选电容器的耐压值为 25 V。

滤波电容一般采用电解电容，选择电容时要选标称容量和标称耐压；使用电解电容时，应注意其极性不能接反，即正极接高电位，负极接低电位；若电容器的极性接反，其耐压值会大大降低，极易造成击穿损坏。

在满足式（1-1-14）和式（1-1-15）的条件下，电容器两端，也就是负载上的直流电压，可按下式估算

$$\left. \begin{array}{l} U_L \approx U_2 \quad \text{（半波）} \\ U_L \approx 1.2 U_2 \text{（全波）} \end{array} \right\} \tag{1-1-16}$$

2. 电感滤波电路

1）电路组成

如图 1-1-11 所示，图 1-1-11（a）是一个全波整流电感滤波电路。滤波电感 L 与负载 R_L

相串联，所以，这是一种串联滤波器。

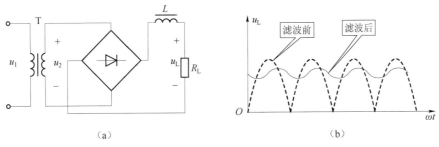

图 1-1-11　电感滤波电路和波形

(a) 电路；(b) 波形

2）工作原理

根据电磁惯性原理：电感是储能元件，电感中的电流不能突变；或者说，当电感中通过一变化的电流时，电感两端将产生自感电压 $u_L = L \dfrac{di}{dt}$ 来阻碍电流的变化，即当通过电感的电流增加时，自感电压会阻碍电流的增加，同时将电能转变成磁能储存起来，使电流缓慢增加；反之，当流过电感的电流减小时，自感电压自动反向（起电源的作用）来阻碍电流减小，同时电感将磁能转变为电能释放出来，使电流减小的速度变慢。因此利用电感可以减小输出电流的波动，使负载上得到比较平滑的直流电压和电流。

由此看来，经过电感的串联滤波后，负载两端的输出电压脉动程度便大大减小了。电感滤波的特点是，电感量愈大，产生的自感电压也愈大，阻碍流过负载电流变动的能力也愈强，因此输出电压和电流的脉动就愈小，其滤波效果也就愈好。但电感越大，其体积和重量也越大，成本也越高，此外，电感滤波时，电感线圈中的直流电阻也会产生直流电压降，所以输出电压比 $0.9U_2$ 有所降低，但外特性比电容滤波电路"硬"。

3. 复式滤波电路

为了进一步提高滤波效果，减小输出电压中的脉动成分，把各种滤波的优点集中起来，可以采用复式滤波，即 LC 滤波、RC 滤波，π 形 LC 滤波和 π 形 RC 滤波电路等，如图 1-1-12 所示。

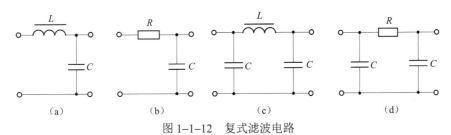

图 1-1-12　复式滤波电路

(a) LC 滤波器；(b) RC 滤波器；(c) π 形 LC 滤波器；(d) π 形 RC 滤波器

知识链接 4　特殊二极管

除普通二极管外，还有若干种特殊二极管，它们具有特殊的功能，在某些电路中应用也很广。特殊二极管有稳压二极管、变容二极管、光电二极管、发光二极管等，下面分别加以简介。

（一）稳压二极管

稳压二极管简称稳压管，它是用硅材料制成的半导体二极管，由于它具有稳定电压的特点，在稳压设备和一些电子电路中经常用到，所以把这种类型的二极管称为稳压管。

1. 稳压管的电路符号、伏安特性及其稳压电路

稳压管的电路符号和伏安特性如图 1-1-13（a）、（b）所示。我们知道，当二极管两端的反向电压超过反向击穿电压 U_{BR} 时，流过管子的电流急剧增加，二极管处于反向击穿状态，只要采取限流措施，就能保证二极管不会发生热击穿而损坏。稳压管就是利用二极管的反向击穿特性并用特殊工艺制造的面接触型硅半导体二极管，它具有低压击穿特性，而且击穿后允许流过的电流较大。由图 1-1-13（b）可以看出，它和普通二极管的伏安特性基本相似，但反向击穿部分（图中 AB 段）更陡峭。稳压管在反向击穿状态下，流过管子的电流在较大范围内变化时，而管子两端电压却变化很小，这是稳压管的主要特性。显然，AB 段越陡峭，同样大的电流变化引起管子两端电压的变化越小，稳压效果越好。在利用二极管的单向导电性的一般电路中应避免出现反向击穿，但在稳压管电路中可以利用它的反向击穿特性实现稳压的作用。

稳压管通常工作在反向击穿状态，因此，外接的电源电压的极性应保证管子反偏，且其大小应不低于反向击穿电压。此外，稳压管的电流变化范围有一定的限制。如果电流太小则稳压效果差或不稳压，例如，若稳压管电流 I_Z 小于图 1-1-13（b）中的电流 I_{Zmin} 时，管子将失去稳压作用；如果电流太大超过图中 B 点的电流 I_{Zmax} 时，管子将发生热击穿而烧坏。因此，稳压管电流的变化应控制在 $I_{Zmin} \sim I_{Zmax}$ 范围内。综上所述，稳压管在电路中的接法应如图 1-1-13（c）所示，其中与稳压管串联的限流电阻 R 的大小要保证稳压管电流 I_Z 在 $I_{Zmin} \sim I_{Zmax}$ 范围内。显然，稳压管在正偏时相当于一个正偏的硅二极管。

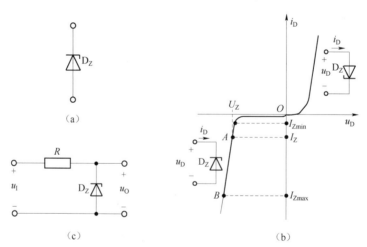

图 1-1-13　稳压管的符号、伏安特性和电路

（a）符号；（b）伏安特性；（c）电路

2. 稳压管的主要参数

1）稳定电压 U_Z

指稳压管中的电流为规定电流（即稳定电流 I_Z）时，稳压管两端的电压值。粗略地看，

U_Z 近似等于反向击穿电压 U_{BR}。由于制造工艺的原因，即使是同一型号的稳压管，U_Z 的分散性也较大，因此半导体手册中给出的 U_Z 是一个范围值，但对一个具体的稳压管来说，U_Z 是范围值中的一个确定的值。

2）稳定电流 I_Z

指稳压管正常工作时的电流参考值，或其两端电压等于稳定电压 U_Z 时的工作电流值。实际电流低于此值时，稳压效果略差；高于此值时，只要不超过最大稳定电流 I_{Zmax}，可以正常工作，且电流越大，稳压效果越好，但管子的功耗将增加。

3）动态电阻 r_Z

指在反向击穿状态下，稳压管两端电压变化量和相应的通过管子的电流变化量之比，即 $r_Z=\Delta U_Z/\Delta I_Z$，$r_Z$ 就是稳压管的动态电阻。显然，反向击穿特性越陡，r_Z 就越小，稳压管两端电压变化也越小，稳压效果就越好，r_Z 的大小反映了稳压管性能的优劣。此外，r_Z 随工作电流的增加而减小。小功率稳压管的 r_Z 为几欧至几十欧。

4）最小稳定电流 I_{Zmin} 和最大稳定电流 I_{Zmax}

其意义已在前面做了阐述，分别指稳压管具有正常稳压作用时的最小工作电流和最大工作电流。

5）额定功耗 P_{ZM}

指稳压管不产生热击穿的最大功率损耗，它是由管子温升所决定的参数，$P_{ZM}=U_Z I_{Zmax}$。

6）电压温度系数 a_Z

这是反映稳定电压值受温度影响的参数，它表示温度变化 1 ℃时稳定电压值的变化量。显然，a_Z 越小，稳定电压受温度影响越小，稳压管的性能也越好。硅稳压管 U_Z 低于 4 V 时具有负温度系数，高于 7 V 时具有正温度系数，U_Z 在 4～7 V 范围时 a_Z 很小。因此，稳定性要求高的场合，一般采用 U_Z 为 4～7 V 的稳压管；在要求更高的场合，可采用具有温度补偿的稳压管，即将正温度系数和负温度系数的两个管子串联使用，如 2DW7 系列的稳压管。

（二）变容二极管

由于反偏时二极管的结电容（主要是势垒电容）作用显著，故可将其看成一个比较理想的电容器件，其大小与反向电压大小有关。变容二极管简称变容管，就是利用 PN 结的电容效应，并采用特殊工艺使结电容随反向电压变化比较灵敏的一种特殊二极管，其电路符号如图 1-1-14（a）所示。显然，变容二极管应工作在反偏状态。

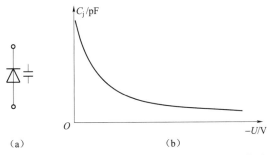

图 1-1-14　变容二极管的电路符号和压控特性曲线

（a）电路符号；（b）压控特性曲线

变容二极管的结电容 C_j 与反偏电压 U 的关系曲线如图 1-1-14（b）所示，它的最大电容为 5～300 pF，最大电容与最小电容之比（称为电容比）约为 5:1。变容二极管常用于调频电路、电调谐电路和自动频率控制电路。

（三）光电二极管

光电二极管又称光敏二极管，是利用半导体的光敏特性制造的光接收器件。当光照强度增加时，PN 结两侧的 P 区和 N 区因本征激发产生的少子浓度也增多，如果二极管加反偏电压，则反向电流增大。因此，光电二极管的反向电流随照度的增加而增大。为了便于接收光照，光电二极管的管壳上有一个玻璃窗口，让光线透过窗口照射到 PN 结的光敏区。光电二极管的电路符号如图 1-1-15 所示，显然它在反向偏压下工作。

当给光电二极管加上一定的反偏电压时，其反向电流与照度成正比。没有光线照射时，流过光电二极管的反向电流很小，称为暗电流；有光线照射时，流过管子的反向电流较大，称为光电流。注意，光电流不仅随入射光照度的增加而增大，还与入射光的波长有关，其中使光电流达到最大的波长称为峰值波长。

光电二极管可用于光的检测和光电转换。当制成大面积的光电二极管时，可当作一种能源，称为光电池，其正极为二极管的阳极，负极为二极管的阴极，短路电流与照度基本上成正比。

（四）发光二极管

发光二极管简称 LED，是一种能把电能转变成光能的器件。它工作在正偏状态，在正向电流达到一定值时能发光。

发光二极管的电路符号如图 1-1-16 所示，伏安特性的形状同普通二极管的一样，只不过它的管压降较高，为 1.5～3.2 V。正常发光时流过发光二极管的电流称为正向工作电流，一般为几毫安至十几毫安，管子的发光强度基本上与正向电流呈线性关系。但是，如果流过发光二极管的正向电流太大，就会烧坏管子，因此工作电流就存在一个最大值，称为极限工作电流。

图 1-1-15　光电二极管符号　　　　　　　图 1-1-16　发光二极管符号

发光二极管的发光颜色有红外、红、绿、黄、白和可变色等，光的颜色取决于制造时所用的材料（如磷化镓、砷化镓、磷砷化镓等）。通过特殊的设计，发光二极管可制成单色光的激光二极管。

与普通二极管相比，发光二极管也具有单向导电性，但通过一定的正向电流时能发光，正向压降较大（死区电压也较大），反向击穿电压较低（通常只有几伏或几十伏）。

与普通小灯泡相比，发光二极管具有体积小、工作电压低、省电、寿命长、单色性好和响应速度快的特点，因此应用很广，如电平指示器、指示灯、七段数字显示器和十字路口车辆通行时间数字指示器等，特别是近几年出现的白色发光二极管，在照明方面应用很广，前景很好，因为它的光电转换效率比电子镇流器的节能灯还高，并且寿命长，电路简单可靠，如图 1-1-17 所示。

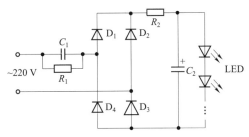

图 1-1-17 发光二极管照明电路

视频 特殊二极管

图片 稳压二极管

图片 发光二极管 1

图片 发光二极管 2

图片 发光二极管应用

任务实施

（一）电路原理图及原理分析

小夜灯电路原理图如图 1-1-18 所示。

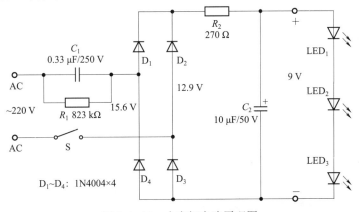

图 1-1-18 小夜灯电路原理图

1. 阻容降压电路

由 C_1、R_1 组成，利用电容的容抗将 220 V 交流电压降低成我们所需要的低交流电压，R_1 是 C_1 的泄放电阻。

2. 整流滤波电路

$D_1 \sim D_4$ 组成单相桥式全波整流电路，将降低后的交流电变成直流电，并经 R_2、C_2 滤波后，作为 LED 灯的电源。

3. LED 介绍

外观：4.8 mm 草帽形，发白光；

阳极与阴极的识别：与帽（壳）里面金属面积小的相连的长引线为阳极，另一引线为阴极；

亮度：7～8 lm（流明，光通量单位，光源在单位时间内发射出的光量称为光源的光通量）；

电压：3.0～3.3 V（导通压降）；

色温：6 000～6 500 K（开尔文温度单位）。

4. 元件清单

微型小夜灯制作元件清单见表 1-1-1。

表 1-1-1　微型小夜灯制作元件清单表

名称	参数	数量	名称	参数	数量
电阻 R_1	2 MΩ（实际 823 kΩ）	1	电容 C_2（电解）	10 μF/50 V	1
电阻 R_2	270 Ω	1	发光二极管	20 mA，3～3.3 V	3
二极管 1N4004	1 A，400 V	4	电路板和外壳	专用	各 1
电容 C_1（交流）	0.33 μF/250 V	1	小开关	普通	1

（二）电路组装

（1）印制电路板上的每条铜箔线，都对应着原理图中的一条连接导线，铜箔线上的安装孔用来安放元件的引脚。这样，元件与导线相连，就组成了要求的电子电路。

（2）元件安装要求：先安装电阻和二极管，后安装电容。

① 电阻共两个，R_1 是 823 kΩ（个小），R_2 是 270 Ω（个大），无极性要求，紧贴电路板卧装。特别注意，若 R_1 和 R_2 安错位置，则 220 V 交流电直接整流，易造成电路损坏。

② 二极管有正负极，注意识别，外壳有白色环的一端是阴极，不可安错，紧贴电路板卧装。

③ 电容 C_1 为 0.33 μF/250 V 交流电容，紧贴电路板安装，无极性要求；C_2 为 10 μF/50 V 电解电容，有正负极，注意识别，长引线为正极，短引线为负极，不可安错。

④ LED 安装：一定搞清极性（长引线为正极，短引线为负极），不可安错。

图 1-1-19　小夜灯电路板

（3）整机组装：可以参考图 1-1-19。

软导线往电路板上焊接的方法：去掉绝缘皮，露出 2～3 mm 的多股铜线，拧成一股绳，在松香中涂上焊锡，然后就像一个电路元件的引线一样，把它焊到电路板上。

（4）常见问题：虚焊，不该连接的焊点被焊接在一起，二极管极性焊反，两个电阻位置焊错。

（5）考核：对学生制作的 LED 灯通电验收，将正常发光的做好记录，作为考核的依据。

视频　小夜灯的工作原理微视频　　视频　焊接工具　　视频　电子焊接技术　　视频　焊接过程

知识拓展

二极管的主要用途

二极管的应用范围很广，主要是利用它的单向导电性。它可以用于整流、检波、钳位、限幅以及在脉冲与数字电路中作为开关元件。

1. 整流

利用二极管的单向导电性可以将交流电压变为单方向的脉动电压，称为整流。整流电路前面已经介绍过。

2. 检波

接收机从载波信号中检测出有用信号称为检波，其工作原理与整流相似，载波信号经过二极管后负半波被消去，经过电容使高频信号旁路，负载上得到低频信号。检波电路如图 1-1-20 所示。

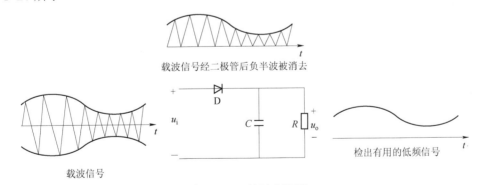

图 1-1-20　检波电路图

3. 限幅

在电子电路中。为了限制输出电压的幅度，常利用二极管构成限幅电路。限幅电路又称削波器。为讨论方便起见，假设二极管 D 为理想二极管。

【例 1-1-3】电路如图 1-1-21（a）所示，输入电压 u_i 的波形如图 1-1-21（b）所示。试画出输出电压 u_o 的波形。

解： 当 $u_i > +5\,\text{V}$ 时，$u_o = +5\,\text{V}$（D 正向导通）；

$u_i \leqslant +5\,\text{V}$ 时，$u_o = u_i$（D 反向截止）。

故可画出输出电压 u_o 的波形，如图 1-1-21（b）所示。

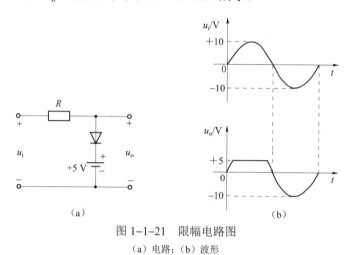

图 1-1-21　限幅电路图

（a）电路；（b）波形

4. 钳位与隔离

当二极管正向导通时，由于正向压降很小，可以忽略不计，所以强制使其阳极电位与阴极电位基本相等，这种作用称为二极管的钳位作用。当二极管加反向电压时，二极管截止，相当于断路，阳极与阴极被隔离，称为二极管的隔离作用。例如在图 1-1-22 所示电路中，当输入端 A 点的电位 $U_A = +3\,\text{V}$，B 点的电位 $U_B = 0\,\text{V}$ 时，因为 A 端电位比 B 端电位高，所以 D_A 优先导通，如果忽略二极管正向压降，则 U_F 约等于 $+3\,\text{V}$。当 D_A 导通后，D_B 上加的反向电压，因而截止。在这里，D_A 起钳位的作用，把输出端 F 的电位钳制在 $+3\,\text{V}$，D_B 起隔离作用，把输入端 B 和输出端 F 隔离开来。

5. 低电压稳压电路

稳压电路是电子电路中常见的组成部分。利用二极管正向压降具有恒压的特点，可构成低电压稳压电路，如图 1-1-23 所示。图中二极管均为硅管，R 为限流电阻，用于降压和防止二极管电流过大而损坏。当二极管正向导通时，管压降恒定，基本不随输入电压的增大而增大，具有恒压特性。电路能提供稳定的 1.4 V 电压输出。这种低电压稳压电路常在互补功率放大电路中用作偏置电路。

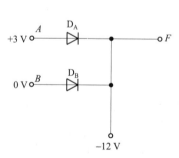

图 1-1-22　钳位与隔离

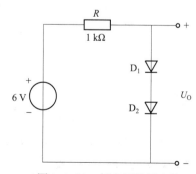

图 1-1-23　低电压稳压电路

　　二极管除用于以上用途外，还有很多其他应用，如延长灯泡寿命，如图 1-1-24 所示，其实就是一个半波整流电路，由于加在灯泡上的电压是 220 V 交流电压的半个周期，通过灯泡的电流是半波电流，虽然亮度略有降低，但寿命能大大延长，且省电，特别适用于楼梯、走廊和厕所等对照明要求不高的场合。用于调光、调温电路，如图 1-1-25 所示，用电器可以是灯泡、电烙铁、电热毯、电火锅、电熨斗和电吹风等，其中 S_1 是用电器的开关，S_2 用于调光或调温。以电热毯为例进行说明，当 S_1 闭合，S_2 闭合时，电热毯得到的是完整的交流电压，可用于电热毯的加夜或使电热毯处于较高温度状态；S_1 闭合，S_2 断开时，电热毯得到的是交流电压的半个周期，温度较低，可用于电热毯的低温（或保温）状态。

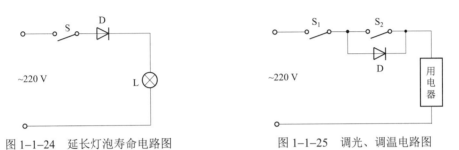

图 1-1-24　延长灯泡寿命电路图　　　　　　图 1-1-25　调光、调温电路图

　　二极管还可组成续流、过压保护电路等。学得越多，你会发现二极管的用途越多，但不管用在什么地方，二极管单向导电的特性将保持不变。

任务达标知识点总结

　　（1）半导体是一种导电能力介于导体与绝缘体之间的物质。

　　（2）常用的半导体材料是硅（Si）和锗（Ge）。

　　（3）半导体具有光敏特性、热敏特性、掺杂特性。

　　（4）P 型半导体是硅中掺入三价元素，主要靠空穴导电；N 型半导体是硅中掺入五价元素，主要靠自由电子导电。

　　（5）PN 结具有单向导电性，加正向电压时导通，加反向电压时截止。

　　（6）按所用半导体材料的不同，二极管分为硅二极管和锗二极管。

　　（7）硅二极管的死区电压约为 0.5 V，锗二极管的死区电压约为 0.1 V；二极管处于正向导通时阻值很小，硅二极管正向压降为 0.6～0.7 V，锗二极管的正向压降为 0.2～0.3 V。

　　（8）二极管也具有单向导电性，加正向电压时导通，加反向电压时截止。

　　（9）二极管的主要参数有：最大整流电流 I_{FM}；最高反向工作电压 U_{RM}；最大反向电流 I_R；最高工作频率 f_M。

　　（10）二极管按用途可分为：普通整流二极管（1N4004）、发光二极管（红、绿、白）、稳压二极管（1N4735）、开关二极管（1N4148）、光敏二极管、变容二极管。

自我评测

　　1. 半导体具有光敏特性、＿＿＿＿＿＿特性和掺杂特性，根据掺入杂质的不同，可分为 N 型半导体和＿＿＿＿＿＿型半导体，其中＿＿＿＿＿型半导体中的多数载流子是自由电子。

2. 一个硅二极管的反向饱和电流在 25 ℃时是 10 μA，问在 50 ℃时等于多少？_____。

3. 二极管的符号是_____，主要特性是_____，即正向导通，_____截止，那么给二极管两端加上正向电压时，二极管是否一定导通？_____。为什么？_____。

4. 硅二极管的正向导通压降是_____，整流二极管的两个主要参数是_____和_____。

5. 在室温27 ℃时某硅二极管的反向饱和电流 I_S=20 nA，如果二极管加0.6 V的正向电压，则二极管的电流是_____？如果给二极管加 1 V 的正向电压，则二极管的电流又是多少？_____，这可能吗？_____。

6. 整流电路的作用是：将交流电变成_____电。

7. 电容滤波的特点是：输出电压得到平滑，输出电压的直流（平均）分量_____（增大或减小）；每个二极管的导通角_____π（>，<，=）；二极管中有_____电流；外特性变_____（软或硬）；当负载 R_L 断开时，输出电压 U_O 的数值是：_____。

8. 电解电容，特别是用于滤波的电解电容，在实际使用时一定要注意正负极性，其正极应接高电位，负极接_____电位。若极性接反，其_____将会大大降低，容易击穿损坏。

9. 电容器的两个主要参数是：容量和_____。在设计电路选择电容时要注意选取标称容量和_____（并且要留有一定的余量）。

10. 电网电压经变压器变压、半波整流后，其纹波的基波频率为_____Hz，经全波整流，则其纹波的基波频率为_____Hz。

11. 桥式整流电路经电容滤波后输出的直流电压 U_O 与变压器次级电压有效值 U_2 的关系为：$U_O \approx$_____U_2。

12. 桥式整流电路中有 4 个整流二极管。若变压器次级电压有效值为 U_2，则每个二极管实际承受的最高反向电压 U_{RM}=_____U_2。

13. 若桥式整流电路的输入电压 $u_2(t)=10\sin 100\pi t$ （V），所选每个整流二极管的最高反向电压应大于_____V。

14. 试画出桥式全波整流电容滤波电路。

15. 某桥式整流电容滤波电路，已知变压器二次正弦交流电压 U_2=20 V，现在用一个直流电压表去测量负载两端的电压 U_L，可能出现下列几种情况：

（1）U_L=28 V；（2）U_L=18 V；（3）U_L=24 V；（4）U_L=9 V。

要求：（1）试分析上列测量数据，哪些是正常的，哪些是表明有了故障。请指出故障原因、故障元件。

（2）把以上电路中的某一个二极管拿掉后，输出电压仍保持不变，这可能吗？

16. 设二极管是理想的，试求图 1-1-26 中各图的输出电压。

17. 电路如图 1-1-27 所示，设二极管为理想的，输入电压为正弦波，试分别画出各图输出电压的波形。

18. 有一桥式整流电容滤波电路，已知交流电压有效值 U=20 V，负载电阻 R_L=50 Ω，要求输出的直流电压为 24 V，纹波电压要小，试选择整流二极管和滤波电容。

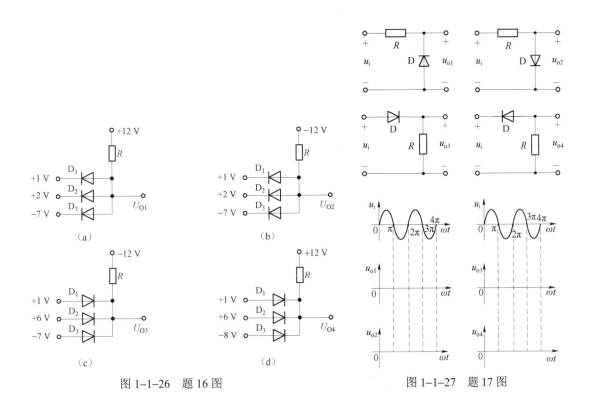

图 1-1-26 题 16 图　　　　　　　　图 1-1-27 题 17 图

任务二　电子音乐门铃的制作

任务概述

利用三极管、音乐芯片、电容等元器件制作一个音乐门铃，当按下按钮后门铃能播放音乐，播完一段音乐后能停下来。通过电子门铃焊接组装技术，加深对焊接技能、三极管和喇叭等知识的掌握。

【任务目标】

（1）了解半导体三极管的结构和特性。

（2）了解三极管的伏安特性曲线及技术参数。

（3）熟悉相关元器件电阻、电容、音乐芯片、扬声器等极性的识别和检测方法。

（4）练习电子焊接的实践技能。

（5）实施并完成电子音乐门铃的制作。

【参考电路】

图 1-2-1 所示为音乐门铃安装图。

音乐门铃安装图

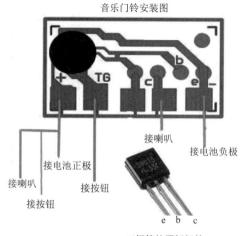

接喇叭

接按钮

接电池正极

接按钮

接喇叭

接电池负极

三极管按照标好的e、b、c
位置对应插入

图 1-2-1　音乐门铃安装图

知识准备

知识链接 1　半导体三极管的结构

双极型三极管又称晶体三极管、半导体三极管，简称三极管（或晶体管），它是用半导体工艺制成的具有两个 PN 结的半导体器件。它是放大电路的核心元件，其主要特性是电流放大作用。

1. 三极管的结构、分类和符号

三极管的内部由三层半导体形成的两个互相联系着的 PN 结所组成，根据三层半导体排列方式的不同，可分为 NPN 型和 PNP 型两大类。

三极管的结构示意图如图 1-2-2（a）、（b）所示，整个三极管是两个背靠背的 PN 结，三层半导体，中间的一层称为基区，两边分别称为发射区和集电区，从这 3 个区引出的电极分别称为基极 b（B）（base）、发射极 e（E）（emitter）和集电极 c（C）（collector）。发射区和基区之间的 PN 结称为发射结 J_e，基区和集电区之间的 PN 结称为集电结 J_c。图中还画出了

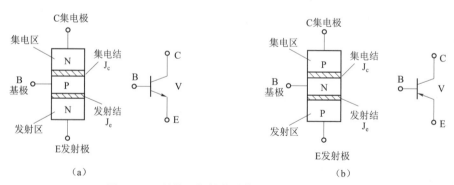

（a）　　　　　　　　　　　　　　　　　（b）

图 1-2-2　晶体三极管的结构示意图和电路符号

（a）NPN 型；（b）PNP 型

NPN 型和 PNP 型三极管的电路符号，其中箭头方向表示发射结正偏时发射极电流的实际方向（即由 P 区指向 N 区），三极管的字母符号通常用 V 表示（也有的教科书用 T 或 VT 表示）。

2. 三极管的内部结构特点

应当指出，三极管绝不是两个 PN 结的简单连接，它在制造工艺上必须具备 3 个特点：基区很薄（比其他两个区薄得多，一般只有 1 微米到几十微米），发射区的掺杂质浓度比其他两个区高得多，集电结面积比发射结面积大。这些特点保证了三极管具有合适的电流放大系数，是个好的三极管，同时也决定了三极管的 C、E 极不可互换使用。

这种类型的同一个半导体三极管内有两种不同的载流子（自由电子和空穴）参与导电，故称为双极型三极管（常缩写为 BJT）。

三极管的分类有多种方式。除上述的按结构分为 NPN 型和 PNP 型外，按工作频率分为低频管和高频管；按耗散功率分为小功率管和大功率管；按所用的半导体材料分为硅管和锗管；按用途分为放大管、开关管和功率管等，根据封装形式的不同，可分为金属管和塑封管等。目前我国生产的硅管多为 NPN 型，锗管多为 PNP 型。

视频　三极管结构

视频　三极管的主要参数

视频　三极管结构讲座拓展

知识链接 2　半导体三极管的电流放大特性及参数

（一）三极管的电流放大作用

1. 三极管的电流放大作用

三极管与二极管的最大不同之处，就是它具有电流放大作用。三极管若具有电流放大作用，必须同时具备内部条件和外部条件，内部条件就是内部结构上的 3 个特点（是个好的三极管），而外部条件就是给三极管加合适的偏置，即发射结正偏、集电结反偏。也就是对 NPN 型三极管来说，基极（P 区）电位高于发射极（N 区）电位称为发射结正偏，集电极电位高于基极电位称为集电结反偏，即 $V_C > V_B > V_E$。对 PNP 型管的情况则与上述相反，即 $V_C < V_B < V_E$。图 1-2-3 画出了三极管的直流供电电路。

下面以 NPN 型三极管的实验数据为例介绍三极管的电流放大作用，其所得结论同样适用于 PNP 型管。

在图 1-2-3（a）所示电路中，只要改变 V_{BB}，则 I_B、I_C 和 I_E 将会同时产生变化，测试结果列于表 1-2-1 中。

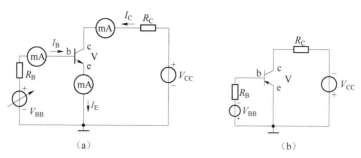

图 1-2-3　三极管直流电源的接法

（a）NPN 型；（b）PNP 型

表 1-2-1　实验测试数据

次数 电流	实 验 次 数					
	1 次	2 次	3 次	4 次	5 次	6 次
$I_B/\mu A$	0	20	40	60	80	100
I_C/mA	≈0	1.00	2.10	3.19	4.22	5.31
I_E/mA	≈0	1.02	2.14	3.25	4.30	5.41

2. 电流分配关系

根据表 1-2-1 实验数据分析，可得三极管的电流分配关系：

$$I_E = I_B + I_C \tag{1-2-1}$$

这是由基尔霍夫电流定律确定的，三个电极电流中 I_B 最小，I_E 最大，即 $I_C \approx I_E \gg I_B$，I_C 与 I_B 的比值近似为一个常数：

$$I_C \approx \overline{\beta} I_B \quad 或 \quad \frac{I_C}{I_B} \approx \overline{\beta} \, (h_{FE}) \tag{1-2-2}$$

I_C 与 I_B 变化量的比值近似为同一个常数：

$$\frac{\Delta i_C}{\Delta i_B} \approx \beta \tag{1-2-3}$$

以上两式中的 $\overline{\beta}$ 和 β 分别称为三极管共发射极直流电流放大系数和交流电流放大系数，它反映了三极管电流放大能力的大小，半导体手册上用 h_{FE} 和 h_{fe} 表示。从表 1-2-1 可以算出，在很大范围内，$\overline{\beta} \approx \beta$，故工程上不必严格区分，都用 β 表示。$\overline{\beta}$ 通常在 20～200 范围，太大了或太小了都不好。

三极管的电流放大作用，体现在 $I_C \approx \beta I_B$，即在基极回路输入一个小电流 I_B，通过三极管电路就能够在集电极回路得到一个大电流 I_C，而大电流 I_C 是小电流 I_B 放大 β 的结果；从受控源的角度看，三极管电路是一种电流控制电流源，即用基极回路的小电流，通过三极管电路就能够对集电极回路的大电流进行控制（即若 I_B 增大，则 I_C 就跟着增大，或反之；若 I_B 不变，则 I_C 就不变；若 $I_B=0$，则 $I_C \approx 0$），而 β 反映了 I_B 对 I_C 控制能力的大小。

需注意，若式 $I_C \approx \beta I_B$ 成立，三极管必须同时满足发射结正偏和集电结反偏的外部条件以及内部条件（内部结构上的 3 个特点都是为了让三极管有一个合适的 β 值）。

另外，PNP 型的各极电流方向与 NPN 管相反，但电流分配关系完全相同。

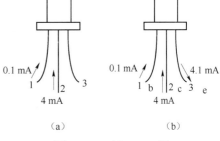

图 1-2-4 例 1-2-1 图

【例 1-2-1】测得工作在放大状态的三极管的两个电极电流如图 1-2-4（a）所示。

（1）求另一个电极电流，并在图中标出实际方向；

（2）标出 e、b、c 极，判断该管是 NPN 型还是 PNP 型；

（3）估算其 β 值。

解：（1）由于三极管各电极电流满足节点电流定律，即流进管内和流出管外的电流大小相等，而在图 1-2-4（a）中，1 脚和 2 脚的电流均为流进管内，因此 3 脚电流必然为流出管外，大小为 0.1+4=4.1 mA。3 脚电流的大小和方向示于图 1-2-4（b）中。

（2）由于 3 脚电流最大，1 脚电流最小，故 3 脚为 e 极，1 脚为 b 极，则 2 脚为 c 极，该管的发射极电流流出管外，故它是 NPN 型管。

（3）由于 $I_B = 0.1$ mA，$I_C = 4$ mA，$I_E = 4.1$ mA，故

$$\beta \approx \frac{I_C}{I_B} = \frac{4}{0.4} = 40$$

（二）三极管的主要参数

三极管的参数是用来表征管子的特性和性能优劣及适用范围的，它是合理选择和使用三极管的依据。由于制造工艺的关系，即使同一型号的管子，其参数的分散性也很大，手册上给出的参数仅为一般的典型值，使用时应以实测作为依据。三极管的参数很多，这里介绍主要的几个。

1. 电流放大系（倍）数

这是表征三极管电流放大能力的参数，主要有共发射极直流电流放大系数 $\bar{\beta}$，由式（1-2-2）知

$$\bar{\beta}(h_{FE}) \approx \frac{I_C}{I_B} \qquad (1-2-4)$$

共发射极交流电流放大系数 β 定义为：

$$\beta(h_{fe}) = \frac{\Delta i_C}{\Delta i_B}\bigg|_{\Delta u_{CE}=0} = \frac{i_c}{i_b}\bigg|_{\Delta u_{CE}=0} \qquad (1-2-5)$$

显然 β 和 $\bar{\beta}$ 是两个不同的概念，但在放大区范围内 $\beta \approx \bar{\beta}$ 且基本不变，因此以后不再严格区分，统称为共发射极电流放大系（倍）数，用 β 表示。

2. 极间反向电流

这是表征管子温度稳定性的参数。由于极间反向电流虽然较小，但受温度影响很大，故其值越小越好。它主要有 I_{CBO} 和 I_{CEO} 两种。

集电极-基极间反向饱和电流 I_{CBO}，表示发射极开路（$I_E=0$）、集电极和基极间加上一定反向电压时的电流，如图 1-2-5（a）所示。I_{CBO} 的值很小，小功率硅管的 $I_{CBO}<1$ μA，小功

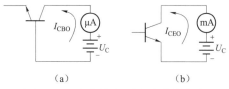

图 1-2-5　测量极间反向电流的电路
(a) 测 I_{CBO}；(b) 测 I_{CEO}

率锗管的 $I_{CBO} < 10$ μA。

穿透电流 I_{CEO}，表示基极开路（$I_B = 0$）、集电极和发射极间加上一定电压时的电流，它从集电区穿过基区流至发射区，如图 1-2-5（b）所示。由于 $I_{CEO} = (1 + \bar{\beta})I_{CBO}$，故 I_{CEO} 比 I_{CBO} 大得多。小功率硅管的 I_{CEO} 小于几微安，小功率锗管的 I_{CEO} 可达几十微安以上。显然，I_{CEO} 比 I_{CBO} 随温度变化更大，I_{CEO} 大的管子性能不稳定。

3. 极限参数

这是表征三极管能够安全工作的参数，即管子工作时不应超过的限度。极限参数是选管的重要依据。

1）集电极最大允许电流 I_{CM}

在 I_C 的一个相当大的范围内，β 值基本不变，但当 I_C 较大时 β 值下降。I_{CM} 是指 β 值明显下降时的 I_C。当 $I_C > I_{CM}$ 时，管子可能会损坏，放大性能显著下降。

2）集电极最大允许功耗 P_{CM}

三极管损耗的功率主要在集电结上，P_{CM} 指集电结上允许损耗功率的最大值，超过此值将导致管子性能变差或烧毁。集电结损耗的功率会转化为热能，使其温度升高，再散发至外部环境，因此 P_{CM} 的大小与管子集电结的允许温度、环境温度和散热条件有关。锗管的允许结温为 75 ℃，硅管的允许结温为 150 ℃。环境温度越高，P_{CM} 值越小，而加散热装置可提高 P_{CM}。应当指出，手册上给出的 P_{CM} 值是在常温（25 ℃）和一定的散热条件下测得的。

集电极实际损耗的功率等于 $i_C u_{CE}$，其乘积不允许超过 P_{CM}。若三极管的损耗功率为 P_{CM}，则应满足 $i_C u_{CE} < P_{CM}$。当一个管子的 P_{CM} 已给定的情况下，利用上式可以在输出特性上画出管子的最大功耗线，即 P_{CM} 线，如图 1-2-6 所示，曲线左侧的集电极功耗小于 P_{CM}，右侧则大于 P_{CM}（过损耗区）。

3）反向击穿电压

三极管的反向击穿电压除 $U_{(BR)EBO}$ 外，常用的有 $U_{(BR)CBO}$ 和 $U_{(BR)CEO}$。

$U_{(BR)CBO}$ 指发射极开路时集-基极间的反向击穿电压，这是集电结所允许加的最高反向电压。$U_{(BR)CBO}$ 比较高，一般为几十伏到上千伏。

$U_{(BR)CEO}$ 指基极开路时集-射极间的击穿电压，它比 $U_{(BR)CBO}$ 小。此外，当基-射极间接电阻 R_B 时，集-射极间的击穿电压将比 $U_{(BR)CBO}$ 高，R_B 越小，该击穿电压越高，但仍小于 $U_{(BR)CBO}$。

当三极管工作在共射组态时，在其输出特性曲线上画出 $i_C = I_{CM}$、$u_{CE} = U_{(BR)CEO}$ 和 P_{CM} 线，由这些曲线和两坐标轴围成的区域，称为安全工作区，如图 1-2-6 所示。

注意在选管时其极限参数 I_{CM}、$U_{(BR)CEO}$ 和 P_{CM} 应分别大于电路中三极管的集电极最大电流、集-射极间最大电压和集电极最大功耗的要求，以使管子工作在安全工作区。

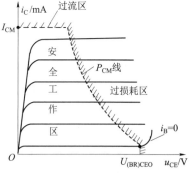

图 1-2-6　三极管的工作区

4. 温度对三极管的特性与参数的影响

温度升高对三极管有不利的影响，会使三极管的 I_{CM} 和 P_{CM} 均减小，u_{BE} 减小，I_{CEO} 和 β 增大，反之亦然。

【例 1-2-2】 若测得放大电路中的 3 个三极管的 3 个电极对地电位 V_1、V_2、V_3 分别为下述数值，试判断它们是硅管还是锗管，是 NPN 型还是 PNP 型？并确定 e、b、c 极。

（1）$V_1=2.5\,V$，$V_2=6\,V$，$V_3=1.8\,V$；

（2）$V_1=-6\,V$，$V_2=-3\,V$，$V_3=-2.8\,V$；

（3）$V_1=-1.8\,V$，$V_2=-2\,V$，$V_3=0\,V$。

解：（1）由于 1、3 脚间的电位差 $U_{13}=V_1-V_3=0.7\,V$，故 1、3 脚间为发射结，2 脚则为 c 极，该管为硅管。又 $V_2>V_1>V_3$，故该管为 NPN 型。

总之，该管为 NPN 型硅管，3 脚为 e 极，1 脚为 b 极，2 脚为 c 极。

（2）由于 $|U_{23}|=0.2\,V$，故 2、3 脚间为发射结，1 脚为 c 极，该管为锗管。又 $V_1<V_2<V_3$，故该管为 PNP 型，且 2 脚为 b 极，3 脚为 e 极。

总之，这是 PNP 型锗管，3 脚为 e 极，2 脚为 b 极，1 脚为 c 极。

（3）这是 NPN 型锗管，2 脚为 e 极，1 脚为 b 极，3 脚为 c 极。请读者自己分析。

结论： 根据对地电位来判断三极管的极性，首先将三组数据两两做差。若有两个极电位之差出现 0.7 V，则三极管为硅管；若出现 0.2 V，则三极管为锗管。这两个电极电位值中间大小的为基极，另一个为发射极，剩下的第三个极为集电极。然后看一下集电极的电位是最高还是最低，如果集电极电位最高则三极管为 NPN 型三极管，如果集电极电位最低则为 PNP 型三极管。

动画　三极管放大原理 2

动画　三极管放大原理电流分析

动画　三极管放大电路图解分析动画教程

动画　三极管内的载流子运动

视频　三极管电流放大特性

视频　三极管电流放大作用

（三）三极管的伏安特性曲线

为了较全面地反映三极管的特性，可以用它的外部各电极电压和电流之间的关系曲线来表示，这种曲线称为三极管特性曲线或伏安特性曲线，简称伏安特性。三极管的特性曲线是外特性，是内部载流子运动的外在表现形式，根据特性曲线可以确定管子的某些参数和判断管子质量的好坏，还可以借助特性曲线对放大电路进行分析，因此，对使用者来说，掌握三极管的外部特性比了解它内部载流子运动的规律更为重要，因为在使用三极管和分析三极管电路时，我们主要是用它的外部特性而不用管它的内部机理。

三极管有 3 个电极，所以它的特性曲线不像二极管那样简单，常用的是输入特性曲线和输出特性曲线。输入特性曲线反映了三极管输入端的电流和电压的关系，输出特性曲线则反映了三极管输出端的电流和电压的关系。

1. 三极管的三种基本组态

组态就是连接方式或接法或电路。三极管有 3 个电极（e、b、c），哪一个电极与输入输出回路的公共端相接，就称为共什么组态。共有 3 种组态，如图 1-2-7 所示，在图 1-2-7（a）中，由于发射极与输入回路和输出回路的公共端相接，所以称为共发射极电路，简称共射电路。在图 1-2-7（b）中，由于基极与输入回路和输出回路的公共端相接，故称为共基极电路，简称共基电路。同理图 1-2-7（c）为共集电路。

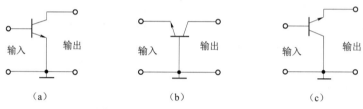

图 1-2-7　三极管电路的 3 种组态

（a）共射组态；（b）共基组态；（c）共集组态

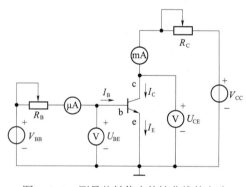

图 1-2-8　测量共射伏安特性曲线的电路

3 种组态各有特点，各有所用，但共射组态应用最多。不同组态的三极管，其特性曲线也不同。下面以 NPN 型管为例，讨论应用最广的共射特性曲线。由于三极管特性的分散性，同型号三极管的特性也会有很大差异。在实际运用中，通常是利用专用的图示仪对输入特性曲线和输出特性曲线进行测量，或通过实验进行测量。

共射伏安特性曲线的测量电路，如图 1-2-8 所示。

2. 共射输入特性曲线

三极管的共射输入特性曲线表示当管子的输出电压 u_{CE} 为某一常数时，输入电流 i_B 与输入电压 u_{BE} 之间的关系曲线，即

$$i_B = f(u_{BE})\Big|_{u_{CE}=常数} \qquad (1-2-6)$$

图 1-2-9 为某硅 NPN 管的共射输入特性曲线，由图可以看出：

（1）各条输入特性曲线与二极管的正向伏安特性曲线相似，输入特性是非线性的。

（2）$u_{CE}=0$ V 时，相当于 c、e 极短接，此时两个 PN 结并联，因此 $u_{CE}=0$ V 的输入特性与二极管伏安特性相似但正向特性更陡一些。

（3）u_{CE} 在 0～1 V 范围内，由小到大变化时，随着 u_{CE} 的增大，曲线明显右移。

（4）$u_{CE} \geqslant 1$ V 以后，u_{CE} 再增加，而各条输入特性曲线却不再明显右移，而基本重合，故只需画出 $u_{CE} = 1$ V 的输入特性曲线就可代表 $u_{CE} \geqslant 1$ V 后的各条输入特性。由于实用时 u_{CE} 一般总是大于 1 V 的，因此通常只画出常用的 $u_{CE} = 1$ V 的那条输入特性曲线。

（5）与二极管相似，发射结电压 u_{BE} 也存在一个死区电压 U_{on}。小功率硅管的 $|U_{on}| \approx 0.5$ V，锗管的 $|U_{on}| \approx 0.1$ V。此外，三极管正常工作时，小功率管的 i_B 一般为几十到几百微安，相应 u_{BE} 的变化不大，一般硅管的 $|U_{BE}| \approx 0.7$ V，锗管的 $|U_{BE}| \approx 0.2$ V。

（6）$u_{BE} < 0$ 时，i_B 为很小的反向饱和电流，当发射结反向电压增大到 $U_{(BR)BEO}$ 时，发射结击穿，$U_{(BR)BEO}$ 称为发射结反向击穿电压。实用时应避免击穿。

3. 共射输出特性曲线

三极管的共射输出特性曲线表示当管子的输入电流 i_B 为某一常数时，电流 i_C 与电压 u_{CE} 之间的关系曲线，即

$$i_C = f(u_{CE})\Big|_{i_B = 常数} \tag{1-2-7}$$

图 1-2-10 为某一个三极管的共射输出特性曲线，由图可以看出：曲线起始部分较陡，且不同 i_B 曲线的上升部分几乎重合，这表明 u_{CE} 较小时，u_{CE} 略有增大，i_C 就很快增加，但 i_C 几乎不受 i_B 的影响，当 u_{CE} 较大（如大于 1 V）后，曲线比较平坦，但略有上翘。这表明 u_{CE} 较大时，i_C 主要取决于 i_B，而与 u_{CE} 关系不大；当 u_{CE} 增大到某一值时，管子发生击穿。

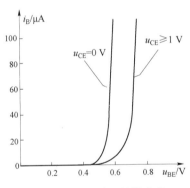

图 1-2-9　共射输入特性曲线

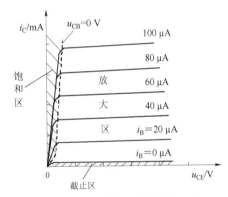

图 1-2-10　共射输出特性曲线

由图 1-2-10 的共射输出特性曲线，可以把它分为 3 个区域。

1）截止区

通常把 $i_B = 0$ 时（此时 $i_C = i_E = I_{CEO} \approx 0$）的输出特性曲线与横轴所夹的区域称为截止区，如图 1-2-10 所示。截止区的特点是 $i_B = 0$，$i_C = i_E = I_{CEO} \approx 0$；发射结 $u_{BE} < U_{on}$ 或反偏，集电结反偏；三极管失去电流放大作用，e、b、c 极之间呈高阻状态，e、c 极之间近似看作开关断开。

2）放大区

放大区粗略看来就是图 1-2-10 中曲线的平坦部分。在放大区，发射结正偏（且 $u_{BE} > U_{on}$），集电结反偏。这时 I_C 主要受 I_B 和 β 控制，而与 u_{CE} 电压的大小几乎无关，并且有 $I_C \approx \beta I_B$ 的

关系，表现出电流控制电流源的特性。在模拟电路中，三极管主要工作在放大区。

3）饱和区

饱和区指临界饱和线 $u_{CB}=0$（即 $u_{CE}=u_{BE}$）和纵轴所夹的区域，如图 1-2-10 所示。在饱和区，发射结和集电结均正偏，三极管也失去电流放大作用。这时，$I_C\neq\beta I_B$，而是 $I_C<\beta I_B$，I_C 随 u_{CE} 而变化，却几乎不受 I_B 控制，即当 u_{CE} 一定时，即使 I_B 增加，I_C 却几乎不变，这就是饱和现象。由于三极管饱和时，各极之间电压很小，而电流却较大，呈现低阻状态，c、e 极之间可近似看作开关闭合。

饱和时的 u_{CE} 称为饱和管压降，用 $U_{CE(sat)}$ 表示。$U_{CE(sat)}$ 很小，小功率硅管的 $|U_{CE(sat)}|\approx 0.3\text{ V}$，小功率锗管的 $|U_{CE(sat)}|\approx 0.1\text{ V}$，大功率硅管的 $|U_{CE(sat)}|>1\text{ V}$。$u_{CE}=u_{BE}$（即 $u_{CB}=0$，集电结零偏）时的状态称为临界饱和，见图 1-2-10 中的虚线，此线称为临界饱和线。临界饱和线是饱和区和放大区的分界线。

另外，放大区也称为线性区，饱和区和截止区统称为非线性区。不管在哪个区，$I_E=I_B+I_C$ 的关系始终成立，这是由基尔霍夫电流定律所决定的。

4. 理想输出特性曲线

如何根据输出特性曲线来判断管子的好坏？为此首先要建立一个好的标准，与标准越接近的越好，这个好的标准称为理想输出特性曲线。理想输出特性曲线应当同时满足：

视频 三极管特性曲线

（1）非线性区的面积为零。

（2）放大区中的各条线与横轴平行（平行与否反映了三极管的恒流特性和 I_{CEO} 大小），线与线之间间隔均匀（均匀与否反映 β 的线性度），线与线之间间隔大小适中（i_B 阶梯一定的条件下，线与线之间间隔的大小反映了 β 的大小，β 太大或太小都不好，通常小功率管的 β 值在 20~200，大功率管的 β 值在 10~30 较好）。

在模拟电路中，三极管主要工作在线性区；在数字电路中，三极管主要工作在非线性区，线性区仅仅是一个短暂的过渡区。在实际工作中，常可利用测量三极管各电极之间的电压来判断它的工作状态。NPN 型三极管各极电压的典型数据示于表 1-2-2 中。

表 1-2-2　NPN 型三极管各极电压的典型数据

电压 管型	饱和区		放大区		截止区			备注
	U_{BE}/V	U_{CE}/V	U_{BE}/V	U_{CE}/V	U_{BE}/V		U_{CE}/V	对于 PNP 型管，相应的各极电压符号相反
					一般	可靠截止		
硅	0.7	0.3	0.7	>1	<0.5	<0	$\approx V_{CC}$	
锗	0.2	0.1	0.2	>1	<0.1	<0		

知识链接 3　三极管极性的判别

（一）三极管极性的目测

常见的三极管有塑料封装和金属封装等几种。三极管有基极（b 或 B）、集电极（c 或 C）、发射极（e 或 E）3 个引脚。常见三极管外形及引脚排列方式如图 1-2-11 所示，有的大功率三极管把金属外壳作为集电极。

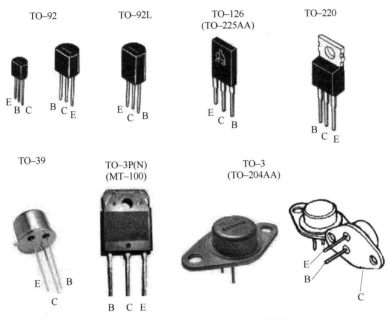

图 1-2-11　常见三极管的外形及引脚排列

（二）用指针式万用表测量三极管

测量三极管时，可以把三极管的结构看作是两个背靠背的 PN 结，对 NPN 型管来说基极是两个 PN 结的公共阳极，对 PNP 型管来说基极是两个 PN 结的公共阴极，分别如图 1-2-12（a）和（b）所示。

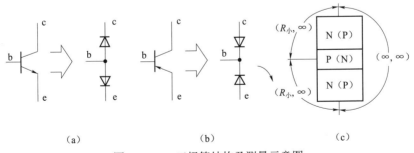

图 1-2-12　三极管结构及测量示意图
（a）NPN 型；（b）PNP 型；（c）测量示意图

1. 三极管好坏的判断

将指针式万用表置电阻挡，量程选 "$R \times 1$ K" 挡（或 "$R \times 100$" 挡）按图 1-2-12（c）所示对三极管的 3 个引脚进行两两相测，若结果符合图中所示结果，则说明三极管是好的，否则说明三极管已损坏。

2. 管型与基极的判别

在第一步判断三极管为好的情况下，再进一步判别管型与基极。从测量结果中可以看出，万用表显示（$R_小$，∞）的数值时，说明所测三极管的两个引脚间有一 PN 结，且是好的，则两个 PN 结所共用的引脚即为三极管的 b 极。万用表显示（∞，∞）的数值时，说明所测三极管的两个引脚为 c、e 两极，则剩下的一根引脚为 b 极。

将万用表任一表笔放在 b 极保持不动，另一表笔分别接触其他两个引脚，若测量值为∞时，则调换一下表笔。当两次测得的电阻均很小，则根据表笔的颜色来判断管型。若此时接 b 极的表笔为黑色，则管型为 NPN 型；若为红色，则管型为 PNP 型。测量中，必须以 PN 结的正向导通为判断依据。

3. 发射极与集电极的判别

确定了三极管的管型和基极后，就可以进一步确定其放大倍数 h_{FE}（即 β）和 c、e 极。虽然三极管的发射区和集电区是同一类型半导体，但由于内部结构上的特点，当三极管的集电极与发射极互换使用时，h_{FE} 将变得很小，这就是我们确定 c、e 极的依据。下面以 NPN 型三极管为例进行说明。

用指针式万用表进行判别时，选用电阻挡"$R×1\,K$"挡（或"$R×100$"挡）量程，对剩余的两个引脚进行假设，然后按三极管的放大条件组成基本放大电路（NPN 型三极管放大条件为 $V_C>V_B>V_E$），如图 1-2-13 所示（图中 $100\ \text{k}\Omega$ 电阻可用人体电阻代替）。

要假设两次，测量两遍，将测得的两个阻值进行比较分析。万用表指针摆动很小时，说明三极管 c、e 间阻值大，I_{CE} 很小，说明 β 值小，即所假设的 c、e 极是错的。万用表指针摆动很大时，说明三极管 c、e 间阻值小，I_{CE} 很大，β 值大，即所假设的 c、e 极是对的，所假设的 c、e 极是三极管真正的 c 极和 e 极。

如果万用表上有 h_{FE} 插孔，可利用 h_{FE} 测量电流放大系数 β，来区别 c 极和 e 极。

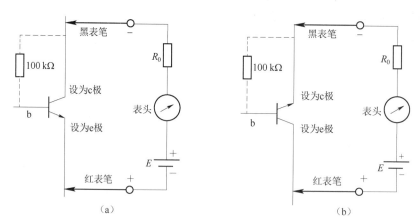

图 1-2-13　三极管 c、e 极的判断

(a) 阻值小；(b) 阻值大

（三）用数字式万用表测量三极管

用数字式万用表测三极管时，其操作步骤和用指针式万用表是一样的，具体的区别在于以下几方面：

（1）三极管好坏判断。b 极查找和管型的判断要用标有"——▷|——"符号的挡位，不能用电阻挡。

（2）数字式万用表的红表笔接标有"V·Ω"的插孔，为高电位，黑表笔接标有"COM"的插孔，为低电位，表笔的高低电位正好和指针式万用表的相反。

（3）数字式万用表所显示的参数为 PN 结正向导通压降（锗管为 0.2 V 左右，硅管为 0.7 V 左右）和反向截止时显示溢出符号"1"。

（4）若出现其他数值则说明管子已损坏。

（5）对于 c、e 极的判断，不用组成放大电路，直接用 h_{FE} 挡位，在测量 h_{FE} 的同时，便可直接确定 c、e 极。具体方法是：将管子的基极插入测量 h_{FE} 的基极插孔，另外两极插到 c、e 插孔，晶体管的 h_{FE} 值将显示在 0～1 000 范围内，记下该值；然后基极仍插入基极插孔，另外两极对调后插到 c、e 插孔，晶体管的 h_{FE} 值将显示在 0～1 000 范围内，记下该值。比较两次测量的 h_{FE} 值的大小，h_{FE} 大的那个数值就是管子的放大倍数 h_{FE}，h_{FE} 值大的那种插法时，e、b、c 三个插孔对应的引脚便是三极管的 e、b、c 三个电极。

视频 三极管的检测

任务实施

（一）电路原理图及原理分析

电路原理图如图 1-2-14 所示。

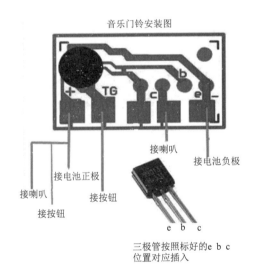

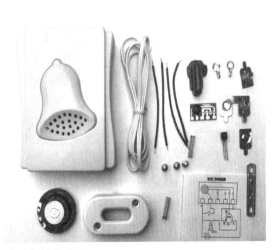

图 1-2-14 音乐门铃安装图

集成电路内是一个振荡电路，按下按钮后电路开始振荡，经过 10 多秒的延时后，电路自动停振，三极管 9013 用于把振荡的信号功率放大后，推动喇叭（扬声器）工作。

（二）元件清单

音乐门铃制作元件清单如表 1-2-3 所示。

表1-2-3 音乐门铃制作元件清单

名称	参数	数量	名称	参数	数量
细线		4	小弹簧		2
按钮线		1	小螺丝		4
三极管 9013	0.5 A，20 V	1	外壳、按钮	专用	各 1
音乐 IC 片	专用	1	按钮小焊片	专用	2

（三）元件的识别与组装注意事项

1. 三极管 9013 的识别与安装

9013 是一个 NPN 型小功率硅管，其参数是：0.5 A，20 V。可用万用表的二极管检测挡确定其基极 B，用 h_{FE} 挡测量 β 的同时，确定 C、E 极，其外形图如图 1-2-15 所示。往电路板上焊接时，其引线不要剪短。

2. 小喇叭的检测与焊接

用万用表的电阻挡测量其电阻，约为 8 Ω，一个喇叭焊接时无极性要求，但要注意正确接线。图 1-2-16 所示为喇叭的接线示意图。

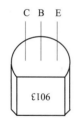
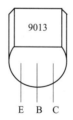
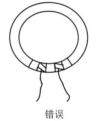

图 1-2-15 三极管 9013 的外形及引线排列　　　　图 1-2-16 喇叭的接线示意图

3. 软导线与电路板或其他元器件间的焊接

先把软导线的头部绝缘皮去掉，露出 3 mm 左右的多股铜线，再把多股铜线拧成一股线，并用烙铁在松香中把软线的头部涂上焊锡，然后就可以把它像处理电路元件的引线一样，把它焊接到需要的地方。

4. 按钮的组装

其组装较麻烦，可参考已组装好的实物，按钮的两根线无极性要求。

（四）整机组装

音乐门铃的整机组装流程如图 1-2-17 所示。

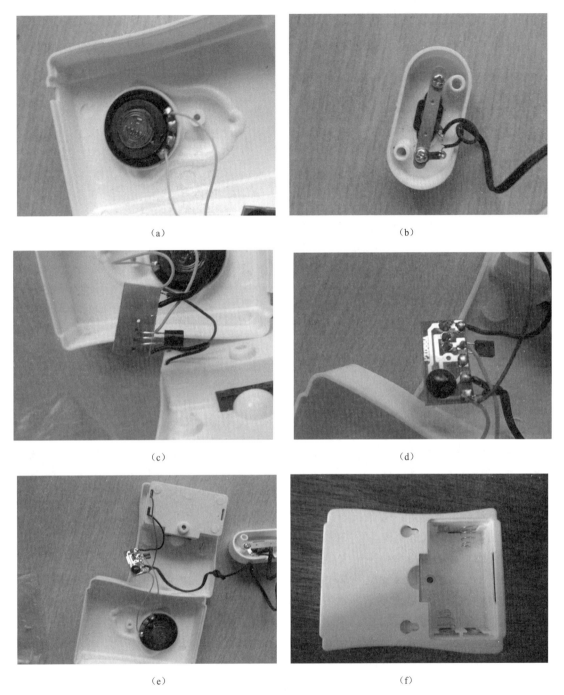

（a）

（b）

（c）

（d）

（e）

（f）

图 1-2-17 音乐门铃整机组装图

（五）调试与故障处理

电子门铃共有 9 个焊点，焊接比较简单，焊接组装完毕，经检查无误后可通电试验。正常情况是通电后喇叭响 10 多秒后，自己停下；若不按按钮，喇叭不响；按下按钮后，喇叭响 10 多秒后，自己停下。

故障现象与处理：

（1）喇叭不响。可能的原因是：焊接错误（如电源正负极接错，三极管焊错了位置，按钮线焊错），焊点质量差，焊点接触不良，不该焊接的点焊到了一块，喇叭坏等。

（2）通电后喇叭连续响个不停。其原因是喇叭线内部短接，另换一根好线即可。

（3）声音偏小。三极管 e、c 极接反；三极管 b、c 极焊点偏大连到了一块。

视频　实践技能　数字式万用表的使用

视频　实践技能　拆焊过程

视频　实践技能　焊接质量

视频　实践技能　器件检测

知识拓展 1　场效应管及其基本电路

电子技术日新月异的迅速发展，为我们提供了性能更好的半导体器件和更为优越的电子电路，场效应管及其电路就是其中的一种。半导体三极管的出现，在许多方面取代了电子管，但在输入阻抗等方面，还远远比不上电子管。场效应管的出现，不仅兼有一般半导体三极管体积小、质量轻、耗电省、寿命长等特点，而且还有输入阻抗高、噪声低、热稳定性好、抗辐射能力强、制造工艺简单和能适应的电源范围广等优点，因而大大地扩展了它的应用范围，为创造新型而优异的电路（特别是大规模和超大规模集成电路）提供了有利的条件。

人们很早就考虑利用改变电场来控制固体材料的导电能力，从而使通过固体材料的电流随电场信号而改变，这就是场效应管的基本设想。由于工艺水平的限制，上述设想直至 20 世纪 60 年代初平面工艺发展后，才得以实现。

场效应管（FET—Field Effect Transistor）是一种电压控制型器件。由于场效应管只依靠半导体中的多子实现导电，因此又称为单极性晶体管。根据结构的不同，它分为两大类：结型场效应管（JFET—Junction Field Effect Transistor）和绝缘栅型场效应管（IGFET—Insulated Gate Field Effect Transistor）。

下面主要介绍场效应管的结构、符号、工作原理、特性和参数，以及场效应管基本放大电路。

一、结型场效应管

结型场效应管是利用半导体内的电场效应进行工作的，也称为体内场效应器件。

（一）结型场效应管的结构和工作原理

1. 结构

结型场效应管有 N 沟道和 P 沟道之分。N 沟道结型场效应管的内部结构如图 1-2-18（a）所示。在 N 型半导体两侧是两个高掺杂的 P 区，从而构成了两个 PN 结（耗尽层），两个耗尽层的中间形成 N 型导电沟道。

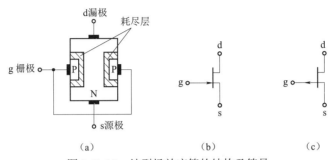

图 1-2-18　结型场效应管的结构及符号

（a）N 沟道平面结构示意图；（b）N 沟道符号；（c）P 沟道符号

两侧 P 区相连接后引出的一个电极称为栅极 （Gate），用字母 g（或 G）表示。在 N 型半导体两端分别引出的两个电极称为源极和漏极，分别用字母 s（或 S）和字母 d（或 D）表示。如果把场效应管和普通三极管相比，则源极 s 相当于发射极 e，栅极 g 相当于基极 b，漏极 d 相当于集电极 c。普通三极管有 NPN 和 PNP 两种类型，结型场效应管也有 N 沟道和 P 沟道两种类型。不同的是结型场效应管的 d 极和 s 极可交换使用，而三极管中的 c 和 e 则不能交换。图 1-2-18（a）为 N 沟道示意图，若中间半导体改用 P 型半导体材料，两侧是高掺杂 N 区，则形成 P 沟道结型场效应管。图 1-2-18（b）、（c）为两种类型的结型场效应管的符号，箭头表示栅、源极间的 PN 结处于正偏时栅极电流的方向，因此箭头的方向都是由 P 区指向 N 区的，由此可判断出是 P 沟道还是 N 沟道。

2. 工作原理

研究场效应管的工作原理，主要讨论输入信号电压如何对输出电流进行控制，即讨论栅源电压 u_{GS} 对漏极电流 i_D 的控制作用。

图 1-2-19 是结型场效应管加偏置电压后的接线图。在漏源电压 u_{DS} 的作用下，N 型沟道中的载流子运动，产生沟道电流 i_D。为了保证高的输入电阻，通常栅极与源极间必须加反偏电压。

当输入电压 u_{GS} 改变时，PN 结的反偏电压随之改变，沟道两边的耗尽层（图 1-2-19 中的斜线部分）的宽度也跟着改变。导致中间的沟道宽度发生变化，即沟道电阻大小的改变，从而实现了利用外加电压 u_{GS} 变化产生的结内电场变化控制导电沟道电流 i_D。可以看出，要分析 JFET 的工作原理，就必须研究耗尽层和沟道宽度随外加电压的变化情况。下面分 3 种情况分析。

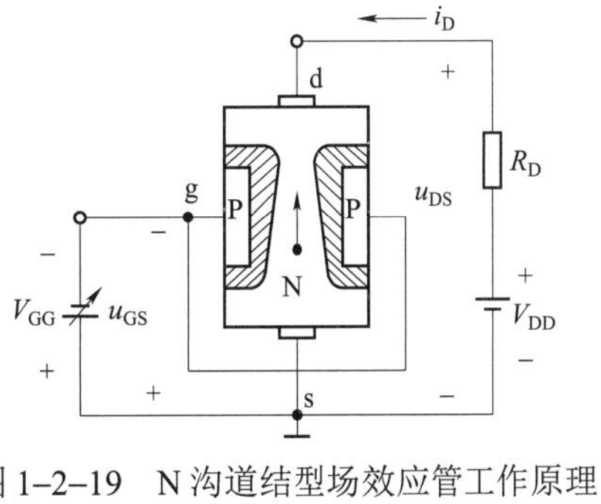

图 1-2-19　N 沟道结型场效应管工作原理

1）$u_{DS}=0$ 即漏源短接的情况

在图 1-2-20 中，当 $u_{GS}=0$ 时如图 1-2-20（a）所示，场效应管两侧的 PN 结均处于零偏置，因此耗尽层很薄，中间的导电 N 沟道最宽，沟道电阻最小。

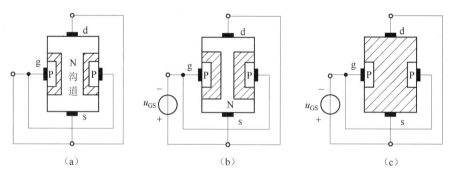

图 1-2-20 u_{GS} 对导电沟道的影响

（a）$u_{GS}=0$；（b）$U_{GS(off)}<u_{GS}<0$；（c）$u_{GS}\leqslant U_{GS(off)}$

当 u_{GS} 加不大的反偏电压时，如图 1-2-20（b）所示，场效应管两侧的耗尽层加宽，中间的导电沟道变窄，沟道电阻加大。随着 u_{GS} 反偏值的增大，耗尽层继续加宽，沟道继续变窄，沟道电阻继续加大。可见通过改变电压 u_{GS} 可以改变沟道电阻，从而控制漏源之间的导电性能。当 u_{GS} 反偏值增加到称为夹断电压的 $U_{GS(off)}$ 值时，场应管两侧的 PN 结的耗尽层便相遇，中间的导电沟道便消失（夹断），表现出极大的沟道电阻，如图 1-2-20（c）所示。若 u_{GS} 反偏值达到 $U_{GS(off)}$ 后继续增加，耗尽层不会有明显变化，但易发生反向击穿。

2）$u_{GS}=0$ 即栅源短接的情况

假设在漏源间施加电压 u_{DS}。当 $u_{GS}=0$ 时，沟道最宽，沟道电阻最小，电流 i_D 最大。当 $u_{DS}=0$ 时，$i_D=0$。随着 u_{DS} 的增加，N 区的电子将在 u_{DS} 的作用下，沿着沟道由源极向漏极移动而形成由漏极流向源极的电流 i_D 也跟着增加。但由于电流流过沟道时，沿沟道产生电压降的原因，沟道各点的电位不相等，使得耗尽层从源端到漏端逐渐加宽，形成漏端较窄源端较宽的楔形沟道，如图 1-2-21（a）所示，沟道电阻也略有增加。当 u_{DS} 继续增加时，i_D 也增加，漏端的沟道越来越窄。当 u_{DS} 增大到 $|U_{GS(off)}|$ 值时，漏端的耗尽层在 A 点相遇，如图 1-2-21（b）所示。这种情况被称为预夹断，此时的电流称为饱和漏电流，用 I_{DSS} 表示。但预夹断与整个沟道被夹断不同，沟道中仍然有一个很窄的狭缝使得电流流过。随着 u_{DS} 的继续增加，合拢点 A 逐渐向下移动，如图 1-2-21（c）所示。这时漏源间的沟道总电阻明显增大，由于沟道

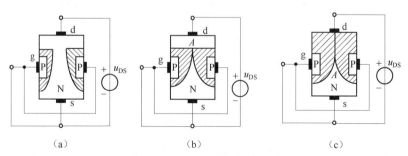

图 1-2-21 u_{DS} 对导电沟道的影响

（a）楔形沟道 $|u_{DS}|<|U_{GS(off)}|$；（b）沟道预夹断 $|u_{DS}|=|U_{GS(off)}|$；（c）$|u_{DS}|>|U_{GS(off)}|$

电阻的增大速率与电压 u_{DS} 的上升速率大致相等，因此漏极电流 i_D 不再增长而趋于稳定，大致保持在 I_{DSS} 值。但 u_{DS} 不能无限制地增大，否则会引起夹断区的击穿。

3）u_{GS} 与 u_{DS} 同时存在的情况

这是前面两种情况的综合。由于加在漏端 PN 结的反向电压 $|u_{GD}| = |u_{GS}-u_{DS}| > |u_{GS}|$，故沟道仍为不等宽的楔形。容易看出，负电压 u_{GS} 使耗尽层变宽，沟道变窄；而正电压 u_{DS} 则使耗尽层和沟道变得不等宽。只要 $u_{GD}=U_{GS(off)}$，则出现预夹断。随着 $|u_{GS}|$ 的增大，沟道变窄，沟道电阻增大，在同样 u_{DS} 的作用下产生的 i_D 减小，发生预夹断所对应的 u_{DS} 也减小，如果 $u_{GD} > U_{GS(off)}$，即 $|u_{GD}| < |U_{GS(off)}|$，沟道处于开启状态，沟道电阻较小，但这时 u_{DS} 不可能很大，所以 i_D 较小；如果 $u_{GD} < U_{GS(off)}$ 即 $|u_{GD}| > |U_{GS(off)}|$，则导电沟道出现预夹断区，i_D 大小取决于 u_{GS}；如果 $u_{GS} \leqslant U_{GS(off)}$，则无论 u_{DS} 大小如何，整个沟道全被夹断，$i_D=0$。但场效应管正常工作时，$U_{GS(off)} < u_{GS} < 0$，沟道不会出现夹断。

根据以上分析，可得出以下结论：

（1）结型场效应管栅源之间加反偏电压，所以它的输入电阻很大，从栅极几乎不输入信号电流。

（2）在 u_{DS} 不变的情况下，栅源之间很小的电压变化可以引起漏极电流 i_D 相应的变化，通过 u_{GS} 来控制 i_D，所以场效应管是电压控制型器件。

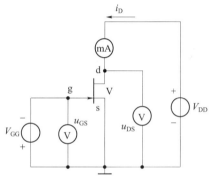

图 1-2-22　场效应管特性测试电路

（二）结型场效应管的特性曲线

结型场效应管的工作性能，可以用它的伏安特性来表示。图 1-2-22 是用以测试场效应管伏安特性的电路。其特性曲线常用的有转移特性曲线和漏极特性曲线。

1. 转移特性曲线

场效应管的输入电阻特别大，栅极输入端基本上没有电流，所以不测试输入回路的伏安特性。所谓转移特性曲线是指在 u_{DS} 固定的情况下，漏极电流 i_D 与栅源电压 u_{GS} 之间的关系曲线。即

$$i_D=f(u_{GS})|_{u_{DS}=常数} \qquad (1-2-8)$$

在漏源电压一定的情况下，测得的漏极电流与栅源电压的关系如图 1-2-23（a）所示。从图中看出，随着反偏电压 $|u_{GS}|$ 的增大，漏极电流 i_D 就变小。当 $u_{GS}= -4\,V$ 时，i_D 接近于零，此时的栅源电压就是夹断电压 $U_{GS(off)}$。当 $u_{GS}=0$ 时，漏极电流最大，称为饱和漏电流，并用 I_{DSS} 表示，图中 $I_{DSS}=5\,mA$。实验证明，在 $U_{GS(off)} \leqslant u_{GS} \leqslant 0$ 的范围内，漏极电流 i_D 与栅源电压 u_{GS} 的关系近似为下式：

$$i_D = I_{DSS}\left(1 - \frac{u_{GS}}{U_{GS(off)}}\right)^2 \qquad (1-2-9)$$

此式可用以确定场效应管放大电路的静态工作点 I_{DQ} 和 U_{GSQ}。

2. 漏极特性曲线

漏极特性又称输出特性，表示在栅源电压 u_{GS} 一定的情况下，漏极电流 i_D 与漏源电压 u_{DS} 之间的关系，即

$$i_D=f(u_{DS})|_{u_{GS}=常数} \tag{1-2-10}$$

图 1-2-23（b）为某结型场效应管的漏极特性曲线。对照晶体三极管的输出特性曲线，图 1-2-23（b）中的特性可分成 4 个工作区。

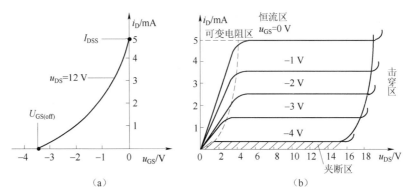

图 1-2-23　N 沟道结型场效应管的特性曲线

（a）转移特性曲线；（b）输出特性曲线

1）可变电阻区

即图 1-2-23（b）中预夹断轨迹左边的区域。当 u_{DS} 较小时，场效应管可工作于该区。此时，导电沟道畅通，场效应管的 d、s 间相当于一个欧姆电阻，因此随着 u_{DS} 从零增大，i_D 也随之线性增长。由于沟道电阻的大小随栅源电压而变，故称为可变电阻区。工作在这个区域的场效应管是导通的，类似于晶体三极管输出特性上的饱和区。

2）夹断区

当 $u_{GS} \leqslant U_{GS(off)}$ 时，场效应管的沟道被全部夹断。沟道电阻极大，故电流 $i_D \approx 0$，即图 1-2-23（b）特性曲线中靠近横轴的部分。场效应管的夹断区，类似于晶体三极管输出特性上的截止区。

3）恒流区（线性区）

即图 1-2-23（b）中预夹断轨迹右边、但尚未击穿的区域。当 u_{DS} 增大到脱离可变电阻区时，电流 i_D 不再随 u_{DS} 的增大而增长，呈现恒流特性。在图中，凡 $u_{DS} > |U_{GS(off)}| - |u_{GS}|$ 的预夹断虚线轨迹以右部分的各特性，几乎平行于横轴，i_D 的大小只受 u_{GS} 的控制，与 u_{DS} 几乎无关。该区工作的场效应管，与晶体三极管 i_C 受 i_B 控制相似，表现出场效应管电压控制电流的作用，故称为恒流区（线性区）。

4）击穿区

随着 u_{DS} 的继续增大，PN 结将承受很大的反向电压而击穿，此时 i_D 急剧增加，管子处于击穿状态，故此区域称为击穿区。由于击穿时易损坏场效应管，因此不允许管子工作在这个区域。

（三）结型场效应管的主要参数

1. 夹断电压 $U_{GS(off)}$

在标准规定的温度和测试电压 u_{DS} 值下，当漏极电流 i_D 趋于零（为 10 μA 或 50 μA）时，所测得的栅源反偏电压 u_{GS} 称为夹断电压 $U_{GS(off)}$。对于 N 沟道结型场效应管，$U_{GS(off)}$ 为负值；对于 P 沟道结型场效应管，$U_{GS(off)}$ 为正值。

2. 饱和漏电流 I_{DSS}

在 $u_{GS}=0$（短路）条件下，外加的漏源电压使场效应管工作于恒流区时的漏极电流，称为饱和漏电流 I_{DSS}。

3. 击穿电压 $U_{(BR)DS}$

表示漏源间开始击穿，漏极电流从恒流值急剧上升时的 u_{DS} 值。选用的管子，外加电压 u_{DS} 不允许超过此值。

4. 直流输入电阻 R_{GS}

表示栅源间的直流电阻。由于 u_{GS} 为反偏电压，所以这个电阻数值很大，一般大于 $10^7 \Omega$。

5. 漏极输出电阻 r_{DS}

指 u_{GS} 为某一固定值时，u_{DS} 的变化量 Δu_{DS} 与相应的 i_D 的变化量 Δi_D 之比，即

$$r_{DS} = \frac{\Delta u_{DS}}{\Delta i_D}\bigg|_{u_{GS}=常数} = \frac{u_{ds}}{i_d}\bigg|_{u_{GS}=0} \tag{1-2-11}$$

与晶体三极管一样，表示输出特性上某点斜率的倒数。在恒流区，这个数值很大，通常为几十到几百千欧。在可变电阻区，沟道畅通，其值很小，当 $u_{GS}=0$ 时，这个电阻被称为场效应管的导通电阻 $r_{DS(on)}$。

6. 低频跨导

在 u_{DS} 为规定值的条件下，漏极电流变化量和引起这个变化的栅源电压变化量之比，称为跨导或互导，即

$$g_m = \frac{\Delta i_D}{\Delta u_{GS}}\bigg|_{u_{DS}=常数} = \frac{i_d}{u_{gs}}\bigg|_{u_{DS}=0} \tag{1-2-12}$$

跨导的单位为 mA/V 或 μA/V，即 mS 或 μS。它表示栅源电压对漏极电流控制能力的大小，是表示场效应管能力的重要参数，数值上还等于转移特性上某点的斜率。由式（1-2-12）可得恒流区的跨导

$$g_m = -\frac{2I_{DSS}}{U_{GS(off)}} \cdot \left(1 - \frac{u_{GS}}{U_{GS(off)}}\right) = -\frac{2}{U_{GS(off)}}\sqrt{I_{DSS}i_D} \tag{1-2-13}$$

可见，g_m 与工作点电流有关。若在手册上查得零偏压时的跨导 g_{m0}，则在其他 i_D 值下的跨导可按下式求得：

$$g_m = g_{m0}\sqrt{\frac{i_D}{I_{DSS}}} \tag{1-2-14}$$

7. 最大耗散功率 P_{DM}

场效应管的耗散功率等于 u_{DS} 和 i_D 的乘积。这些耗散在管子中的功率将变为热能，使管子的温度升高。为了限制它的温度不要升得太高，就要限制它的耗散功率不能超过最大数值 P_{DM}。

除了以上参数外，场效应管还有极间电容 C_{gs}、C_{gd} 等，它们的意义与晶体三极管类似。

二、绝缘栅型场效应管

结型场效应管的输入电阻一般可达 $10^6 \sim 10^9 \Omega$，但在某些场合下还是不能满足要求。因为这个电阻是 PN 结的反向电阻，PN 结反偏时总有一些反向电流存在，而且还受到温度的影

响，这就限制了输入电阻的进一步提高。特别是当栅源电压为正时，输入电阻明显下降。针对上述结型场效应管的缺点，人们制作出了栅极和沟道绝缘的场效应管，故称为绝缘栅型场效应管，它的输入电阻可高达 $10^9\ \Omega$ 以上。目前应用最广的绝缘栅型场效应管也叫金属–氧化物–半导体场效应管，它是由金属（Metal）、氧化物（Oxide）和半导体（Semiconductor）组成的，简称 MOS 管，除输入电阻高这个显著的优点外，还具有便于大规模集成化等优点。MOS 管有 PMOS、NMOS 及 CMOS（互补）等若干种，这种场效应管已成为大规模数字集成电路的结构基础。而我们常见的 VMOS 管则是一种功率场效应管。

MOS 管除了有 N 沟道和 P 沟道之分外，还有增强型和耗尽型之分。当 $u_{GS}=0$ 时，d、s 之间存在导电沟道的，称为耗尽型绝缘栅场效应管；当 $u_{GS}=0$ 时，d、s 之间没有导电沟道的，则称为增强型绝缘栅场效应管。下面以 N 沟道的这两种 MOS 管为例，做进一步的介绍。首先从 N 沟道增强型 MOS 管开始讨论。

（一）N 沟道增强型绝缘栅场效应管

1. 结构和符号

图 1–2–24（a）为 N 沟道增强型绝缘栅场效应管的结构图。它是在一块低掺杂的 P 型硅片（衬底）上，通过扩散工艺形成两个 N 区，并在两个 N 区上覆盖一层铝电极，分别作为源极 s 和漏极 d。在 P 型硅表面覆盖一层很薄的 SiO_2 绝缘层，再在漏源之间的绝缘层上覆盖一层铝电极作为栅极 g。由于栅极与源极、漏极之间均绝缘，故称为绝缘栅极。管子的衬底引出一个电极。这样就形成一个 N 沟道增强型绝缘栅场效应管，其符号如图 1–2–24（b）所示，箭头方向表示衬底与沟道之间是由 P 指向 N。因此箭头方向向里的为 N 沟道的，箭头方向向外的为 P 沟道的，符号如图 1–2–24（c）所示。

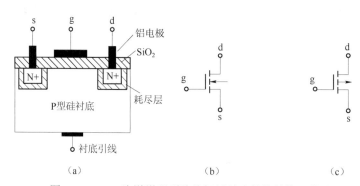

图 1–2–24 N 沟道增强型绝缘栅场效应管的结构及符号

（a）结构示意图；（b）N 沟道增强型管的符号；（c）P 沟道增强型管的符号

2. 工作原理

我们知道，结型场效应管是利用 PN 结反偏电压对耗尽层厚度的控制，来改变导电沟道的宽窄，从而控制漏极电流的大小的。对于绝缘栅型场效应管同样是讨论栅源电压对漏极电流的控制作用。即利用栅源电压的大小，来改变半导体表面感生电荷的多少，从而控制漏极电流的大小。

MOS 管的衬底通常和源极接在一起。对于 N 沟道增强型绝缘栅场效应管来说：

（1）当栅源短接（即栅源电压 $u_{GS}=0$）时，源极和漏极之间就形成两个背靠背的 PN 结串联。此时，不管漏、源之间的电压极性如何，其中总有一个 PN 结是反偏的。因此漏源之间没有导电沟道，基本上没有电流流过，$i_D=0$。

（2）当栅源之间加上正向电压（栅极接正，源极接负）时，如图 1-2-25（a）所示，则栅极（铝层）和 P 型硅片相当于以二氧化硅为介质的平板电容器，在正的栅源电压作用下，介质中便产生了一个垂直于半导体表面的由栅极指向 P 型衬底的电场，这个电场是排斥空穴而吸引电子的。因此在该电场的作用下，P 型衬底中的电子（少子）被电场吸引到 P 型半导体的表面，而 P 型硅中靠近栅极一侧的多数载流子（空穴）被排斥向衬底移动，随着栅源电压的增加，吸引到表面层的电子越来越多，当 u_{GS} 达到一定数值时，这些电子在栅极附近的 P 型硅表面便形成了一个 N 型导电薄层，通常把这个 N 型薄层称为反型层。这个反型层实际上就组成了源极和漏极间的 N 型导电沟道。由于它是栅源正电压感应产生的，所以也称感生沟道。一旦出现了感生沟道，原来被 P 型衬底隔开的两个 PN 结就被感生沟道连在一起。若在漏、源之间加电源，将有沟道电流。一般我们把在漏源电压作用下刚刚开始导电时的栅源电压叫作开启电压，用 $U_{GS(th)}$ 表示。

显然，栅源电压 u_{GS} 越大，垂直电场就越强，吸引到 P 型硅表面的电子就越多，感生沟道（反型层）就越宽，沟道电阻就越小，加上电压 u_{DS} 后形成的电流也就越大。从而实现了外加电压 u_{GS} 对漏、源之间的电流 i_D 的控制。

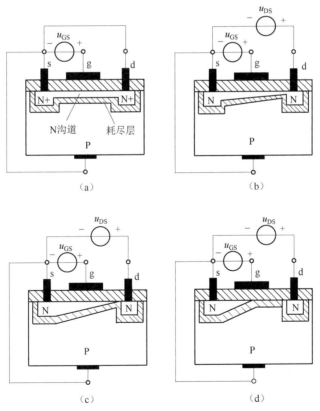

图 1-2-25　u_{GS} 和 u_{DS} 对导电沟道的影响

（a）$u_{GS}>U_{GS(th)}$，$u_{DS}=0$ 时；（b）$u_{GS}>U_{GS(th)}$，u_{DS} 较小时；
（c）沟道出现预夹断；（d）夹断区加长

（3）在正向电压 u_{DS} 的作用下时，漏极电流 i_D 沿沟道流过产生电压降，使沟道中各点的电位不再相等，靠近漏极的电位最高，靠近源极的电位最低。使沟道变成一种从源极到漏极逐渐变窄的形状，如图 1-2-25（b）所示。此时，i_D 随 u_{DS} 的增大而迅速增加。当 u_{DS} 增大到 $u_{GD}=U_{GS(th)}$，即 $u_{DS}=u_{GS}-U_{GS(th)}$ 时沟道在漏端出现预夹断，如图 1-2-25（c）所示。若 u_{DS} 继续增加，沟道上的夹断区向源极延伸，夹断区加长，如图 1-2-25（d）所示。沟道被夹断后，u_{DS} 上升，i_D 趋于饱和。

总之，u_{DS} 使沟道变得不等宽，u_{GS} 改变了沟道宽度，因此，当 u_{DS} 为一常数的情况下，i_D 的大小受 u_{GS} 的控制。

3. 特性曲线

1）转移特性曲线

它表示在 u_{DS} 为常数的情况下，输入电压 u_{GS} 与输出电流 i_D 之间的关系曲线，即

$$i_D=f(u_{GS})\big|_{u_{DS}=常数} \tag{1-2-15}$$

如图 1-2-26（a）所示，当 $u_{GS}<U_{GS(th)}$ 时，感生沟道没有形成，$i_D=0$。当 $u_{GS}=U_{GS(th)}$ 时，刚刚形成导电沟道，并且随着 u_{GS} 的增大，i_D 也增大。i_D 与 u_{GS} 的关系，可用下式近似

$$i_D=I_{DO}\left(\frac{u_{GS}}{U_{GS(th)}}-1\right)^2 \tag{1-2-16}$$

其中 I_{DO} 是 $u_{GS}=2U_{GS(th)}$ 时的 i_D 值。

2）输出特性曲线

它表示在 u_{GS} 为常数的情况下，输出电压 u_{DS} 与输出电流 i_D 之间的关系曲线，即

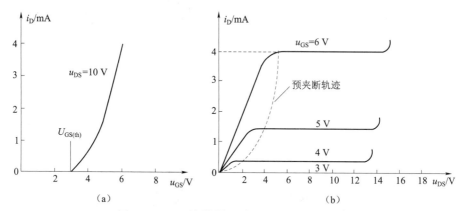

图 1-2-26　N 沟道增强型 MOS 管的特性曲线
（a）转移特性曲线；（b）输出特性曲线

$$i_D=f(u_{DS})\big|_{u_{GS}=常数} \tag{1-2-17}$$

如图 1-2-26（b）所示，与结型场效应管一样，输出特性曲线也分为 4 个区域，即可变电阻区、截止区、饱和区（恒流区）和击穿区，这里不再详述。

4. 参数

增强型 MOS 管的参数和结型场效应管类似，用开启电压 $U_{GS(th)}$ 表征它的特性。此外没有饱和漏电流这一参数。

（二）N 沟道耗尽型绝缘栅场效应管

1. 结构与符号

对于 N 沟道增强型绝缘栅场效应管来说，只有在 $u_{GS} > U_{GS(th)}$ 时，从源极到漏极才存在导电沟道，这就限制了栅源电压的范围，同时给使用带来了不便。而耗尽型绝缘栅场效应管在制造的过程中，在二氧化硅绝缘层中掺入一定数量的正离子，这样当 $u_{GS}=0$ 时，也有垂直电场进入半导体，并吸引自由电子到半导体表面形成导电沟道。这种当 $u_{GS}=0$ 时，就有导电沟道存在的场效应管叫作耗尽型 MOS 管，如图 1-2-27（a）所示。图 1-2-27（b）和图 1-2-27（c）分别为 N 沟道和 P 沟道耗尽型 MOS 管的符号。还有一种双栅场效应管，具有 g_1、g_2 两个栅极，可分别输入不同电信号，便于在某些特定场合使用。

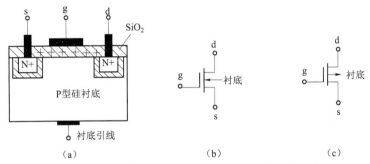

图 1-2-27 N 沟道耗尽型绝缘栅场效应管的结构及符号

（a）结构示意图；（b）N 沟道耗尽型绝缘栅场效应管的符号；（c）P 沟道耗尽型绝缘栅场效应管的符号

2. 工作原理

当 $u_{GS}=0$ 时，靠绝缘层中的正离子感生导电沟道，当 $u_{GS}>0$ 时，垂直电场增强，沟道加宽，沟道电阻减小，在 u_{DS} 一定的情况下，电流 i_D 增大。当 $u_{GS}<0$ 时，垂直电场削弱，沟道变窄，沟道电阻增大，在 u_{DS} 一定的情况下，i_D 减小。当 $u_{GS}=U_{GS(off)}$ 时，沟道全夹断，$i_D=0$。因此，在一定范围内，无论栅源电压为正、负或零，都能控制电流 i_D 的大小，工作起来非常灵活。这是耗尽型绝缘栅场效应管区别于增强型绝缘栅场效应管的一个显著特点。

3. 特性曲线与参数

图 1-2-28 为 N 沟道耗尽型 MOS 管的转移特性和输出特性曲线。它与 N 沟道结型场效应管相似。输出特性曲线也可分为可变电阻区、恒流区、击穿区和夹断区。它的主要参数与结型场效应管一样。这里不再赘述。

上面主要讨论了 N 沟道场效应管的工作原理、特性曲线和主要参数，这些分析同样适合于 P 沟道场效应管。

应当指出，近来出现一种由新型半导体材料砷化镓（GaAs）制造的 N 沟道 FET，称为金属–半导体场效应管（简称 MSFET）。由于它具有高速特性（工作频率高）等优点，被广泛应用于微波电路、高频放大和高速数字逻辑电路中。

（三）使用场效应管的注意事项

（1）对于结型场效应管，主要注意栅源间应加反偏电压，以便保证有高的输入电阻。

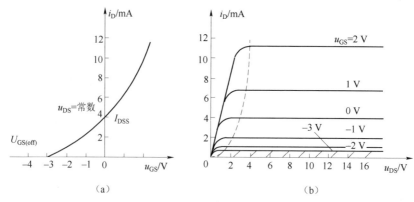

图 1-2-28 N 沟道耗尽型 MOS 管特性曲线

（a）转移特性曲线；（b）输出特性曲线

（2）对于 MOS 场效应管，主要注意防止栅极悬空，以免绝缘栅因电荷积累无法泄放，导致栅源电压升高（极间电容很小）而击穿二氧化硅绝缘薄层。为了避免这种情况的发生，MOS 管出厂包装或使用前都要保持栅源间处于短路状态，通常用软金属线或铝箔等将 3 个电极暂时短接起来。取用管子时，应注意人体静电对栅极的损坏。

（3）场效应管（包括结型和绝缘栅型）通常制成漏极和源极可以互换使用的。但有一些产品出厂时已将源极和衬底连接在一起，这时源极和漏极不能互换使用，有些场效应晶体管将衬底引出，故有 4 个引脚，这种管子漏极与源极可互换使用，在实际使用时应特别予以注意。

（4）对于绝缘栅型场效应管，不允许使用万用表来检测电极和质量，因为使用万用表测量时很容易感应电荷，形成高压，致使管子击穿。结型场效应管可以用判定晶体三极管基极的类似方法来判定栅极，另外两个电极便是源极和漏极，而不必严格区分。

（5）安装焊接 MOS 管时，电烙铁必须有外接地线，或切断电源后利用电烙铁的余热快速焊接，以防烙铁感应电压损坏管子。焊接时，应先焊源极，最后焊栅极。短接线在焊好引脚后再拆除。近来，为提高 MOS 管的工作可靠性，出现了内附保护二极管（接在栅源极间）的 MOS 管，使用时与结型管一样方便。

（6）在使用场效应管时，要注意漏源电压、漏源电流及耗散功率等，不要超过规定的最大允许值。

（四）场效应管与晶体三极管的比较

两种管子的比较如表 1-2-4 所示。

表 1-2-4 场效应管与三极管的比较

比较项目 \ 器件名称	场效应管	三极管
导电机构	单极性器件，同一个器件中只有一种载流子参与导电	双极型器件，同一个器件中有两种载流子参与导电
导电方式	电场漂移	扩散和漂移

比较项目 \ 器件名称	场效应管	三极管
控制方式	电压控制	电流控制
跨导	小，$g_m=1\sim5$ mS	大，$g_m=40\sim80$ mS（$I_{CQ}=1\sim2$ mA）
输入电阻	大，$r_i=10^7\sim10^{15}$ Ω	小，$r_i\approx1\,000$ Ω（共射）
输入动态范围	大，几伏	小，几百毫伏（共射）
噪声系数	低	较高
热稳定性与抗辐射能力	强	差
输出功率	小	较大

由表 1-2-4 可以看出，场效应管的突出优点是输入电阻极高，缺点是跨导低，相对来说，晶体三极管具备较强的放大能力。

三、场效应管的基本电路

和三极管类似，场效应管也可组成放大电路。晶体三极管放大电路有共射、共集及共基电路 3 种组态，场效应管放大电路也有共源、共漏及共栅 3 种基本组态。由于场效应管的输入电阻极高和噪声小等突出优点，所以被广泛用在电子电路的输入级和需要高阻抗器件的场合。

（一）场效应管的直流偏置电路和静态工作点

为了不失真地放大变化信号，场效应管放大电路也必须设置合适的静态工作点，以保证管子工作在恒流区。同时场效应管是电压控制器件，它没有偏流，因此关键是要有合适的栅源偏压 u_{GS}。下面以常用的 N 沟道场效应管为例，介绍常用的两种偏置电路。

1. 自偏压电路

典型的自偏压电路如图 1-2-29 所示。其中，R_S 为源极电阻，主要利用 I_D 在其上的压降为栅源极提供偏置，R_D 为漏极电阻，主要将漏极电流的变化转换成漏极电压的变化，并影响放大倍数。R_G 为栅极电阻，主要将 R_S 压降加至栅极。静态工作时，耗尽型场效应管在无栅极电源的情况下也有漏极电流 I_D，I_D 流过源极电阻 R_S 时，在它两端产生电压降，通常将此电压称为自偏压。由于栅极电流近似为零，因此栅极直流电位 $V_G=0$，则

$$U_{GS}=V_G-I_DR_S=-I_DR_S \qquad (1-2-18)$$

因此，适当调整源极电阻 R_S，就可以得到合适的静态工作点。

首先通过下列关系式求得工作点上的 I_D 和 U_{GS} 的值。

$$\begin{cases} I_D = I_{DSS}\left(1-\dfrac{U_{GS}}{U_{GS(off)}}\right)^2 \\ I_D = -\dfrac{1}{R_S}\cdot U_{GS} \end{cases}$$

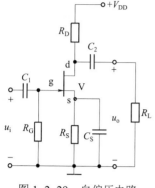

图 1-2-29　自偏压电路

则

$$U_{DS}=V_{DD}-I_D(R_D+R_S) \qquad (1-2-19)$$

可见，栅源之间的直流偏压 U_{GS} 是由场效应管的自身电流 I_D 流过电阻 R_S 产生的，故称为自偏压电路。但此电路不适合增强型 MOS 管，因为静态时该电路不能使管子开启，$I_D=0$。为了防止 R_S 对交流信号的衰减，在 R_S 两端并联一个大的源极旁路电容 C_S，栅极电阻 R_G 应足够大，否则放大电路的输入电阻将降低。电路的输入和输出耦合电容 C_1、C_2 的容量取得比较小。

但此电路还有一个缺点，改变 R_S，电路的偏压只能向一个方向变化（该图为负值），使用起来不够灵活方便。

2. 分压式自偏压电路

如图 1-2-30 所示，此电路是在自偏压电路的基础上进行改进的电路。它的栅源电压为

$$U_{GS} =V_G -V_S = \frac{R_{G2}}{R_{G1}+R_{G2}}V_{DD}-I_D R_S \qquad (1-2-20)$$

U_{GS} 不仅与 R_S 有关，还随电阻 R_{G1}、R_{G2} 而变，适当选择 R_{G1}、R_{G2} 的值，就可获得正、负及零 3 种偏压，适应性较大。R_{G3} 的作用就是保持高的输入电阻。

结合式（1-2-19）和式（1-2-20），即可求得 U_{GS} 和 I_D，进而求得 U_{DS}，确定电路的静态工作点。对场效应管的静态分析除了上述估算法外，还有图解法。但图解法较烦琐且容易造成人为误差，故一般不采用，这里不再介绍。

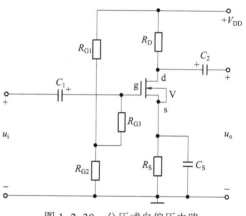

图 1-2-30　分压式自偏压电路

（二）场效应管放大电路的等效电路分析法

1. 场效应管的等效电路

与三极管一样，场效应管在低频小信号且工作在恒流区时，可用微变等效电路来代替。图 1-2-31 为场效应管与晶体三极管等效电路的对照图。在图 1-2-31（b）中，考虑到场效应管输入电阻 r_{gs} 极大，故看成开路而略去。此外，图 1-2-31（a）的电流控制电流源 $i_c=\beta i_b$，被

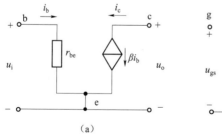

（a）　　　　　　　　　（b）

图 1-2-31　等效电路

（a）三极管微变等效电路；（b）场效应管微变等效电路

图 1–2–31（b）的电压控制电流源 $i_d = g_m u_{gs}$ 所取代。比较（a）、（b）两图，可见场效应管的等效电路更为简单。两图中均略去了受控源的内阻 r_{ce} 和 r_{ds}，认为它们的恒流特性都是理想的。

2. 场效应管放大电路的等效电路分析

这里主要进行电路的动态分析，分析放大电路的电压放大倍数 A_u、输入电阻 r_i 和输出电阻 r_o。下面以共源放大电路为例进行介绍。

前面介绍的图 1–2–29 自偏压电路，就是一种简单的结型场效应管共源放大电路。图 1–2–32 为它的微变等效电路，漏极输出电阻 r_{ds} 因较大而被省略。由该电路不难求出 3 个技术指标。

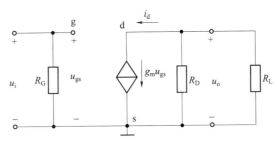

图 1–2–32　共源放大电路的交流微变等效电路

（1）电压放大倍数 A_u。

由图 1–2–32 可知

$$u_o = -i_d R'_L = -g_m u_{gs} R'_L$$

$$u_i = u_{gs}$$

由此可导出电压放大倍数的表达式：

$$A_u = \frac{u_o}{u_i} = \frac{-g_m u_{gs} R'_L}{u_{gs}} = -g_m R'_L \tag{1-2-21}$$

其中 $R'_L = R_D /\!/ R_L$。

式（1–2–21）表明，场效应管共源放大电路的放大倍数与跨导 g_m 成正比，且输出电压与输入电压反相。由于场效应管的跨导 g_m 不大，因此单级放大倍数要比共射放大电路小。

（2）输入电阻 r_i 和输出电阻 r_o。

由图 1–2–32 可得，输入电阻

$$r_i \approx R_G$$

可见场效应管电路的输入电阻主要由偏置电阻 R_G 决定，一般较大。

输出电阻

$$r_o \approx R_D$$

与共射电路类似，其输出电阻由漏极电阻决定。

有关共漏和共栅电路的分析与三极管共集和共基电路的分析方法类似，这里不再详述。

知识拓展 2　电力电子器件

电力电子器件（Power Electronic Device）是指在电能变换与控制的电路中，实现电能的变换或控制的电子器件。电力电子器件有电真空器件和半导体器件两大类。但是，自从晶闸管等新型半导体电力电子器件问世以来，除了在频率很高的大功率高频电源中还使用真空管外，在其他电能变换和控制领域中几乎全部由基于半导体材料的各种电力电子器件所取代，成为电能变换和控制领域的绝对主力。电力电子器件发展非常迅速，品种也非常多，但目前最常用的并不是很多，主要有电力二极管、普通晶闸管（SCR）、双向晶闸管（TRIAC）、可关断晶闸管（GTO）、功率晶体管（GTR 或称 BJT）、功率场效应管（Power MOSFET）、绝缘栅双极型功率晶闸管（IGBT），以及新型的功率集成模块 PIC、智能功率模块 IPM 等。与电力电子器件相配套的各种专用集成驱动控制电路和保护电路也发展很快，新产品不断推出并被广泛采用。这些成果正推动着电力电子技术与装置的迅速发展。

一、电力二极管

在电力电子装置中，常常要用到不可控型器件电力二极管。电力二极管结构和原理简单、工作可靠，自 20 世纪 50 年代初期二极管出现开始到现在，一直得到广泛应用。常用的电力二极管有整流二极管、快速恢复二极管和肖特基二极管。整流二极管常在电力电子电路中作整流、续流和隔离用，快速恢复二极管和肖特基二极管分别在中、高频整流和逆变电路以及低压高频整流的场合使用。

（一）电力二极管的结构

电力二极管的基本结构和原理与信息电子电路中的二极管一样，都是具有一个 PN 结的两端器件，所不同的是电力二极管的 PN 结面积较大。

电力二极管的外形、结构和电气符号，如图 1-2-33 所示。电力二极管外形主要有螺栓型（见图 1-2-33（a））、平板型（见图 1-2-33（b））和模块型（见图 1-2-33（c））几种，其中电力二极管模块将 2 个、4 个或 6 个二极管组合在一起制造，方便用户使用。从外部结构看，电力二极管可分成管芯和散热器两部分。这是因为管子工作时要通过大电流，而 PN 结有一定的正向电阻，因此管芯会因损耗而发热。为了冷却管芯，必须装配散热器。螺栓型结构安装方便，但散热较差，一般 200 A 以下的电力二极管采用螺栓型。平板型结构能够两面散热，一般用于 200 A 以上容量较大的管子。

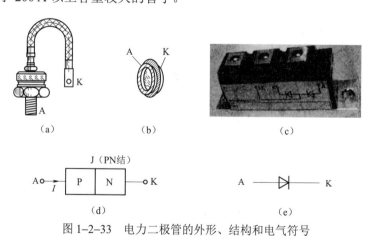

（a） （b） （c）

（d） （e）

图 1-2-33　电力二极管的外形、结构和电气符号

（a）螺栓型；（b）平板型；（c）模块型；（d）结构；（e）图形符号

（二）电力二极管的基本特性

1. 静态特性

电力二极管的静态特性主要是指伏安特性，如图 1-2-34 所示。当电力二极管承受的正向电压达到某一值时，正向电流开始明显增大，处于稳定导通状态，此时与正向电流 I_F 对应的二极管压降 U_F，称为正向电压降。当电力二极管承受反向电压时，只有微小的反向漏电流。

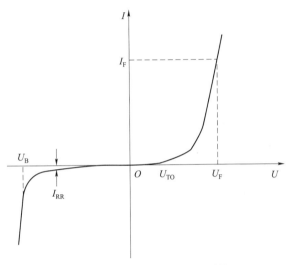

图 1-2-34　电力二极管伏安特性

2. 动态特性

因结电容的存在，电力二极管在零偏置、正向偏置和反向偏置这 3 个状态之间转换时，必然经过一个过渡过程，这个过程中的伏安特性是随时间变化的，此种随时间变化的特性，称为电力二极管的动态特性。

电力二极管的关断特性如图 1-2-35（a）所示。当原来处于正向导通的功率二极管外加电压在 t_f 时刻突然从正向变为反向时，正向电流 i_f 开始下降，到 t_0 时刻二极管电流降为零，此时 PN 结两侧存有大量的少子，器件并没有恢复反向阻断能力，直到 t_1 时刻 PN 结内存储的少子被抽尽时，反向电流达到最大值 I_{RM}。在 t_1 时刻后二极管开始恢复反向阻断，反向恢复电流迅速减小。外电路中电感产生的高感应电动势使器件承受很高的反向电压 U_{RM}。当电流降到基本为零的 t_2 时刻（反向电流降为 $10\%I_{RM}$），二极管两端的反向电压才降到外加反向电压 U_R，功率二极管完全恢复反向阻断能力。反向恢复时间 $t_{rr}=t_2-t_0$，t_{rr} 是开关管的重要参数。

图 1-2-35（b）给出了电力二极管由零偏置转为正向偏置时的波形。由此波形图可知，在这一动态过程中，电力二极管的正向压降也会出现一个过冲 U_{fp}，然后逐渐趋于稳态压降值。这一动态过程的时间，称为正向恢复时间 t_{fr}。通常反向恢复时间 t_{rr} 比正向恢复时间 t_{fr} 长。

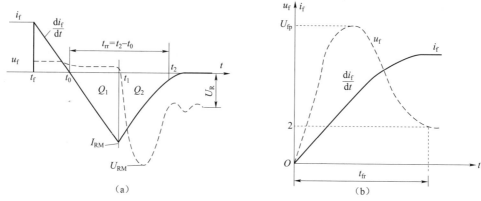

图1-2-35　电力二极管的开关特性

（a）关断特性；（b）开通特性

（三）电力二极管的主要参数

1. 正向平均电流 $I_{F(AV)}$

$I_{F(AV)}$指在规定的管壳温度和散热条件下允许通过的最大工频正弦半波电流的平均值，元件标称的额定电流就是这个电流。实际应用中，功率二极管所流过的最大有效电流为I，则其额定电流一般选择为

$$I_{F(AV)} \geqslant (1.5 \sim 2)I/1.57 \qquad （1-2-22）$$

在选择电力二极管时，应按元件允许通过的电流有效值来选取。式中的系数1.5～2是安全系数。应该注意的是，当工作频率较高时，开关损耗往往不能忽略。在选择电力二极管正向电流额定值时，应加以考虑。

2. 正向电压降 U_F

U_F指在规定温度下，流过某一稳定正向电流时所对应的正向压降。元件发热与损耗和U_F有关，一般应选取管压降小的元件，以降低损耗。

3. 反向重复峰值电压 U_{RRM}

U_{RRM}指电力二极管在指定温度下，所能重复施加的反向最高峰值电压，通常是反向击穿电压 U_{RSM} 的2/3。使用对，一般按照2倍的 U_{RRM} 来选择电力二极管。

4. 反向平均漏电流 I_{RR}

I_{RR}是对应于反向重复峰值电压 U_{RRM} 下的平均漏电流，也称为反向重复平均电流 I_{RR}。另外，还有最高结温、反向恢复时间等参数。

（四）电力二极管的类型

电力二极管在电路中有整流、续流、隔离、保护等作用。因电力二极管存在正向压降、反向耐压、反向漏电流等性能的不同，特别是反向恢复特性的不同，所以应根据不同场合的不同要求选择不同类型的电力二极管。实际上，各种电力二极管性能上的不同都是由半导体物理结构和工艺上的差别造成的。下面介绍几种常用的电力二极管。

1. 普通二极管

普通二极管又称为整流二极管，多用于开关频率不高的场合，一般开关频率在 1 kHz 以下。整流二极管的特点是电流定额和电压定额可以达到很高，一般为几千安和几千伏，但反向恢复时间较长。

2. 快速恢复二极管

快速恢复二极管是指恢复过程时间很短，特别是反向恢复时间很短，一般在 5 μs 以下。快速恢复外延型二极管反向恢复时间可低于 50 ns，正向压降很低，多用于高频整流电路中。

3. 肖特基二极管

肖特基二极管是指用金属和半导体接触形成 PN 结的二极管。其优点在于：反向恢复时间短到 10～40 μs，正向恢复过程也没有明显的电压过冲。另外，在电压较低的情况下，正向压降也很低，明显低于快速恢复二极管。肖特基二极管多用于 200 V 以下的电路中。肖特基二极管的不足是，当所承受的反向耐压提高时，其正向压降有较大幅度提高。它适用于较低输出电压和要求较低正向管压降的换流器电路中。

（五）电力二极管的使用

（1）必须保证规定的冷却条件，如强迫风冷或水冷。如果不能满足规定的冷却条件，必须降低容量使用。如规定风冷元件使用在自冷时，只允许用到额定电流的 1/3 左右。

（2）平板型元件的散热器一般不应自行拆装。

（3）严禁用兆欧表检查元件的绝缘情况。如需检查整机的耐压时，应将元件短接。

二、晶闸管

晶闸管是晶体闸流管的简称，早期称作可控硅整流器，简称为可控硅，属于半控型电力电子器件。晶闸管体积小、质量轻、效率高、动作迅速、寿命长、价格低、工作可靠，因此在大容量、低频的电力电子装置中仍占主导地位。随着半导体制造技术的发展，产生了一系列性能优良的晶闸管派生器件，如快速、双向、逆导、门极可关断及光控等晶闸管。但一般情况下所说的晶闸管是指其中的一种基本类型——普通晶闸管。晶闸管是一种大功率半导体变流器件，它具有三个 PN 结的四层结构，其外形、结构和图形符号如图 1-2-36 所示。由最外的 P_1 层和 N_2 层引出两个电极，分别为阳极 A 和阴极 K，由中间 P_2 层引出的电极是门极 G（也称控制极）。

常用的晶闸管有塑料封装型、螺栓型和平板型三种外形，如图 1-2-36 所示。晶闸管在工作过程中会因损耗而发热，因此必须安装散热器。螺栓型晶闸管是靠阳极（螺栓）拧紧在铝制散热器上，可自然冷却；平板型晶闸管由两个相互绝缘的散热器夹紧晶闸管，靠冷风冷却。额定电流大于 200 A 的晶闸管都采用平板型外形结构。冷却方式采用水冷、油冷等。

（一）晶闸管的工作原理

我们通过如图 1-2-37 所示的电路来说明晶闸管的工作原理。在该电路中，由电源 E_a、白炽灯、晶闸管的阳极和阴极组成晶闸管的主电路；由电源 E_g、开关 S、晶闸管的门极和阴极组成控制电路，也称为触发电路。

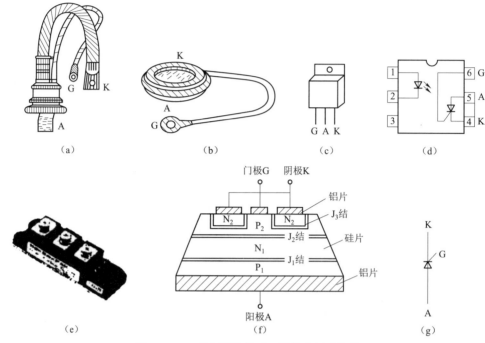

图1-2-36 晶闸管的外形、结构和图形符号

（a）螺栓型；（b）平板型；（c）塑封型；（d）集成封装型；

（e）模块型；（f）结构；（g）电气图形符号

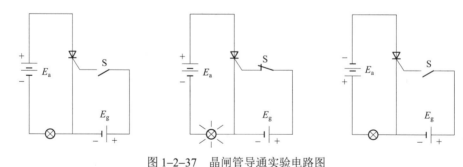

图1-2-37 晶闸管导通实验电路图

当晶闸管的阳极接电源 E_a 的正端，阴极经白炽灯接电源的负端时，晶闸管承受正向电压。当控制电路中的开关 S 断开时，白炽灯不亮，说明晶闸管不导通。

当晶闸管的阳极和阴极承受正向电压，控制电路中开关 S 闭合，使控制极也加正向电压（控制极相对阴极）时，白炽灯亮，说明晶闸管导通。

当晶闸管导通时，将控制极上的电压去掉（即将开关 S 断开），白炽灯依然亮，说明晶闸管一旦导通，控制极便失去了控制作用。

当晶闸管的阳极和阴极间加反向电压时，不管控制极加不加电压，灯都不亮，晶闸管截止。如果控制极加反向电压，无论晶闸管阳极与阴极间加正向电压还是反向电压，晶闸管都不导通。

通过上述实验可知，晶闸管导通必须同时具备两个条件：

（1）晶闸管阳极与阴极间加正向电压。

（2）晶闸管门极加适当的正向电压。

为了进一步说明晶闸管的工作原理，可把晶闸管看成是由一个 PNP 型和一个 NPN 型晶体管连接而成的，连接形式如图 1-2-38 所示。阳极 A 相当于 PNP 型晶体管 V_1 的发射极，阴极 K 相当于 NPN 型晶体管 V_2 的发射极。

当晶闸管阳极承受正向电压，控制极也加正向电压时，晶体管 V_2 处于正向偏置，E_G 产生的控制极电流 I_G 就是 V_2 的基极电流 I_{b2}，V_2 的集电极电流 $I_{c2}=\beta_2 I_G$。而 I_{c2} 又是晶体管 V_1 的基极电流，V_1 的集电极电流 $I_{c1}=\beta_1 I_{c2}=\beta_1\beta_2 I_G$（$\beta_1$ 和 β_2 分别是 V_1 和 V_2 的电流放大系数）。电流 I_{c1} 又流入 V_2 的基极，再一次放大。这样循环下去，形成了强烈的正反馈，使两个晶体管很快达到饱和导通，这就是晶闸管的导通过程。导通后，晶闸管上的压降很小，电源电压几乎全部加在负载上，晶闸管中流过的电流即负载电流。

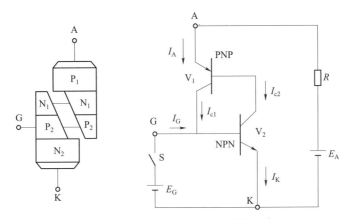

图 1-2-38 晶闸管工作原理等效电路

在晶闸管导通之后，它的导通状态完全依靠管子本身的正反馈作用来维持，即使控制极电流消失，晶闸管仍将处于导通状态。因此，控制极的作用仅是触发晶闸管使其导通，导通之后，控制极就失去了控制作用。要想关断晶闸管，必须将阳极电流减小到小于维持电流。可采用的方法有：将阳极电源断开；改变晶闸管的阳极电压的方向，即在阳极和阴极间加反向电压。

（二）晶闸管的伏安特性

晶闸管阳极与阴极间的电压 U_A 和阳极电流 I_A 的关系称为晶闸管伏安特性，正确使用晶闸管必须要了解其伏安特性。如图 1-2-39 所示为晶闸管伏安特性曲线，包括正向特性（第一象限）和反向特性（第三象限）两部分。

晶闸管的正向特性又有阻断状态和导通状态之分。在正向阻断状态时，晶闸管的伏安特性是一组随门极电流 I_G 的增加而不同的曲线簇。当 $I_G=0$ 时，逐渐增大阳极电压 U_A，只有很小的正向漏电流，晶闸管正向阻断；随着阳极电压的增加，当达到正向转折电压 U_{BO} 时，漏电流突然剧增，晶闸管由正向阻断状态突变为正向导通状态。这种在 $I_G=0$ 时，依靠增大阳极电压而强迫晶闸管导通的方式称为"硬开通"。多次"硬开通"会使晶闸管损坏，因此通常不允许这样做。

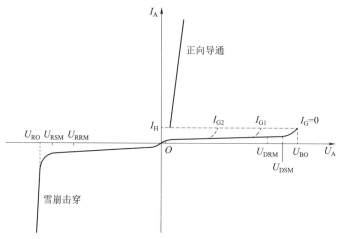

图1-2-39　晶闸管的伏安特性曲线（$I_{G2}>I_{G1}>I_G$）

随着门极电流 I_G 的增大，晶闸管的正向转折电压 U_{BO} 迅速下降，当 I_G 足够大时，晶闸管的正向转折电压很小，可以看成与一般二极管一样，只要加上正向阳极电压，管子就导通了。晶闸管正向导通的伏安特性与二极管的正向特性相似，即当流过较大的阳极电流时，晶闸管的压降很小。

晶闸管正向导通后，要使晶闸管恢复阻断，只有逐步减小阳极电流 I_A，使 I_A 下降到小于维持电流 I_H（维持晶闸管导通的最小电流），则晶闸管又由正向导通状态变为正向阻断状态。

各物理量的含义如下：

U_{DRM}、U_{RRM}——正、反向断态重复峰值电压；

U_{DSM}、U_{RSM}——正、反向断态不重复峰值电压；

U_{BO}——正向转折电压；

U_{RO}——反向击穿电压。

晶闸管的反向特性与一般二极管的反向特性相似。在正常情况下，当承受反向阳极电压时，晶闸管总是处于阻断状态，只有很小的反向漏电流流过。当反向电压增加到一定值时，反向漏电流增加较快，再继续增大反向阳极电压会导致晶闸管反向击穿，造成晶闸管永久性损坏，这时对应的电压为反向击穿电压 U_{RO}。

（三）晶闸管的主要参数

1. 正向断态重复峰值电压 U_{DRM}

在控制极断路和晶闸管正向阻断的条件下，可重复加在晶闸管两端的正向峰值电压称为正向断态重复峰值电压 U_{DRM}。一般规定此电压为正向转折电压 U_{BO} 的 80%。

2. 反向断态重复峰值电压 U_{RRM}

在控制极断路时，可以重复加在晶闸管两端的反向峰值电压称为反向断态重复峰值电压 U_{RRM}。此电压取反向击穿电压 U_{RO} 的 80%。

3. 通态平均电流 $I_{T(AV)}$

在环境温度小于 40 ℃和标准散热及全导通的条件下，晶闸管可以连续导通的最大工频正弦半波电流平均值称为通态平均电流 $I_{T(AV)}$ 或正向平均电流，通常所说晶闸管是多少安就是指这个电流。如果正弦半波电流的最大值为 I_m，则

正弦半波电流平均值 $I_{T(AV)}$、电流有效值 I_T 和电流最大值 I_m 三者的关系为

$$I_{T(AV)} = \frac{1}{2\pi} \int_0^\pi I_m \sin \omega t \, d(\omega t) = \frac{I_m}{\pi} \tag{1-2-23}$$

额定电流有效值为

$$I_T = \sqrt{\frac{1}{2\pi} \int_0^\pi (I_m \sin \omega t)^2 \, d(\omega t)} = \frac{I_m}{2} \tag{1-2-24}$$

而在实际使用中，流过晶闸管的电流波形形状、波形导通角并不是一定的，各种含有直流分量的电流波形都有一个电流平均值（一个周期内波形面积的平均值），也就有一个电流有效值（均方根值）。现定义某电流波形的有效值与平均值之比为这个电流的波形系数，用 K_f 表示，即

$$K_f = 电流有效值/电流平均值 \tag{1-2-25}$$

根据上式可求出正弦半波电流的波形系数为

$$K_f = \frac{I_T}{I_{T(AV)}} = \frac{\pi}{2} = 1.57 \tag{1-2-26}$$

这说明额定电流 $I_{T(AV)}=100\,A$ 的晶闸管，其额定电流有效值为 $I_T=K_f I_{T(AV)}=157\,A$。不同的电流波形有不同的平均值与有效值，波形系数 K_f 也不同。在选用晶闸管的时候，首先要根据管子的额定电流（通态平均电流）求出元件允许流过的最大有效电流。不论流过晶闸管的电流波形如何，只要流过元件的实际电流最大有效值小于或等于管子的额定有效值，且散热冷却在规定的条件下，管芯的发热就能限制在允许范围内。

由于晶闸管的过载能力比一般电机、电器要小得多，因此在选用晶闸管额定电流时，根据实际最大的电流计算后至少要乘以 1.5～2 的安全系数，使其有一定的电流余量。

4. 维持电流 I_H 和擎住电流 I_L

在室温且控制极开路时，维持晶闸管继续导通的最小电流称为维持电流 I_H。维持电流大的晶闸管容易关断。维持电流与元件容量、结温等因素有关，同一型号的元件其维持电流也不相同。通常在晶闸管的铭牌上标明了常温下 I_H 的实测值。

给晶闸管门极加上触发电压，当元件刚从阻断状态转为导通状态时就撤除触发电压，此时元件维持导通所需要的最小阳极电流称为擎住电流 I_L。对同一晶闸管来说，擎住电流 I_L 一般为维持电流 I_H 的 2～4 倍。

5. 晶闸管的开通与关断时间

晶闸管作为无触点开关，在导通与阻断两种工作状态之间的转换并不是瞬时完成的，而需要一定的时间。当元件的导通与关断频率较高时，就必须考虑这种时间的影响。晶闸管的关断时间与元件结温、关断前阳极电流的大小以及所加反向电压的大小有关。普通晶闸管的响应时间为几十到几百微秒。

6. 通态电流临界上升率 di/dt

门极流入触发电流后，晶闸管开始只在靠近门极附近的小区域内导通，随着时间的推移，导通区域才逐渐扩大到 PN 结的全部面积。如果阳极电流上升得太快，则会导致门极附近的

PN 结因电流密度过大而烧毁，使晶闸管损坏。因此，对晶闸管必须规定允许的最大通态电流上升率，称为通态电流临界上升率 di/dt。

7. 断态电压临界上升率 du/dt

晶闸管的结面积在阻断状态下相当于一个电容，若突然加一正向阳极电压，便会有一个充电电流流过结面，该充电电流流经靠近阴极的 PN 结时，产生相当于触发电流的作用，如果这个电流过大，将会使元件误触发导通，因此对晶闸管还必须规定允许的最大断态电压上升率。我们把在规定条件下，晶闸管直接从断态转换到通态的最大阳极电压上升率称为断态电压临界上升率 du/dt。

（四）晶闸管的简单测试方法

对于晶闸管的三个电极，可以用万用表粗测其好坏。依据 PN 结单向导电原理，用万用表欧姆挡测试元件的三个电极之间的阻值，可初步判断管子是否完好。如用万用表"$R \times 1\text{ K}$"挡测量阳极 A 和阴极 K 之间的正、反向电阻都很大，在几百千欧以上，且正、反向电阻相差很小；用"$R \times 10$"或"$R \times 100$"挡测量控制极 C 和阴极 K 之间的阻值，其正向电阻应小于或接近于反向电阻，这样的晶闸管是好的。如果阳极与阴极或阳极与控制极间有短路，阴极与控制极间为短路或断路，则晶闸管是坏的。

（五）晶闸管的派生器件

1. 快速晶闸管（FST）

快速晶闸管指那些关断时间短，开通响应速度快的晶闸管。它的外形、基本结构、伏安特性、电气符号与普通晶闸管相同，使用在工作频率较高的电力电子装置中，如变频器和中频电源等。快速晶闸管有普通型和高频型之分，可工作在 400 Hz～10 kHz。

快速晶闸管的特点：开通和关断时间短，一般开通时间为 1～2 μs，关断时间为数微秒；开关损耗小；有较高的电流和电压上升率；允许使用频率宽。

快速晶闸管使用中应注意的问题：为保证关断时间，管子工作结温不能过高；为不超过规定的通态电流上升率，门极采用强脉冲触发；在高频工作时，须按厂家规定的电流-频率特性选择器件的电流额定值。

2. 逆导晶闸管

逆导晶闸管简称 RCT。在逆变或直流电路中经常需要将晶闸管和二极管反向并联使用，逆导晶闸管就是根据这一要求将晶闸管和二极管集成在同一硅片上制造而成的，它的内部结构、等效电路、电气符号和伏安特性分别如图 1–2–40（a）、（b）、（c）和（d）所示。和普通晶闸管一样，逆导晶闸管也有三个电极，它们分别是阳极 A、阴极 K 和门极 G。

明显看出，当逆导晶闸管阳极承受正向电压时，其伏安特性与普通晶闸管相同，即工作在第 I 象限；当逆导晶闸管阳极承受反向电压时，由于反并联二极管的作用反向导通，呈现出二极管的低阻特性，器件工作在第 III 象限。

由于逆导晶闸管具有上述伏安特性，特别适用于有能量反馈的逆变器和斩波器电路中，使得变流装置体积小、质量轻和成本低，特别是因此简化了接线，消除了大功率二极管的配线电感，使晶闸管承受反压时间增加，有利于快速换流，从而可提高装置的工作频率。

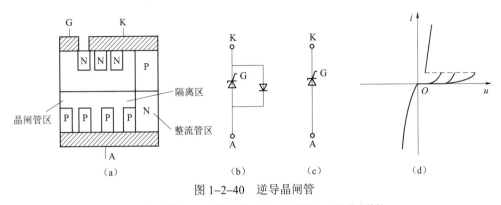

图 1-2-40　逆导晶闸管

（a）内部结构；（b）等效电路；（c）电气符号；（d）伏安特性

3. 双向晶闸管（TRIAC）

双向晶闸管是一个具有 NPNPN 五层结构的三端器件，有两个主电极 T_1 和 T_2，一个门极 G。它在正、反两个方向的电压下均能用一个门极控制导通。因此，双向晶闸管在结构上可看成是一对逆阻型晶闸管的反并联。其电气符号和伏安特性如图 1-2-41 所示。由伏安特性曲线可以看出，双向晶闸管反映出两个晶闸管反并联的效果。第 I 和第 III 象限具有对称的阳极特性。

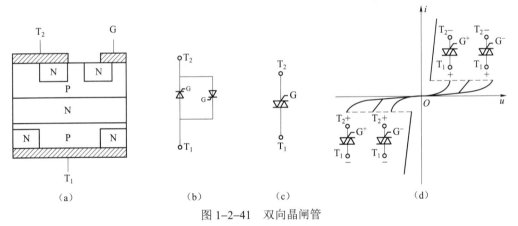

图 1-2-41　双向晶闸管

（a）内部结构；（b）等效电路；（c）电气符号；（d）伏安特性

双向晶闸管主要应用在交流调压电路中，因而通态时的额定电流不是用平均值表示，而是用有效值表示。这一点必须与其他晶闸管的额定电流加以区别。在交流电路中，双向晶闸管承受正、反两个方向的电流和电压。在换向过程中，由于各半导体层内的载流子重新运动，可能造成换流失败。为了保证正常换流能力，必须限制换流电流和电压的变化率在小于规定的数值范围内。

4. 光控晶闸管（LTT）

光控晶闸管又称为光触发晶闸管，是采用一定波长的光信号触发其导通的器件。电气符号和伏安特性如图 1-2-42 所示。小功率光控晶闸管只有阳极和阴极两个端子，大功率光控晶闸管则带有光缆，光缆上装有作为触发光源的发光二极管或半导体激光器。由于采用光触发，从而确保了主电路与控制电路之间的绝缘，同时可以避免电磁干扰，因此其绝缘性能好且工作可靠。光控晶闸管在高压大功率的场合，独具重要位置。例如高压输电系统和高压核聚变等装置中，均应用光控晶闸管。

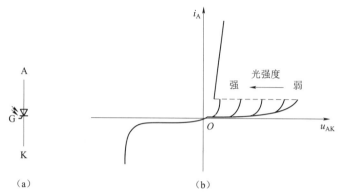

图 1-2-42　光控晶闸管电气符号和伏安特性曲线

（a）电气符号；（b）伏安特性

任务达标知识点总结

（1）三极管的内部结构，3个区：基区、集电区、发射区；3个极：基极、集电极、发射极；两个结：发射结、集电结。

（2）机构特点：基区很薄，发射区掺杂浓度较大，集电结面积较大。

（3）国产的硅管多为 NPN 型，锗管多为 PNP 型。

（4）三极管具有电流放大作用，实质是用较小的基极电流控制较大的集电极电流。

（5）三极管的输入特性曲线与二极管类似，输出特性曲线是曲线簇。

（6）发射结正偏，集电结反偏，三极管工作在放大区。此种情况下 i_C 与 u_{CE} 无关，受 i_B 的控制。

发射结正偏，集电结正偏，三极管工作在饱和区。此种情况下 i_C 受 u_{CE} 的控制。

发射结反偏，集电结反偏，三极管工作在截止区。此种情况下 i_C 为零。

（7）会用万用表判别三极管的3个电极。

自我评测

1. 若把三极管的 e、c 极对调使用，其放大作用有何变化？

2. 为了模拟 NPN 型三极管的结构，把两个二极管以图 1-2-43 所示方式连接起来，问给它加上合适电压后是否具有电流放大作用？为什么？

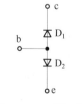

图 1-2-43　题 2 图

3. 要使三极管工作在放大区，其发射结应_____偏置，而集电结应_____偏置，这时 i_C 主要受 $β$ 和_____控制，而与 u_{CE} 电压的大小几乎无关，并且有 $i_C≈$_____的关系，表现出电流控制电流源的特性，在模拟电路中，三极管通常工作在放大区。

4. 若测得放大电路中两个三极管的 3 个电极对地电位 V_1、V_2、V_3 分别为下述数值，试判断它们是硅管还是锗管，是 NPN 型还是 PNP 型？并确定 e、b、c 极。

（1）V_1=5.8 V，V_2=6 V，V_3=2 V；

（2）V_1＝－1.5 V，V_2＝－4 V，V_3＝－4.7 V。

5．测得电路中几个三极管的各极对地电压如图 1-2-44 所示，其中某些管子已损坏。对于已损坏的管子，判断损坏情况；其他管子则判断它们各工作在放大、饱和和截止中的哪个状态。

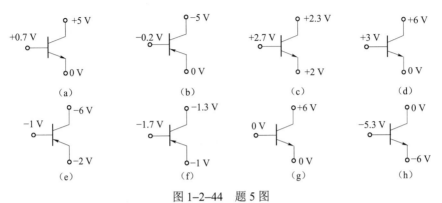

图 1-2-44　题 5 图

项目二

放大电路基础

引言

放大电路又称为放大器，由三极管组成的放大电路的主要作用是将微弱的电信号（电压、电流）放大成较强的电信号。用来放大电信号的电子线路装置，是电子设备中使用很广的一种电路，它有不同的形式，但基本工作原理都是相同的。一个实际的放大电路，常常由多个单级放大电路所组成。在本项目中，设置了单管放大电路的制作和亚超声声控开关的制作两个工作任务，用来加深对放大电路的组成、工作原理和分析方法的理解。

任务一　单管放大电路的制作

任务概述

利用三极管、电阻、电容等电子元器件，制作一个单管放大电路，完成该电路的装配与调试。

【任务目标】

（1）掌握三极管的基本特性。

（2）了解相关元器件（三极管、电阻、电容）的结构和基本应用。

（3）熟悉相关元器件（三极管、电阻、电容）极性的识别和极性检测方法。

（4）练习电子焊接的实践技能。

（5）实施并完成单管放大电路的制作。

【参考电路】

图 2-1-1 所示为单管共射放大电路。

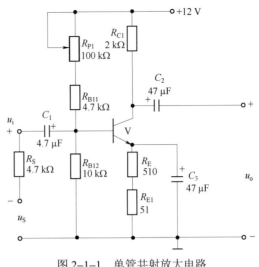

图 2-1-1 单管共射放大电路

知识准备

知识链接 1 放大电路的基本知识

（一）放大电路的基本概念

放大电路的作用就是将微弱的电信号不失真地加以放大，以便进行有效的观察、测量和利用（如推动负载工作等）。我们常见的扩音机就是一个典型的放大电路，其示意图如图 2-1-2 （a）所示。话筒是一个声/电转换器件，它把声音转换成微弱的电信号，并作为扩音机的输入信号；该信号经过扩音机中放大电路的放大，在其输出端得到被放大的电信号；扬声器（喇叭）是一个电/声转换器件，它接在扩音机的输出端，把放大后的电信号转换成放大后的声音。如果把话筒输出的微弱信号直接接到扬声器上，音箱根本不会发声，这说明微弱的电信号只有通过放大才能被利用（推动负载工作）；如果把扩音机的电源切断，扬声器将不再发声，可见扩音机还需要电源才能工作。

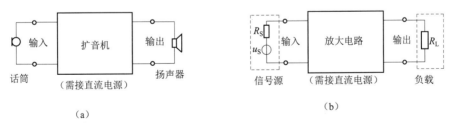

图 2-1-2 放大电路的基本框图
（a）扩音机示意图；（b）放大电路的基本框图

放大电路的种类很多，如小信号放大器和功率放大器、直流放大器和交流放大器等。无论哪一种放大电路，其基本框图和扩音机相似，如图 2-1-2 （b）所示。

在图 2-1-2 （b）中，信号源给放大电路提供输入信号，它具有一定的内阻，放大电路由三极管等具有放大作用的有源器件组成；负载接在放大电路的输出端，接收被放大了的输出信号，如扩音系统中的扬声器。放大电路的工作都需要直流电源，以提供电路所需要的能量。从能量的角度看：放大电路实质上是一种能量控制作用，即用输入信号的小能量，去控制放大电路中的放大器件，把直流电源的能量转化成随输入信号变化而又比输入信号强的输出信号的能量。

（二）放大电路的主要性能指标

放大电路的性能指标是为了衡量它的特性和性能优劣而引入的，是我们选择和使用放大器的依据。实际待放大的输入信号一般来说都是很复杂的，不便于测量和比较。为了分析和测试的方便，输入信号一般都采用正弦信号。

一个放大电路可以用一有源双端口网络来模拟，如图 2-1-3 所示。图中正弦信号源（测试信号）的内阻为 R_S、电压为 $\dot{U}_S$；R_L 为接在放大电路输出端的负载电阻；放大电路输入端 1-1′ 的信号电压和电流分别为 $\dot{U}_i$ 和 $\dot{I}_i$，输出端 2-2′ 的信号电压和电流分别为 $\dot{U}_o$ 和 $\dot{I}_o$，各电压的参考极性和各电流的参考方向如图中所示。图 2-1-3 也可以作为放大电路的性能测试图。

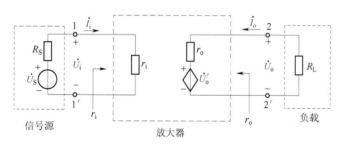

图 2-1-3　放大器的等效方框图（电压源形式）

放大电路的主要性能指标有：放大倍数、输入电阻、输出电阻、通频带、最大输出功率和效率、最大输出幅值等，本节介绍前五种性能指标。

1. 放大倍数

放大倍数又称为增益（Gain），是衡量放大电路放大能力的指标，它定义为输出信号与输入信号的比值。由于输入信号有输入电压 $\dot{U}_i$ 和输入电流 $\dot{I}_i$ 两种，输出信号也有输出电压 $\dot{U}_o$ 和输出电流 $\dot{I}_o$ 两种，所以就存在 4 种形式的放大倍数（增益）：电压放大倍数 $\dot{A}_u$、电流放大倍数 $\dot{A}_i$、互阻放大倍数 $\dot{A}_r$ 和互导放大倍数 $\dot{A}_g$。即

$$\dot{A}_u = \frac{\dot{U}_o}{\dot{U}_i}, \quad \dot{A}_r = \frac{\dot{I}_o}{\dot{I}_i}, \quad \dot{A}_r = \frac{\dot{U}_o}{\dot{I}_i}, \quad \dot{A}_g = \frac{\dot{I}_o}{\dot{U}_i} \tag{2-1-1}$$

如果信号的频率既不很高又不很低，则放大电路的附加相移可以忽略，于是上述 4 种放大倍数（也包括其他某些性能指标）可用实数来表示，并写成交流瞬时值之比：

$$A_u = \frac{u_o}{u_i}, \quad A_i = \frac{i_o}{i_i}, \quad A_r = \frac{u_o}{i_i}, \quad A_g = \frac{i_o}{u_i} \tag{2-1-2}$$

在后文中，如无特殊需要，我们均采用式（2-1-2）表示，其中 A_u 用得最多。某些情况下还要用到"源电压放大倍数" A_{uS}，定义为

$$A_{uS} = \frac{u_o}{u_S} \tag{2-1-3}$$

此外，有时还要用到功率放大倍数（功率增益）A_P，对于纯阻负载，它等于输出功率 P_o 与输入功率 P_i 之比：

$$A_P = \frac{P_o}{P_i} = \frac{U_o I_o}{U_i I_i} = |A_u A_i| \tag{2-1-4}$$

式中加绝对值是由于 A_P 恒为正，而 A_u 或 A_i 却可能为负的缘故。注意，各种放大倍数仅在输出波形没有明显失真时才有意义。工程上常用分贝（dB）表示放大倍数的大小：

$$A_u(\mathrm{dB}) = 20\lg|A_u|, \ A_i(\mathrm{dB}) = 20\lg|A_i|, \ A_P(\mathrm{dB}) = 10\lg A_P$$

采用分贝表示放大倍数，可使表达简单，例如 $A_u = 1\,000\,000$，用分贝表示则为 $A_u = 120$ dB。其次，由于人耳对声音的感受与声音功率的对数成正比，因此采用分贝表示可使它与人耳听觉感受相一致。另外，它可使运算方便，即化乘除为加减。

2. 输入电阻 r_i

输入电阻 r_i 就是从放大电路输入端往放大器里边看进去的等效交流电阻，它定义为

$$r_i = \frac{u_i}{i_i} = \frac{U_i}{I_i} \tag{2-1-5}$$

由图 2-1-3 可以看出，r_i 相当于信号源的负载，而 i_i 则是放大电路向信号源索取的电流。由该图可知

$$i_i = \frac{u_S}{R_S + r_i}, \quad u_i = \frac{r_i}{R_S + r_i} u_S$$

因此 r_i 的大小反映了放大电路对信号源的影响程度。在 R_S 一定的条件下，r_i 越大 i_i 就越小，u_i 就越接近于 u_S，则放大电路对信号源（电压源）的影响越小。因此，希望 r_i 大一些好。另外不难得到

$$A_{uS} = \frac{u_o}{u_S} = \frac{r_i}{R_S + r_i} A_u \tag{2-1-6}$$

3. 输出电阻 r_o

输出电阻 r_o 就是从放大电路的输出端往放大器里边看进去的等效交流电阻。

下面介绍求输出电阻 r_o 的两种方法。

1）实验法

保持信号源不变，在放大电路空载（即 R_L 开路）时测出输出电压为 u'_o，接上负载 R_L 后测出输出电压将下降为 u_o，这样从输出端看放大电路，它相当于一个带内阻的电压源，这个内阻就是放大电路的 r_o，电压源的电动势就是 u'_o，显然，$u_o = u'_o R_L / (r_o + R_L)$，于是

$$r_o = \left(\frac{u'_o}{u_o} - 1\right) R_L = \left(\frac{U'_o}{U_o} - 1\right) R_L \tag{2-1-7}$$

显然，放大器输入信号一定时，r_o 越小，接上负载 R_L 后输出电压下降越少，说明放大电路带负载能力越强。因此，输出电阻 r_o 反映了放大电路带负载能力的强弱，希望输出电阻 r_o 小一些好。

2）试探（分析）法

在求 r_o 时可根据图 2-1-4 所示的电路，即设想让 $u_S=0$，但保留内阻 R_S，再将 R_L 开路，然后在输出端加一交流试探电压 u_p，将会产生一试探电流为 i_p，则

$$r_o = \frac{u_p}{i_p}\bigg|_{\substack{R_L=\infty \\ u_S=0}} \tag{2-1-8}$$

4. 通频带 f_{bw}（或 BW）

同一个放大器对不同频率正弦信号的放大能力是不一样的，一般来说，频率太高或频率太低放大倍数都要下降，只有对某一频率段放大倍数才较高，且基本保持不变，设这时的放大倍数为 A_{um}，当放大倍数下降为 $0.707A_{um}$ 时，所对应的两个频率分别称为上限频率 f_H 和下限频率 f_L。上、下限频率之间的频率范围称为放大器的通频带 f_{bw}，如图 2-1-5 所示。通频带有时也简称为频响，它反映了一个放大器正常放大时，能够适应的输入信号的频率范围。例如，对一个好的音频功放来说，频响应不劣于 20 Hz～20 kHz。

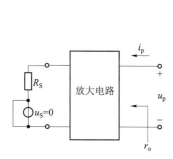

图 2-1-4　输出电阻的求法

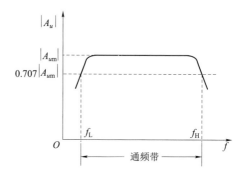

图 2-1-5　放大器的通频带

5. 最大输出功率 P_{omax} 和效率 η

放大器的最大输出功率，是指它能向负载提供的最大交流功率，用 P_{omax} 表示。在前面已经讨论过，放大器的输出功率是通过三极管的能量控制作用，把直流电能转化为交流电能输出的，这样就有一个转化效率的问题。规定放大器输出的功率 P_o 与所消耗的直流电的总功率 P_E 之比称为放大器的效率 η，即

$$\eta = P_o/P_E$$

除以上性能指标外，还有其他方面的性能指标，如最大输出电压幅值 U_{omax} 和最大输出电流幅值 I_{omax} 以及非线性失真、信噪比、抗干扰能力和防震性能等。

知识链接 2　共发射极放大电路

由一个放大器件（例如三极管）组成的简单放大电路，就是基本放大电路，这里先介绍共射基本放大电路的电路组成、各元器件的名称和作用。

（一）电路组成

共射基本放大的原理电路如图 2-1-6（a）所示，由于三极管的发射极与输入、输出回路的公共端相接，所以称为共发射极电路，简称共射电路。

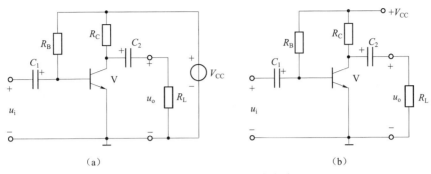

图 2-1-6 共射基本放大电路

（a）共射电路；（b）习惯画法

此外，在画电路图时，往往省略电源符号，因为 V_{CC} 一端总与地相连，因此只需标出不与地相连的那一端的电压数值和极性就行了，于是得到图 2-1-6（b）所示的该电路的习惯画法。

（二）电路中各元器件的名称和作用

（1）三极管 V。它是放大电路的核心，起电流放大作用，即 $i_c = \beta i_b$，在放大电路中，应使其工作在放大区，这时它才有电流放大作用。

（2）基极（偏置）电阻 R_B。它与 V_{CC} 配合，保证管子的发射结为正偏，同时供给基极电路一合适的直流电流 I_B（称为偏置电流，简称偏流），又保证在输入信号作用下，为电容 C_1 的充放电提供通路。同时，R_B 对集电极电流和集电极电压也有影响，R_B 太小或太大电路都不能正常放大。

（3）集电极电阻 R_C。它与直流电源 V_{CC} 配合使三极管集电结反偏，保证三极管工作在放大区。R_C 能把集电极电流 i_C 的变化转变为集电极电压 u_{CE} 的变化（因为 $u_{CE} = V_{CC} - i_C R_C$，其中 V_{CC} 和 R_C 为常数，i_C 变化时，u_{CE} 就跟着成反方向变化）。若 $R_C = 0$，则 u_{CE} 恒等于 V_{CC}，电路不能进行放大；若 $R_C = \infty$ 或太大，则集电结不能反偏，三极管不能工作在放大区，电路也不能放大。

（4）直流电源 V_{CC}。它与 R_B、R_C 和管子 β 配合，使电路中的三极管工作在放大区，为电路的放大创造条件，奠定基础；为放大电路的工作提供能量（源），同时也为输出信号提供能量。

（5）基极耦合电容 C_1 和集电极耦合电容 C_2。电信号传递或连接的方式称为耦合，C_1 在信号源和放大电路的输入端之间传递信号，C_2 在放大电路的输出和负载之间传递信号，C_1、C_2 在电路中具有隔断直流，传递交流的作用，简称隔直传交。所谓隔断直流，是说电容不能传递直流信号，稳态时通过电容的直流电流为零，这时电容 C 可看成开路；所谓传递交流，是说电容可以顺利地传递交流信号，通常 C_1、C_2 选用容量大（几微法到几十微法）、体积小的电解电容，因此，C_1 和 C_2 对交流的容抗很小，近似短接，认为 $X_C \approx 0$。要注意，电容的隔直是无条件的（只要是一个好的电容就行），但传交是有条件的，即要求电容器的容量要足够大，输入信号的频率不能很低，使得电容器的容抗远小于电容回路的电阻。

（6）负载电阻 R_L，被作为放大器的负载。

总之，放大电路是一个整体，需要各元器件（V、R_B、R_C、C_1、C_2 和 V_{CC}）之间合理搭配，要各负其责，互相配合，电路才能正常工作，将输入信号不失真地加以放大（缺了谁都不行，谁不合适，起不到应有的作用也不行）。

另外，虽然图 2-1-6 中画出了直流电源 V_{CC} 和负载 R_L，但没有它们仍然是一个放大器，但放大器工作时必须有合适的直流电源，且通常接有负载。

视频　放大电路基础

动画　基本放大电路的组成

视频　基本放大电路组成讲座

（三）基本放大电路的静态分析

对放大电路的分析，包括静态分析和动态分析，静态分析可确定电路的静态工作点，以判断电路能否正常放大，有图解法和估算法两种方法；而动态分析包括图解法和微变等效电路法，图解法可分析放大电路中电流、电压的对应变化情况，分析失真、输出幅值以及电路参数对电流电压波形的影响等，微变等效电路法可用来估算放大电路的性能指标，如 A_u、r_i 和 r_o 等。本节以共射基本放大电路为例进行分析。

1. 放大电路中电量的字母表示

在分析放大电路以前，对有关电压、电流符号的规定进行说明。在三极管及其构成的放大电路中，同时存在着直流量和交流量，而正弦信号是最重要的交流量，正弦交流量又称为变化量。某一时刻的电压或电流的数值，称为总瞬时值，显然，它可以表示为直流分量和交流分量的叠加。为了能简单明了地加以区分，每个量都用相应的符号表示，它们的符号由基本符号和下标符号两部分组成；基本符号一般为一个字母，下标符号一般为一个或一个以上的字母。在基本符号中，大写字母表示相应的直流量，小写字母表示变化的分量，还用几个字母表示其他有关的量。下面以基极电流为例，说明各种符号所代表的意义：

I_B——基极直流电流；　　　　　　　　　i_b——基极电流交流分量的瞬时值；

i_B——基极电流总的瞬时值；　　　　　　I_b——基极电流的有效值（均方根值）；

$I_{B（AV）}$——基极电流的平均值；　　　　　I_{bm}——基极电流交流分量的最大值（幅值）；

ΔI_B——基极直流电流的变化量；　　　　Δi_B——基极电流总的变化量。

应该指出，当变化量为正弦信号（即交流量）时，即：

$$i_b = I_{bm}\sin\omega t = \sqrt{2}\,I_b\sin\omega t$$

则

$$\Delta i_B = i_b，且 i_B = I_B + \Delta i_B = I_B + i_b$$

基极电流波形如图 2-1-7 所示。

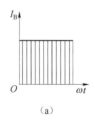
（a）

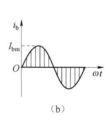
（b）

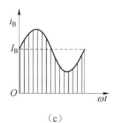
（c）

图 2-1-7　基极电流波形

（a）直流分量；（b）交流分量；（c）总变化量

2．静态及其特点

在放大电路中，未加输入信号（$u_i \equiv 0$）时，电路的工作状态称为直流状态或静止工作状态，简称静态。静态时，电路中各处的电压、电流都是固定不变的直流。静态是放大电路的基础，静态时应使三极管工作在放大区，以便为电路的放大创造条件。

3．静态工作点 Q 及其求法

静态时电路中具有固定的 I_B、U_{BE} 和 I_C、U_{CE}，它们分别确定三极管输入和输出特性曲线上的一个点，称为静态工作点，常用 Q 来表示，对应的直流量也用下标 Q 表示，如 I_{BQ}、U_{BEQ}、I_{CQ}、和 U_{CEQ}。所谓求静态工作点，就是在已知电路元件参数和电源电压的条件下求 I_{BQ}、I_{CQ} 和 U_{CEQ}，由于小信号放大电路中，u_{BE} 变化不大，故可近似认为 U_{BEQ} 是已知的：硅管的$|U_{BE}|=0.6\sim0.8\text{ V}$，通常取 0.7 V；锗管的$|U_{BE}|=0.1\sim0.3\text{ V}$，通常取 0.2 V。下面介绍静态工作点的两种求法。

1）估算法

由于放大电路的一个重要特点是交、直流并存，静态分析的对象是直流量，动态分析的对象是交流量。我们把放大电路在静态时直流电流流通的路径称为直流通路，静态分析要采用直流通路。由于放大电路中存在电抗性元件，它们对直流量和交流量呈现不同的阻抗。对于直流，相当于频率 $f=0$，电容的容抗为无穷大，电感的感抗为零。因此在直流通路中，电容可看成开路，电感可看成短接。据此，可画出共射基本放大电路的直流通路，如图 2-1-8 所示。

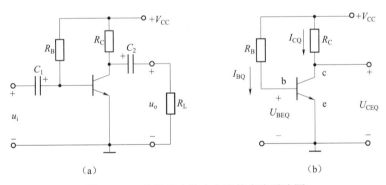

图 2-1-8　共射基本放大电路的直流通路图

（a）基本放大电路；（b）直流通路

在已知电路参数时，根据直流通路可以求得：

$$\begin{cases} I_{BQ} = \dfrac{V_{CC} - U_{BEQ}}{R_B} \\ I_{CQ} \approx \beta I_{BQ} \\ U_{CEQ} = V_{CC} - I_{CQ} R_C \end{cases} \qquad (2\text{-}1\text{-}9)$$

【例 2-1-1】在图 2-1-8 中，已知 $V_{CC}=20\text{ V}$，$R_B=500\text{ k}\Omega$，$R_C=6.8\text{ k}\Omega$，三极管为 3DG12，$\beta=40$，试求：（1）放大电路的静态工作点；（2）如果 R_B 由 $500\text{ k}\Omega$ 减小至 $250\text{ k}\Omega$，三极管的工作状态有何变化？

解：（1）
$$I_{BQ} = \frac{V_{CC} - U_{BEQ}}{R_B} \approx \frac{V_{CC}}{R_B} = \frac{20}{500} = 40 \ (\mu A)$$

$$I_{CQ} \approx \beta I_{BQ} = 40 \times 0.04 = 1.6 \ (mA)$$

$$U_{CEQ} = V_{CC} - I_{CQ} R_C = 20 - 1.6 \times 6.8 = 9.12 \ (V)$$

（2）
$$I_{BQ} = \frac{V_{CC} - U_{BEQ}}{R_B} \approx \frac{V_{CC}}{R_B} = \frac{20}{250} = 80 \ (\mu A)$$

$$I_{CQ} \approx \beta I_{BQ} = 40 \times 0.08 = 3.2 \ (mA)$$

$$U_{CEQ} = V_{CC} - I_{CQ} R_C = 20 - 3.2 \times 6.8 = -1.76 \ (V) < 0$$

$U_{CEQ} < 0$，这是不合理的（$U_{CEQ} \geqslant 0$ 才对），I_{BQ} 又大于零，这说明三极管处于饱和状态，这时的 Q 应按下式重新计算：

$$I_{BQ} = \frac{V_{CC} - U_{BEQ}}{R_B} \approx \frac{V_{CC}}{R_B} = \frac{20}{250} = 80 \ (\mu A)$$

$$U_{CEQ} = U_{CES} \approx 0.3 \ V（硅管取 0.3 V，锗管取 0.1 V）$$

$$I_{CQ} = I_{CS} = \frac{V_{CC} - U_{CES}}{R_C} \approx \frac{V_{CC}}{R_C} = \frac{20}{6.8} \approx 2.94 \ (mA)$$

这也说明表达式（2-1-9）只有三极管工作在放大区时才成立。

2）图解法

在三极管的特性曲线上直接用作图的方法来分析放大电路的工作情况，这种分析方法称为特性曲线图解法，简称图解法。

利用图解法进行静态分析时，需要知道管子的特性曲线和电路参数，I_{BQ}、U_{BEQ}、I_{CQ} 和 U_{CEQ} 都可以图解，但通常只图解 I_{CQ} 和 U_{CEQ}，I_{BQ} 仍按式（2-1-9）计算。下面仍以图 2-1-8 为例介绍图解法。

图 2-1-9（a）为静态时共射基本放大电路的直流通路，它以虚线 AB 为界，将电路分为两个部分：左边为非线性部分，它包括具有非线性特性的三极管和确定管子偏流的 V_{CC}、R_B；右边为线性部分，它由 V_{CC} 和 R_C 串联而成。A、B 两点间的电压为 u_{CE}，流过 A 点的电流为 i_C。

三极管的基极电流可由计算求得

$$I_{BQ} = \frac{V_{CC} - U_{BEQ}}{R_B} \approx \frac{V_{CC}}{R_B} = \frac{12}{300} = 40 \ (\mu A)$$

由于 $I_{BQ} = 40 \ \mu A$，因此非线性部分的伏安特性就是对应于 $i_B = I_{BQ} = 40 \ \mu A$ 的那一条输出特性曲线 $i_C = f(u_{CE})\big|_{i_B = 40\mu A}$。而线性部分的伏安特性由下列方程所确定：

$$u_{CE} = V_{CC} - i_C R_C \tag{2-1-10}$$

式（2-1-10）表示在 i_C-u_{CE} 平面内的一条直线，该直线和两个坐标轴的交点为 $M (V_{CC}, 0)$、$N (0, V_{CC}/R_C)$。在图 2-1-9（a）中电路所给参数的条件下，交点为 $M (12 \ V, 0 \ mA)$ 和 $N (0 \ V, 3 \ mA)$，直线 MN 的斜率为（$-1/R_C$），它是由三极管的集电极电阻 R_C 决定的，且此直线方程表示放大电路输出回路中电压和电流的直流量之间的关系，所以直线 MN 称为直流负载线。改变 I_{BQ}，Q 点将沿 MN 线移动，因此直线 MN 为静态工作点移动的轨迹。

由于直流通路的线性部分和非线性部分实际上是接在一起构成一个整体，因此直流负载线 $u_{CE}=V_{CC}-i_C R_C$ 和 $i_C=f(u_{CE})\big|_{i_B=40\,\mu A}$ 曲线的交点 Q 的坐标对应的电流、电压值，就是同时满足曲线和直线的解，就是所求的静态工作点，如图 2-1-9（b）所示。本例中 Q 点坐标对应的电流、电压值是：$I_{CQ}=1.5$ mA，$U_{CEQ}=6.15$ V，就是所求的静态工作点。

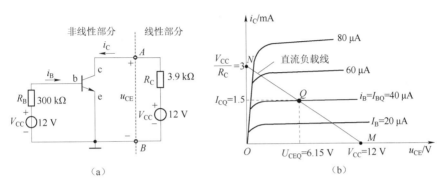

图 2-1-9 共射放大电路的静态工作图解

（a）直流通路的分割；（b）图解分析

3）两种求静态工作点 Q 方法的比较

图解 Q 需要知道管子的特性曲线，这点不容易，因为管子参数的分散性较大，并且整个过程较繁杂；而估算法，简单易行。故以后求静态工作点 Q 时以估算法为主。

4. 静态工作点的调整（调 R_B）

实际放大电路，当电路形式和参数确定之后，调整静态工作点 Q 一般是调整基极电阻 R_B，这是因为：R_B 变 → I_{BQ} 变 → I_{CQ} 变 → U_{CEQ} 变，若要求放大器有较大的动态范围，对共射基本放大电路来说，应使 $U_{CEQ}\approx\frac{1}{2}V_{CC}$。

视频 放大电路的分析

动画 放大电路的放大作用

动画 动态工作原理图解法

动画 微变等效电路画法

（四）共射基本放大电路的动态图解分析

放大电路的动态分析，包括动态图解分析和微变等效电路分析，下面先进行图解分析。

1. 动态及其特点

当放大器输入交流信号后（$u_i \neq 0$），电路处于交流状态或动态工作状态，简称动态。动态时电路中的 i_B、i_C 和 u_{CE} 将在静态（直流）的基础上随输入信号 u_i 做相应的变化，但只有大小的变化，而没有方向（极性）的变化（当然要求静态值大于交流分量的幅值，三极管始终工作在放大区）。

2. 交流通路及其画法

动态时电路中的电压电流交、直流并存。我们把电路在动态时交流电流流通的路径称为交流通路。而动态分析则要采用交流通路。

由于放大电路中存在电抗性元件，它们对直流量和交流量呈现不同的阻抗，因此直流通路和交流通路是不同的。在交流通路中，大容量的电容因容抗很小可看成短接，电感量大的电感因感抗很大可看成开路，而直流电源因其两端电压基本恒定不变（其电压变化量为零）可看成短接（但不能真短接），恒定的电流源可看成开路。

根据上述原则，由于大容量的耦合电容，对交流可看成短接，而直流电源可看成交流短接，因此可画出共射基本放大电路的交流通路，如图 2-1-10 所示，其中图 2-1-10（c）为交流通路的习惯画法。

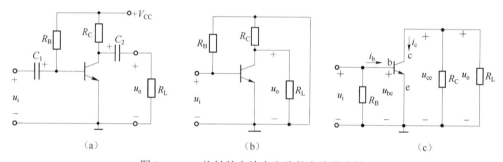

图 2-1-10　共射基本放大电路的交流通路图
（a）基本放大电路；（b）交流通路；（c）交流通路的习惯画法

3. 交流负载线

静态工作点确定后，在输入信号作用下，放大电路处于动态工作情况，电流和电压在静态直流分量的基础上，同时产生了交流分量。因此，Q 点为交流分量的起始点或零点。

对于交流分量，就要采用图 2-1-10（c）所示的交流通路进行分析。由图可见，集电极交流电流 i_c 流过 R_C 与 R_L 并联后的等效电阻 R_L'，即 $R_L' = R_C // R_L$。显然，R_L' 为输出回路中交流通路的负载电阻，因此称为放大电路的交流负载电阻。

根据图 2-1-10（c）中 i_c 与 $u_{ce}(=u_o)$ 的标定方向与极性，有 $u_{ce} = -i_c R_L'$，而 $u_{ce} = u_{CE} - U_{CEQ}$，$i_c = i_C - I_{CQ}$，于是可得，$u_{CE} - U_{CEQ} = -(i_C - I_{CQ}) R_L'$，整理可得：

$$u_{CE} = (U_{CEQ} + I_{CQ} R_L') - i_C R_L' \qquad (2-1-11)$$

上式表明，动态时 i_C 与 u_{CE} 的关系仍为一直线，该直线的斜率为（$-1/R_L'$），它由交流负载电阻 R_L' 决定，且这条直线通过工作点 Q（U_{CEQ}，I_{CQ}）。因此，只要过 Q 点作一条斜率为（$-1/R_L'$）的直线，就代表了由交流通路得到的负载线，称之为交流负载线，如图 2-1-11 中的直线 AB。不难理解，Q 点是交流负载线与直流负载线的交点。

由式（2-1-11）可得到交流负载线与两坐标轴的交点：A（$U_{CEQ} + I_{CQ} R_L'$，0）、B（0，$I_{CQ} +$

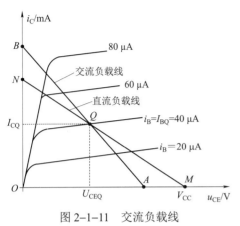

图 2-1-11 交流负载线

U_{CEQ}/R'_L）。因此，在作出直流负载线并确定 Q 点后，连接 Q、A 两点的直线为交流负载线，它延长交纵轴于 B。

交流负载线的意义：在输入信号 u_i 的作用下，i_B、i_C 和 u_{CE} 都随着 u_i 而变化，此时工作点（u_{CE}, i_C）将沿着交流负载线移动，成为动态工作点，所以交流负载线是动态工作点移动的轨迹，它反映了交、直流共存的情况下，u_{CE} 和 i_C 对应变化的关系。此时，若负载开路，则 $R'_L = R_C$，说明交、直流负载线重合；若接上负载，因 $R'_L < R_C$，说明这时交流负载线比直流负载线要陡。

4. 电压和电流波形的图解

1）电压和电流波形在 ωt 轴上的动态图解分析

静态时，V_{CC} 通过 R_B 和信号源（此时 $u_i=0$）给 C_1 充电，V_{CC} 通过 R_C 和负载给 C_2 充电，使 C_1 和 C_2 两端的电压分别为 U_{BEQ} 和 U_{CEQ}。

当正弦信号 u_i 输入时，发射结两端电压 u_{BE} 等于 u_i 与电容 C_1 两端电压 U_{BEQ} 之和，即在静态值 U_{BEQ} 的基础上变化了 u_{be}（$u_{be}=u_i$）：

$$u_{BE} = U_{BE} + u_{be} = U_{BEQ} + u_i \qquad (2-1-12)$$

如果 $U_{BEQ}-U_{im} > U_{on}$（这时 u_{BE} 为单向的脉动电压），则在 u_i 的整个周期内，三极管均工作在输入特性曲线的线性区域，i_B 都随 u_{BE} 的变化而变化。因此，i_B 也在静态值的基础上变化了 i_b，即

$$i_B = I_{BQ} + i_b \qquad (2-1-13)$$

由于三极管的电流放大作用，则

$$i_C = \beta i_B = \beta I_{BQ} + \beta i_b \approx I_{CQ} + i_c$$

上式中，$I_{CQ} \approx \beta I_{BQ}$，$i_c = \beta i_b$，该式说明，集电极电流 i_C 也在静态值 I_{CQ} 的基础上叠加了交流分量 i_c。

$u_{CE}=V_{CC}-i_C R_C$，当 $u_i=0$ 时，$i_C=I_{CQ}$，$U_{CEQ}=V_{CC}-I_{CQ}R_C$；当 u_i 加入时，由于 $i_C=I_{CQ}+i_c$，则有

$$u_{CE}=V_{CC}-i_C R_C=(V_{CC}-I_{CQ}R_C)-i_c R_C = U_{CEQ}+u_{ce} \qquad (2-1-14)$$

（式 2-1-14）中 $u_{ce}=-i_c R_C$，该式表明，u_{CE} 也在静态值 U_{CEQ} 基础上变化了 u_{ce}。

u_{CE} 中的直流成分 U_{CEQ} 被耦合电容 C_2 隔断，交流成分 u_{ce} 经 C_2 传送到输出端，则

$$u_o = u_{ce} = -i_c R_C \qquad (2-1-15)$$

式中负号表明 u_o 与 i_c 相位相反。由于 i_c 与 i_b、u_i 相位相同，因此 u_o 与 u_i 相位相反。电路中相应的电流、电压波形示于图 2-1-12 中。

2）电压和电流波形在特性曲线上的动态图解分析

在确定静态工作点和交流负载线的基础上，在三极管的特性曲线上可画出有关电压和电流的波形。

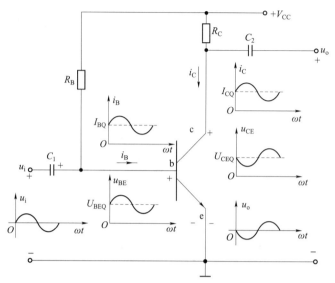

图 2-1-12　电压和电流波形在 ωt 轴上的动态图解分析

先假设 u_i 为幅值很小的正弦输入信号，将 Q 点作为 $u_{be}=u_i$ 的零点，画出 u_{BE} 的波形，如图 2-1-13（a）所示，于是在输入特性曲线上由 u_{BE} 波形画出 i_B 波形。由图可见，当 u_i 为最大值时，工作点为 Q'，此时 i_B 最大；当 u_i 为最小值时，工作点为 Q''，此时 i_B 最小。

然后在输出特性曲线上，根据 i_B 变化的最大值，找出对应的曲线，这两条曲线与交流负载线 AB 的交点分别为 C 和 D，如图 2-1-13（b）所示。C 和 D 之间为输出回路工作点移动的轨迹，称为动态工作范围。于是可画出相应的 i_C、u_{CE} 波形，如图 2-1-13（b）所示。由图 2-1-13 可以看出，u_o 与 u_i 的变化方向相反，这种现象称为"反相"或"倒相"。

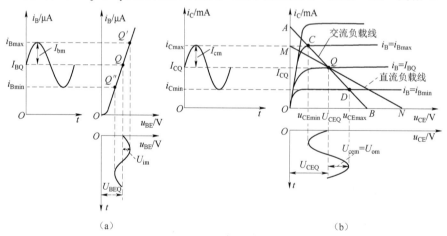

（a）　　　　　　　　　　　　　　　　　（b）

图 2-1-13　在特性曲线上的动态工作图解

（a）输入回路图解；（b）输出回路图解

5. 静态工作点对波形的影响

在放大电路中，尽管放大的对象是交流信号，但它只有叠加在一定的直流分量基础上才能得到正常放大，否则若静态工作点位置选择不当，输出信号的波形将产生失真。

若工作点偏低接近截止区，而信号的幅度相对又比较大时，输入电压负半周的一部分使动态工作点进入截止区（这段时间内，$u_{CE} \approx V_{CC}$，$i_C \approx 0$，不随时间变化），于是集电极电流的负半周和输出电压的正半周被削去相应的部分。这种失真是由于静态工作点偏低使三极管在部分时间内进入截止区而引起的，称为截止失真。

同理，若工作点偏高接近饱和区，而信号的幅度相对又比较大时，输入电压正半周的一部分使动态工作点进入饱和区（这段时间内，$u_{CE} \approx U_{CES} \approx 0$，$i_C = I_{CS} \approx V_{CC}/R_C$，不随时间变化），$i_C$ 的正半周和 u_{CE} 的负半周被削去一部分。这种失真是由于静态工作点偏高使三极管在部分时间内进入饱和区而引起的，称为饱和失真。

为了避免产生失真，要求合理选取静态工作点 Q，使放大电路在整个动态过程中管子始终工作在放大区。其中改变 R_B 是常用的调整工作点的方法。

综上所述，下述两点要加以注意：

（1）电路中的电流 i_B、i_C 和电压 u_{BE}、u_{CE} 都是由直流量和交流量叠加而成的，放大电路处于交、直流并存的状态。虽然交流量的大小和方向（或极性）在不断变化，但由于直流量的存在，总的瞬时值都是单向脉动信号（只有大小的变化，而无方向或极性的变化）。

（2）静态和动态的关系：静态是基础，为电路的放大创造条件，而动态时不失真地放大交流信号是目的。不管是在静态还是在动态，三极管都应工作在放大区，否则输出波形将产生失真。

（五）放大电路的工作原理

以上讨论了共射放大电路的组成、静态和动态分析，现在我们再来说放大器的工作原理，其示意图如图 2-1-14 所示。

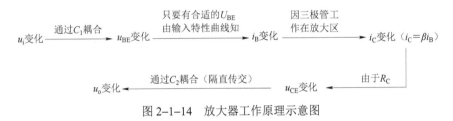

图 2-1-14　放大器工作原理示意图

只要适当选择电路参数，可使 u_o 的幅值比 u_i 的幅值大得多，从而实现电压放大的目的。

（六）微变等效电路法

虽然动态图解法能从三极管特性曲线上直观地了解到放大器的工作情况，但它比较麻烦，且需要准确知道三极管的输入、输出特性曲线（这一点较难），下面我们介绍放大器的另一种动态分析法——微变等效电路法。

曲线的一小段可以用直线来近似代替。三极管这个非线性器件，当工作在放大区，在输入小信号作用下，其 i_B、i_C 和 u_{CE} 将在特性曲线静态的基础上随输入信号作微小变化时，可以用线性的电路模型来近似代替——等效替换，从而把三极管这个非线性元件所组成的电路，当作线性电路来处理，这就是引出微变等效电路的出发点。这种方法把电路理论与半导体器件结合起来，利用线性电路的分析方法，便可对放大电路的动态进行分析，从而求出放大器的一些动态性能指标，如电压放大倍数 A_u、输入电阻 r_i 和输出电阻 r_o 等。这就是微变等效电路分析法，简称微变等效电路法。

这里说的"微变"是指微小变化的信号，即小范围变化的信号。

（七）三极管的低频、简化微变等效电路

三极管的特性曲线从总体来说是非线性的，但当工作在放大区，在低频小信号的输入信号作用下，其 i_B、u_{BE} 和 i_C、u_{CE} 将在静态工作点的基础上随输入信号作微小变化时，小范围内三极管特性的非线性已不明显，可以用线性的电路模型来近似等效代替。

1. 从输入特性曲线上求三极管输入回路等效电路

对于工作在放大区的共射接法的三极管，其输入电流为 i_b，输入电压为 u_{be}，由于 i_b 主要取决于 u_{be}，而与 u_{ce} 基本无关，故从输入端 b、e 极看进去，管子相当于一个电阻

$$r_{be} = \frac{u_{be}}{i_b} = \frac{\Delta u_{BE}}{\Delta i_B}\bigg|_{在Q附近}$$，其几何意义是输入特性曲线上 Q 点处切线斜率的倒数，如图 2-1-15（a）

所示，常用的求 r_{be} 的估算公式为：

$$r_{be} \approx 200 + (1+\beta)\frac{26(\text{mV})}{I_{EQ}(\text{mA})}(\Omega) = 200 + \frac{26(\text{mV})}{I_{BQ}(\text{mA})}(\Omega) \qquad (2-1-16)$$

由式（2-1-16）和输入特性曲线可以看出，同一个管子的 r_{be} 随静态工作点 Q 的不同而变化，Q 越高，r_{be} 越小。通常小功率硅三极管，当 $I_{CQ}=1\sim2$ mA 时，r_{be} 约为 1 kΩ。

2. 从输出特性曲线求三极管输出回路等效电路

共射接法三极管的输出电流为 i_c，输出电压为 u_{ce}，由于 i_c 主要取决于 i_b 而与 u_{ce} 基本无关，如图 2-1-15（b）所示，故从输出端 c、e 看进去，管子相当于一个受控电流源 $i_c=\beta i_b$。

3. 三极管的低频、简化微变等效电路

根据上述分析，可画出图 2-1-16 所示的低频、简化微变等效电路。由于该等效电路忽略了三极管结电容和 u_{ce} 对 i_c、i_b 的影响。所以它是"简化"的；由于管子的电压、电流都在静态的基础上只有微小的变化，所以它是"微变"的。

显然，三极管的低频、简化微变等效电路是用 r_{be} 代表管子的输入特性，用受控电流源 βi_b 代表它的输出特性。

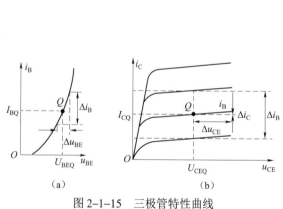

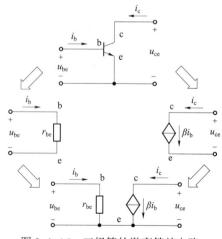

图 2-1-15　三极管特性曲线　　　　　图 2-1-16　三极管的微变等效电路

（a）输入特性曲线；（b）输出特性曲线

此外，上述等效电路不仅适用于 NPN 管，也适用于 PNP 管，当然要求管子必须工作在放大区并且是在工作点附近的微变工作情况。

（八）放大电路的微变等效电路分析

1. 微变等效电路法的主要步骤

（1）画出放大电路的微变等效电路。

其方法是，把放大电路中的电容和直流电源看作短接，用导线代替，其中的三极管用其微变等效电路来代替，标出电压和电流的参考方向，就得到放大电路的微变等效电路。

（2）根据放大电路的微变等效电路，用解线性电路的分析方法求出放大电路的性能指标，如 A_u、r_i 和 r_o 等。

2. 微变等效电路分析

下面仍以共射基本放大电路为例，说明如何用微变等效电路法进行动态分析。

有关电路如图 2-1-17 所示，该电路的交流通路如图 2-1-17（b）所示，其微变等效电路如图 2-1-17（c）所示，其中信号源 u_S 及内阻 R_S 也画在上面。

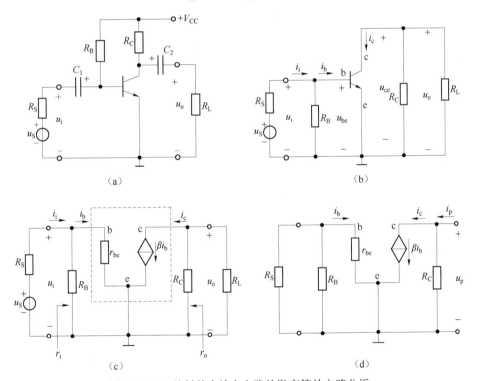

图 2-1-17　共射基本放大电路的微变等效电路分析

（a）基本放大电路；（b）交流通路；（c）微变等效电路；（d）求输出电阻的等效电路

由图 2-1-17（c）可得 $u_i = i_b r_{be}$，$u_o = -i_c (R_C / / R_L) = -\beta i_b R_L'$。故电压放大倍数

$$A_u = \frac{u_o}{u_i} = -\frac{\beta R_L'}{r_{be}} \tag{2-1-17}$$

式中，$R_L' = R_C / / R_L$，负号表示共射电路的倒相作用，上式也说明了 A_u 的大小与 β、R_L' 和

r_{be} 之间的关系。

又由该图得 $u_i = i_i(R_B // r_{be})$，考虑到 $R_B \gg r_{be}$，故输入电阻

$$r_i = \frac{u_i}{i_i} = R_B // r_{be} \approx r_{be} \qquad (2-1-18)$$

用试探法求输出电阻 r_o，应使图 2-1-17（c）中的 $u_S = 0$（但保留其内阻 R_L）且移去 R_L，并在输出端加一试探电压 u_p，u_p 引起的试探电流是 i_p，如图 2-1-17（d）所示。由图可以看出，由于 $u_S = 0$，则 $i_b = 0$，因此 $i_c = \beta i_b = 0$，受控电流源相当于开路，于是 $u_p = i_p R_C$，则

$$r_o = \left. \frac{u_p}{i_p} \right|_{\substack{R_L = \infty \\ u_S = 0}} = R_C \qquad (2-1-19)$$

以上介绍了放大电路的 3 种基本分析方法：图解法、估算法和微变等效电路法。分析放大电路时一般遵循下述的规律：用估算法确定工作点，用微变等效电路法求动态指标（小信号时），用图解法求最大输出幅值，分析波形失真，尤其是低频功率放大电路采用图解法最为适用。

知识链接 3 静态工作点稳定的放大电路

静态工作点稳定电路也叫分压偏置电路。所谓静态工作点的稳定，是指稳定静态时的 I_{CQ} 和 U_{CEQ} 值。我们知道，一个性能良好的放大电路，必须设置一个合适的静态工作点并且能够稳定。但是，当环境温度变化（或更换管子）时，共射基本放大电路的工作点将发生变动，严重时将导致电路不能正常工作。

引起工作点变化的因素很多，但主要是三极管参数（I_{CBO}、U_{BE}、β）随温度变化造成的。当温度升高时，I_{CBO} 急剧增大，$|U_{BE}|$ 减小（温度系数约为 $-2.2 \, mV/℃$），β 增大（温度每升高 $1 ℃$，β 增加 $0.5\% \sim 1\%$）。对于共射基本放大电路，由于 $I_B = (V_{CC} - |U_{BE}|)/R_B$，$|U_{BE}|$ 的减小将导致 I_B 增大。考虑到 $I_C = \beta I_B + (1+\beta) I_{CBO}$，温度升高时 β、I_B 和 I_{CBO} 的增大，将使 I_C 迅速增大，工作点就上移了。因此，应当设法稳定电路的静态工作点。

应当指出，在工业上批量生产电子产品时，由于三极管参数的分散性，同一型号三极管的参数将有较大的不同，因此它的影响和温度变化造成的影响很相似。为了减少调试时间，降低生产成本，希望电路对三极管参数具有较好的适应性，即当管子参数变化时，其静态电流 I_{CQ} 基本不变。共射基本放大电路不能满足上述的要求。

（一）静态工作点稳定电路的组成和原理

为了稳定工作点，可以把放大电路置于恒温设备中，但代价太高，很少采用，一般多从改进电路入手，即在承认温度变化使工作点变化的前提下，通过电路的改进尽量减小这种变化对电路的影响。静态工作点稳定电路就是具有稳定工作点作用的常用电路。

1. 电路组成

如图 2-1-18 所示为静态工作点稳定电路。

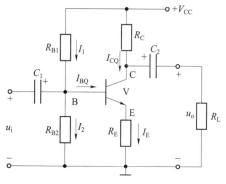

图 2-1-18 静态工作点稳定电路

2. 稳定工作点的原理

分压式偏置电路的特点之一，是利用 R_{B1} 和 R_{B2} 组成的分压器来稳定基极电位 V_B。由图 2-1-18 可以看出，当流过 R_{B1} 的电流 $I_1 \approx I_2 \gg I_{BQ}$ 时，则

$$V_B \approx R_{B2} V_{CC} / (R_{B1} + R_{B2})$$

因此，当电路参数确定后，V_B 基本不变，与温度基本无关。

分压式偏置电路的特点之二，是利用发射极电阻 R_E 的负反馈作用来稳定 I_C。如果温度升高使 I_C 增大，则 I_E 也增大，发射极电位 $V_E=I_E R_E$ 升高。由于 $U_{BE}=V_B-V_E$，故 U_{BE} 减小，由三极管输入特性曲线可知，I_B 也减小，于是限制了 I_C 的增大，其总的效果是使 I_C 基本不变。上述稳定过程可表示为

$$（温度 T\uparrow）\rightarrow I_C\uparrow \rightarrow I_E\uparrow \rightarrow V_E\uparrow \rightarrow U_{BE}\downarrow \rightarrow I_B\downarrow \rightarrow$$
$$I_C\downarrow \underline{\hspace{8cm}}$$

这样，温度升高引起 I_C 的增大将被电路本身造成的 I_C 的减小所牵制。这种将输出量（这里是输出电流 I_C）送回到输入回路（这里是通过 R_E），进而控制输入回路的某一电量（这里是 U_{BE}）的作用，称为反馈。如果反馈的结果是使输出量的变化减弱，则称为负反馈。这个电路是通过输出电流 I_C 的作用产生负反馈，又利用 R_{B1} 和 R_{B2} 作为分压器，从而实现稳定 I_C 的目的，所以称为分压式电流负反馈偏置稳定电路，简称分压式偏置电路。

实际上，如果满足 $V_B \gg U_{BE}$，则 $V_E=V_B-U_{BE}\approx V_B$，$I_C\approx I_E=V_E/R_E\approx V_B/R_E$。由于 V_B 基本不变，因此 I_C 也基本稳定不变，即 I_C 基本不受温度和管子 β 值变化的影响。

综上所述，分压式偏置电路的稳定条件为：$I_1 \approx I_2 \gg I_{BQ}$ 并且 $V_B \gg U_{BE}$，否则，I_C 不能稳定。今后如不特别说明，都认为这个电路满足上述稳定条件。

（二）静态工作点稳定电路的分析及改进

1. 静态分析

在满足稳定条件下，不难得到

$$V_B \approx \frac{R_{B2}}{R_{B1}+R_{B2}} V_{CC} \tag{2-1-20}$$

$$I_{CQ} \approx I_E = \frac{V_B - U_{BE}}{R_E} \approx \frac{V_B}{R_E} \tag{2-1-21}$$

$$U_{CEQ}=V_{CC}-I_{CQ}R_C-I_E R_E \approx V_{CC}-I_{CQ}(R_E+R_C) \tag{2-1-22}$$

$$I_{BQ} \approx \frac{I_{CQ}}{\beta} \tag{2-1-23}$$

应当指出，式（2-1-21）中若 $V_B \gg U_{BE}$ 得不到满足，则 U_{BE} 不能忽略。

【例 2-1-2】在图 2-1-18 所示的分压式偏置电路中，若 $R_{B1}=75\ \text{k}\Omega$，$R_{B2}=18\ \text{k}\Omega$，$R_C=3.9\ \text{k}\Omega$，$R_E=1\ \text{k}\Omega$，$R_L=3.9\ \text{k}\Omega$，$V_{CC}=9\ \text{V}$。三极管的 $U_{BE}=0.7\ \text{V}$，$U_{CE(sat)}=0.3\ \text{V}$，$\beta=50$。（1）试确定静态工作点；（2）若更换管子，使 β 变为 100，其他参数不变，确定此时的工作点。

解：（1）
$$V_B \approx \frac{R_{B2}}{R_{B1}+R_{B2}}V_{CC}=\frac{18}{75+18}\times 9 \approx 1.7\ （\text{V}）$$

$$I_{CQ} \approx \frac{V_B - U_{BE}}{R_E} = \frac{1.7 - 0.7}{1} = 1 \ (\text{mA})$$

$$U_{CEQ} \approx V_{CC} - I_{CQ}(R_C + R_E) = 9 - 1 \times (3.9 + 1) = 4.1 \ (\text{V})$$

$$I_{BQ} \approx \frac{I_{CQ}}{\beta} = \frac{1}{50} (\text{mA}) = 20 \ (\mu\text{A})$$

（2）当$\beta = 100$时，由上述计算过程可以看到，V_B、I_{CQ}和U_{CEQ}与（1）相同，$I_{BQ} \approx 10 \ \mu\text{A}$。而由该例可见，对于更换管子引起$\beta$的变化，分压式偏置电路能够自动改变$I_{BQ}$以抵消$\beta$的影响，使静态工作点基本保持不变（指$I_{CQ}$、$U_{CEQ}$保持不变）。

2. 动态分析——用微变等效电路法求放大电路的动态性能指标A_u、r_i和r_o

画出放大电路的微变等效电路如图2-1-19（a）所示。

由图2-1-19（a）得

$$u_i = i_b r_{be} + i_e R_E = i_b [r_{be} + (1+\beta)R_E]$$

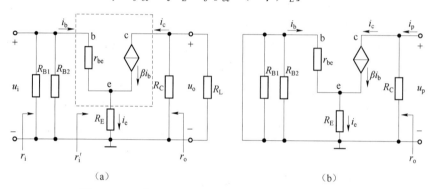

图2-1-19 静态工作点稳定电路的微变等效电路
（a）微变等效电路；（b）求r_o的电路

又

$$u_o = -i_c(R_C // R_L) = -\beta R_L' i_b$$

式中，$R_L' = R_C // R_L$，则电压放大倍数

$$A_u = \frac{u_o}{u_i} = \frac{-\beta R_L'}{r_{be} + (1+\beta)R_E} \tag{2-1-24}$$

又

$$r_i' = \frac{u_i}{i_b} = r_{be} + (1+\beta)R_E$$

故

$$r_i = R_{B1} // R_{B2} // r_i' = R_{B1} // R_{B2} // [r_{be} + (1+\beta) R_E] \tag{2-1-25}$$

求r_o的等效电路如图2-1-19（b）所示。由该图可得$i_b r_{be} + i_e R_E = 0$，即

$$i_b [r_{be} + (1+\beta)R_E] = 0$$

故

$$i_b = 0, \quad i_c = \beta i_b = 0$$

则

$$r_o = \frac{u_p}{i_p} = R_C \tag{2-1-26}$$

可以看出，由于 R_E 的作用，使该电路与共射基本放大电路相比，$|A_u|$ 下降，r_i 增大。

【例 2-1-3】 仍以例 2-1-2 的电路和参数为例，利用微变等效电路求其动态指标 A_u、r_i 和 r_o。

解： 先求 r_{be}：

$$r_{be} \approx 200 + \frac{26}{I_{BQ}} = 200 + \frac{26}{20 \times 10^{-3}} = 1\,500\,（\Omega）= 1.5\,（k\Omega）$$

直接利用上面的结果得电压放大倍数为

$$A_u = \frac{u_o}{u_i} = \frac{-\beta R_L'}{r_{be} + (1+\beta)R_E} = -\frac{50 \times 1.95}{1.5 + 51 \times 1} \approx -1.86$$

输入电阻

$$r_i = R_{B1} // R_{B2} // [r_{be} + (1+\beta)R_E] = 75 // 18 // （1.5 + 51 \times 1）\approx 11.3\,（k\Omega）$$

输出电阻

$$r_o = \frac{u_p}{i_p} = R_C = 3.9\,（k\Omega）$$

动画　分压式偏置电路　　　　　　　视频　静态工作点稳定放大电路

任务实施

（一）电路原理图及原理分析

电路原理图如图 2-1-1 所示。该电路属于单级电阻分压式共射放大电路。该电路包括三极管直流偏置电路，信号输入、输出电路三部分。它的偏置电路采用 R_{B11} 和 R_{B12} 组成分压电路，并在发射极中接有电阻 R_E，以稳定放大器的静态工作点。R_{P1} 用来调节静态工作点。当在放大器的输入端加入输入交流电压信号 u_i 后，在放大器的输出端便可得到一个与 u_i 相位相反，幅值被放大了的输出交流电压信号 u_o，从而实现了电压放大。

晶体管为非线性元件，要使放大器不产生非线性失真，就必须建立一个合适的静态工作点（Q 点），使晶体管工作在放大区。当 Q 点合适时，输入大小合适的信号，输出波形不失真，若 Q 点过低，如图 2-1-20 所示，则 I_B 小，I_C 小，U_{CE} 大，晶体管进入截止区，产生截止信号，如图 2-1-21（a）所示；当 Q 点过高时，即 I_B 大，则 I_C 大，U_{CE} 小，从而进入饱和区，产生饱和失真，如图 2-1-21（b）所示。

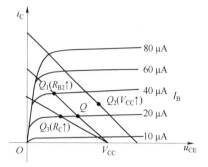

图 2-1-20 电路参数对静态工作点的影响

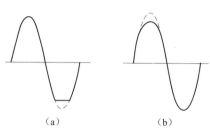

（a） （b）

图 2-1-21 静态工作点对 u_o 波形的影响

（a）截止失真；（b）饱和失真

因此，在完成放大器的设计和装配以后，还必须测量和调试放大器的静态工作点和各项性能指标。一个优质放大器，必定是理论设计与实验调整相结合的产物。因此，除了学习放大器的理论知识和设计方法外，还必须掌握必要的测量和调试技术。放大器的测量和调试一般包括：放大器静态工作点的测量与调试，放大器各项动态参数的测量与调试。

改变电路参数 V_{CC}（电源电压）、R_{C1}、R_{B11}，都会引起静态工作点的变化，但当电路参数确定后，工作点的调整主要通过电位器 R_{P1} 调节来实现，输入合适的信号时，使输出波形达到最大且不失真，即为最佳的静态工作点（考虑电位器增大或减小时，工作点的变化情况）。R_E 的作用是引入直流反馈，稳定静态工作点，但同时降低了电压放大倍数；C_3 的作用抑制交流反馈，进而保证电压放大倍数。关于反馈我们将在下一任务中学习。

注意： 即使 Q 点合适，若输入信号过大，则输出波形的饱和和截止失真会同时出现。

（二）电路元器件参数及功能

单管共射放大电路（三极管共射放大电路）元器件参数及功能如表 2-1-1 所示。

表 2-1-1 单管共射放大电路（三极管共射放大电路）元器件参数及功能表

序号	元器件代号	名称	功　　能	
1	C_1	电容器	输入耦合电容：隔断三极管基极直流偏置电流，输入信号源交流信号	
2	R_{B11}	电阻器	基极上偏置电路电阻	共同为三极管提供合适、稳定的偏置电压
3	R_{B12}	电阻器	基极下偏置电路电阻	
4	R_{P1}	电位器	基极上偏置电路电位器	
5	R_{E1}	电阻器	发射极偏置电路电阻	
6	R_C	电阻器	三极管集电极负载：将三极管集电极电流的变化转变为集电极电压的变化	
7	C_2	电容器	输出耦合电容：隔断集电极直流信号，输出交流信号	
8	C_3	电容器	发射极交流旁路电容：使发射极交流信号不通过发射极偏置电阻 R_3	
9	R_E	电阻器	发射极电阻：调整静态工作点	
10	V	三极管	三极管：电流放大	
11	$+V_{CC}$	直流电源	供电：为放大电路工作提供工作电流	

（三）项目电路的故障分析与排除

1. 项目电路关键点正常电压数据
（1）三极管静态工作点。
（2）交流电压放大倍数。
2. 故障检修技巧提示
（1）静态工作点不正常。
（2）信号弱或无信号输出。

（四）项目任务总结

（1）三极管按结构分成 NPN 型和 PNP 型。但无论何种类型，内部都包含 3 个区、两个结，并由 3 个区引出 3 个电极。三极管是放大元件，主要是利用基极电流控制集电极电流实现放大作用。实现放大的外部条件是：发射结正向偏置，集电结反向偏置。

三极管的输出特性曲线可划分为 3 个区：饱和区、放大区、截止区。描述三极管放大作用的重要参数是共射电流放大系数β。

（2）一个完整的放大电路通常由原理性元件和技术性元件两大部分组成。原理性元件组成放大电路的基本电路：一是由串联型或分压式完成的直流偏置电路，二是经电容耦合分为共射、共集、共基 3 种接法的交流通路。技术性元件是为完成放大器的特定功能而设定的。

（3）掌握具有射极交流电阻的共射放大电路的电压放大倍数计算公式。若无射极交流电阻时，令公式中 $R_E = 0$ 即可。u_o 与 u_i 的相位关系是：共射反相位，A_u 为负。

（4）放大电路的输入电阻越大，表示放大器从信号源或前级放大器索取的信号电流越小，希望 r_i 大些好。放大电路的输出电阻 r_o 越小，表明负载能力强，希望 r_o 小些好。共射电路 r_o 比较大。

（5）放大电路不但要有正确的直流偏置电路，而且直流工作点设置必须适合，否则会产生失真现象。

 **知识拓展**

多级放大电路和集成电路

（一）多级放大器的组成

1. 多级放大器的组成框图

前面几章讨论的都是由一个三极管（或场效应管）组成的单级放大电路，它的放大倍数一般较小，通常为几十倍。而在实际应用中，因从现场采样来的信号往往比较微弱，单靠单级放大电路的放大是不够的。为此，需要把若干个单级放大电路经过一定的连接方式组成多级放大电路以满足实际的要求。多级放大电路的一般结构如图 2-1-22 所示。

多级放大电路的输入级常采用具有较高输入电阻的共集放大电路或场效应管放大电路，且器件多采用低噪声管；中间级通常由若干级共射放大电路组成，它主要用作电压放大；输出级主要用作功率放大，输出负载所需要的功率。这样多级放大电路通常具有输入电阻大、噪声低、电压放大倍数较大、输出功率较大的特点，很显然，任何单级放大电路不可能同时具备这些特点。

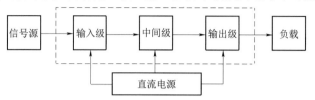

图 2-1-22　多级放大电路的组成框图

在多级放大电路中存在一个级与级之间如何连接的问题。实际上单级放大电路只存在与信号源及负载的连接问题，而多级放大电路中还存在级与级之间的连接。我们把多级放大器级与级之间信号的传递或连接方式称为级间耦合方式。

2. 多级放大器的级间耦合方式

在多级放大电路中，常见的级间耦合方式有阻容耦合、电隔离耦合和直接耦合。

1）阻容耦合方式

通过电容和后级的输入电阻（或负载）实现前后级的耦合叫阻容耦合。如图 2-1-23（a）所示，是两级之间通过电容 C_2 耦合起来的两级阻容耦合放大电路。电容器具有"隔直"和"传交"的作用，因此，第一级的输出信号可以通过耦合电容传送到第二级，而各级的工作点彼此独立，互不影响。此外，电容还具有体积小、质量轻的优点。这些优点使它在多级放大器中得到广泛的应用。但阻容耦合方式不适合传送缓慢变化（频率较低）的信号和直流信号，因为这类信号在通过耦合电容时会受到很大的衰减或根本不能传送。另外，在集成电路中很难制造大的电容，故集成电路中不采用此种耦合方式。它主要应用于分立元件电路中。

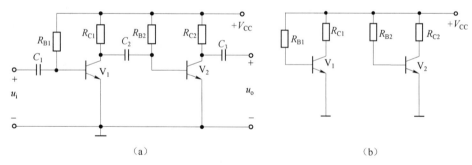

图 2-1-23　阻容耦合方式
（a）电路图；（b）直流通路

2）电隔离耦合方式

电隔离耦合包括变压器耦合和光电耦合。由于此种耦合的前后级之间是绝缘的，所以统称为电隔离耦合。

（1）变压器耦合。通过变压器实现级间耦合的放大器，如图 2-1-24 所示。变压器 T_1 将第一级的输出信号电压变换成第二级的输入信号电压，变压器 T_2 将第二级的输出信号电压变换成负载 R_L 所要求的电压。变压器也具有"隔直传交"的特性，变压器耦合的最大优点是在传交时能够进行阻抗、电压和电流的变换，便于负载从放大器中获得最大的功率。但由于变压器对直流电无变换作用，因此它具有很好的隔直作用，各级的工作点互不影响。变压器耦合的缺点是只能传送交流信号，不能传送变化缓慢的低频信号或直流信号。此外，它的体积和重量都较大，价格高，频率特性差，不能集成。由于它的阻抗变换作用使它主要适用于要求功率输出的场合。

（2）光电耦合。是指两级之间是通过光电耦合器件实现的耦合。光电耦合器件常用发光二极管和光电三极管（光敏三极管）组成，如图 2-1-25 所示。光电耦合是通过电-光-电的转换来实现耦合的。它既可传输交流信号，也可传输直流信号。由于两级电路处于隔离状态，前后级电路既可互不影响，同时又便于集成，此种耦合广泛应用于小信号放大。

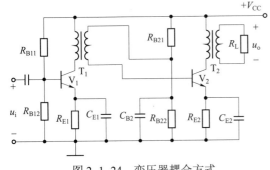

图 2-1-24　变压器耦合方式

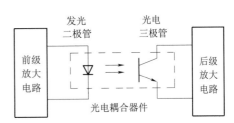

图 2-1-25　光电耦合方式

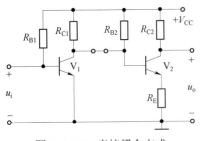

图 2-1-26　直接耦合方式

3）直接耦合方式

直接耦合方式是一种不经过任何电抗元件，用导线或电阻等把前、后级电路连接起来的耦合方式，如图 2-1-26 所示。它具有良好的频率特性，不仅能放大交流信号，也能放大缓慢变化的低频信号或直流信号，因此又称为直流放大器。但直接耦合使各级的直流通路互相连通，各级的静态工作点相互影响，容易产生零点漂移。因此这就要求直接耦合电路应对各级工作点做出合理的安排，有效地抑制零漂，才能使各级放大电路正常工作。由于直接耦合放大电路的耦合没有采用任何电抗元件，因此它适合于制作集成电路。随着科学技术的发展，它的应用越来越广泛。

（二）多级放大电路的分析

下面以两级阻容耦合放大器为例进行分析。分析多级放大电路时，必须考虑各级之间的相互影响。

1. 静态分析

由于阻容耦合放大器各级的工作点相互独立，因此在静态分析时可分别单独计算，计算的方法与单级放大电路相同，不再重述。

2. 动态分析

在进行动态分析时，首先要明确两点：一是输入输出信号是相对的；二是相邻前后级之间的关系——后级是相邻前级的负载，前级是相邻后级的信号源。由此可推出：前一级输出信号是相邻后一级的输入信号（例如 $u_{o1} = u_{i2}$），前一级的输出电阻是相邻后一级的信号源内阻（例如 $r_{o1} = r_{s2}$），而后一级的输入电阻又是相邻前一级的负载电阻（例如 $R_{L1} = r_{i2}$）。

然后根据单级放大电路的微变等效电路分析法，便可对多级放大电路进行分析。

【例 2-1-4】如图 2-1-27(a)所示的电路中，$\beta_1 = \beta_2 = 50$，$r_{be1} = 1\,084\ \Omega$，$r_{be2} = 308\ \Omega$，$V_{CC} = 24\ \text{V}$。

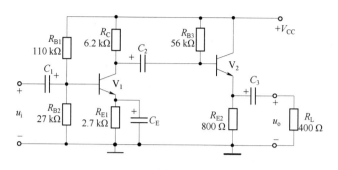

（a）

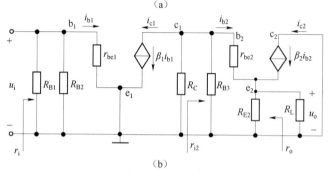

（b）

图 2-1-27　例 2-1-4 电路

（a）电路图；（b）微变等效电路

（1）画出微变等效电路；

（2）确定两管的静态电流 I_{C1} 和 I_{C2}；

（3）求电路的电压放大倍数 A_u；

（4）求输入电阻 r_i 和输出电阻 r_o。

解：

（1）微变等效电路如图 2-1-27（b）所示。

（2）由图 2-1-27 可得出：

$$V_{B1} \approx \frac{R_{B2} \cdot V_{CC}}{R_{B1} + R_{B2}} = \frac{27 \times 24}{110 + 27} \approx 4.73 \,(\text{V})$$

所以

$$I_{C1} \approx I_{E1} = \frac{V_{B1} - U_{BE1}}{R_{E1}} = \frac{4.73 - 0.7}{2.7} \approx 1.49 \,(\text{mA})$$

而

$$I_{B2} = \frac{V_{CC} - U_{BE2}}{R_{B3} + (1 + \beta_2) R_{E2}} = \frac{24 - 0.7}{56 + 51 \times 0.8} \approx 0.24 \,(\text{mA})$$

所以

$$I_{C2} \approx \beta_2 \cdot I_{B2} = 50 \times 0.24 = 12 \,(\text{mA})$$

（3）第一级电路的电压放大倍数：

$$A_{u1} = -\beta_1 \frac{R_C // r_{i2}}{r_{be1}} \quad (\text{其中 } r_{i2} \text{ 是第二级放大电路的输入电阻})$$

$$r_{i2} = R_{B3} // [r_{be2} + (1+\beta_2)(R_{E2}//R_L)] = 56 // [0.308 + (1+50)(0.8//0.4)] \approx 11（k\Omega）$$

所以

$$A_{u1} = -50 \times \frac{6.2//11}{1.084} \approx -182.89$$

第二级电路的放大倍数：

$$A_{u2} = \frac{(1+\beta_2)(R_{E2}//R_L)}{r_{be2} + (1+\beta_2)(R_{E2}//R_L)} = \frac{(1+50)(0.8//0.4)}{0.308 + (1+50)(0.8//0.4)} \approx 0.978$$

电路总的电压放大倍数：

$$A_u = \frac{u_o}{u_i} = \frac{u_{o2}}{u_i} = \frac{u_{o1}}{u_i} \times \frac{u_{o2}}{u_{o1}} = \frac{u_{o1}}{u_i} \times \frac{u_{o2}}{u_{i2}} = A_{u1} \cdot A_{u2} = -182.89 \times 0.978 \approx -178.87$$

（4）由于第一级是共射电路，因此，输入电阻

$$r_i = r_{i1} = R_{B1} // R_{B2} // r_{be1} = 110 // 27 // 1.084 \approx 1.03（k\Omega）$$

输出电阻

$$r_o = R_{E2} // \frac{r_{be2} + (R_{B3}//R_C)}{1+\beta_2} = 0.8 // \frac{0.308 + (56//6.2)}{1+50} \approx 0.1（k\Omega）$$

通过对上述电路的分析，可得以下结论：多级放大电路总的电压放大倍数等于各级电压放大倍数的乘积；多级放大电路的输入电阻就是第一级放大电路的输入电阻；多级放大电路的输出电阻就是最后一级放大电路的输出电阻。

视频　多级放大电路　　　　动画　差放电路的输入　　　　动画　差模、共模信号

（三）集成运算放大器的基本知识

1. 集成运算放大器发展简介

线性集成电路中应用最广泛的就是集成运算放大器（简称集成运放或运放），它实际上是一个具有差动输入级的高放大倍数、高输入电阻和低输出电阻的多级直接耦合集成放大电路，其电特性已接近理想化放大器件。由于在这种集成组件的输入与输出之间外加不同的反馈网络即可组成各种用途的具有某种运算功能的电路，因此就把这种放大器称为集成运算放大器。

运算放大器最初用于模拟计算机中，使用的是电子管电路，后来发展成为晶体管运算放大器电路，由于采用的都是分立元器件，因此很难应用于各个技术领域中。20 世纪 60 年代初，出现了原始型运放即"单片集成"运算放大器 μA702，使运算放大器的应用逐渐得到推广，并远远超出了原来"运算放大"的范围。当前，在工业自动控制和精密检测系统中，集成运算放大器已用得十分普遍。

目前，集成运放还在朝着低漂移、低功耗、高速度、高放大倍数和高输出功率等高指标的方向快速发展。

2. 集成运放的符号和等效电路

集成运放电路符号如图 2-1-28 所示。它有两个输入端和一个输出端，其中标 "+" 或 "u_p" 的端表示同相输入端，标 "−" 或 "u_n" 的端表示反相输入端。输出端处标有正号，表示输出信号与从同相端输入的信号的极性相同，与从反相端输入的信号的极性相反。

集成运放的等效电路如图 2-1-28（c）所示，其中 r_{id} 表示运放的差模输入电阻，r_o 表示运放的输出电阻，受控电压源 $u'_o = (u_p - u_n) A_{udo}$。

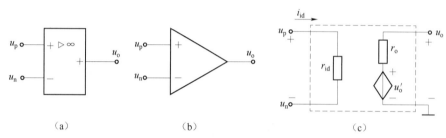

图 2-1-28　集成运放的电路符号和等效电路

（a）新符号；（b）旧符号；（c）运放的等效电路

实际集成运放除了两个输入端，一个输出端外，通常还有接地端，两个电源端，此外有的还有一些附加引出端如"调零端""补偿端"等。但在电路符号上这些端均不标出，因此使用集成运放时应注意引脚功能及接线方式。

3. 集成运放的主要参数

集成运放的性能可以用各种参数来反映，为了合理正确地选择和使用集成运放，必须熟悉以下参数的含义。

1）开环差模电压放大倍数 A_{udo}

A_{udo} 是指无外加反馈时集成运放本身的差模电压放大倍数，它体现运放的电压放大能力，一般在 $10^3 \sim 10^7 \, \Omega$ 范围内，理想运放 $A_{udo} = u_o / (u_p - u_n) \to \infty$。

2）差模输入电阻 r_{id}

r_{id} 是指差模输入时，运放无外加反馈回路时的输入电阻，一般在几十千欧至几十兆欧范围，理想运放 $r_{id} \to \infty$。

3）开环输出电阻 r_{io}

r_{io} 是指运放无外加反馈回路时的输出电阻。一般在 $20 \sim 200 \, \Omega$ 范围内，理想运放 $r_{io} \to 0$。

4）共模抑制比 K_{CMR}

K_{CMR} 用来综合衡量运放的放大和抗零漂、抗共模干扰的能力，K_{CMR} 越大，运放的性能越好，一般应在 $80 \, dB$ 以上，理想运放 $K_{CMR} \to \infty$。

5）输入失调电压 U_{IO}

U_{IO} 是指在输入信号为零时，为使输出电压为零，在输入端所加的补偿电压。U_{IO} 越小越好，其值在 $\pm (1 \, \mu A \sim 20 \, mV)$ 范围内。

6）最大差模输入电压 U_{idmax}

U_{idmax} 指运放的两个输入端之间所允许加的最大电压值。若差模电压超过 U_{idmax}，则运放输入级将被反向击穿甚至损坏。

7）最大共模输入电压 U_{icmax}

U_{icmax} 指运放所能承受的最大共模输入电压。若共模输入电压超过 U_{icmax}，运放的输入级工作不正常，K_{CMR} 显著下降，故也有把 K_{CMR} 下降 6 dB 时所加的共模输入电压定义为 U_{icmax}。

8）电压转换速率 S_R

转换速率又称上升速率，$S_R=|du_o/dt|$，它是指在闭环状态下，输入为大信号时，集成运放输出电压随时间的最大变换速率。它反映了运放对快速变化信号的响应能力。S_R 越大，运放的高频性能越好。通用型运放的 S_R 一般在 0.5～100 V/μs 范围内。

任务达标知识点总结

（1）放大电路的基本概念：放大电路实质上是一种能量控制作用，即用输入信号的小能量，去控制放大电路中的放大器件，把直流电源的能量转化成随输入信号变化的而又比输入信号强的输出信号的能量。

（2）放大电路的主要性能指标：放大电路的主要性能指标是衡量放大器性能优劣的主要技术参数。一般小信号电压放大电路的主要性能指标有：

① 电压放大倍数 A_u。$A_u = u_o / u_i$，用来衡量放大电路不失真电压的放大能力。

② 输入电阻 r_i。$r_i = u_i / i_i$，即从放大电路输入端看进去的等效交流电阻。用来衡量电路对前级或信号源的影响强弱，r_i 越大，影响越小。

③ 输出电阻 r_o。$r_o = u_o / i_o$，即从放大电路输出端（断开电阻）看过去的等效交流电阻。用来衡量电路的带负载能力，r_o 越小，带负载能力越强。

④ 最大输出幅值电压 U_{om}。U_{om} 用来衡量放大电路最大信号输出电压的大小。

⑤ 频响特性。表示放大电路与不同频率信号之间的相互关系，包括幅频特性和相频特性。

（3）基本放大电路的组成及各部分的作用。

（4）三极管放大电路及其分析：静态分析、动态分析。

① 静态分析：依据直流通路进行分析。

求解：U_{CEQ}、I_{BQ}、I_{CQ}。

② 动态分析：依据交流通路和微变等效电路进行分析。

求解：A_u、r_i、r_o。

（5）单管共射放大电路的实际组成与制作。

自我评测

1. 放大电路如图 2-1-29 所示。当出现下列情况时，该电路能否正常放大？设图中各电容对信号可视为短接。

（1）R_C 短接；（2）R_C 开路；（3）R_{B1} 开路；（4）C_E 开路；（5）C_E 短接；（6）V_{CC} 极性相反。

2. 判断如图 2-1-30 所示电路能否正常放大？并简单说明理由。

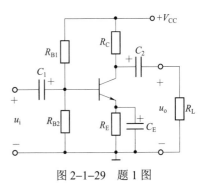

图 2-1-29 题 1 图

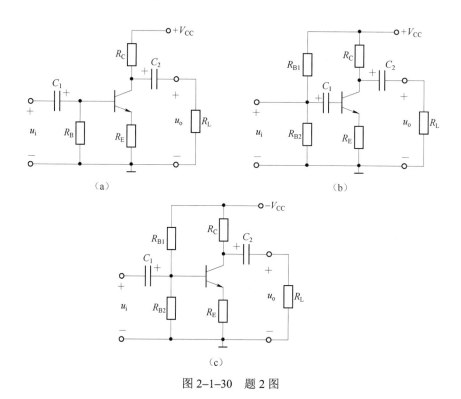

（a）   （b）

（c）

图 2-1-30 题 2 图

3. 若共射基本放大器的 R_B 变小，会使静态工作点沿直流负载线_____移，放大时容易产生_____失真。

4. 试分别画出图 2-1-31（a）、（b）电路的微变等效电路。设电路中各电容对信号可视为短接。

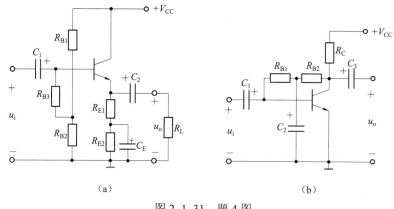

（a）   （b）

图 2-1-31 题 4 图

5. 已知电路如图 2-1-32 所示，V_{CC}=20 V，R_B=510 kΩ，R_C=4.3 kΩ，R_L=4.7 kΩ，β=45，r_{be}=1 kΩ，U_{BE}=0.7 V。

（1）估算放大器的静态工作点；（2）画出其微变等效电路；（3）估算其电压放大倍数 A_u；（4）计算其输入电阻 r_i 和输出电阻 r_o；（5）其他参数不变，只让 R_C=0 则 A_u=？

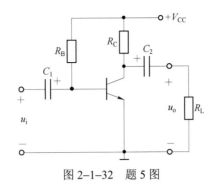

图 2-1-32 题 5 图

任务二 亚超声声控开关的制作

任务概述

目前，市场上具有遥控功能的开关种类有声控、光控、红外控制等。其中，亚超声遥控开关具有控制可靠性高、辐射干扰小、操作便捷等优点。本项目所介绍的亚超声遥控电路具有设计简单、工作稳定、功耗低、制作成本低等特点。通过学习亚超声声控开关的制作，了解它的工作原理及组装安全事项。

【任务目标】

（1）掌握亚超声声控开关的电路结构和工作原理。

（2）进一步熟悉相关元器件（二极管、三极管、电阻、电容、电感等）极性的识别和检测安装方法。

（3）练习电子焊接的实践技能。

（4）实施并完成亚超声声控开关的制作。

【参考电路】

图 2-2-1 所示为亚超声声控开关原理图。

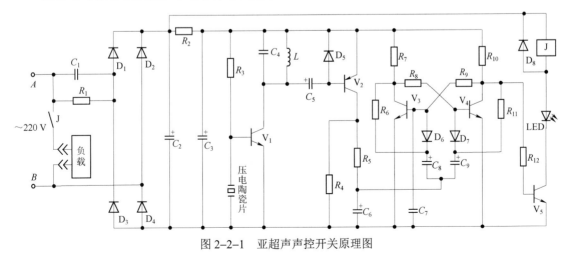

图 2-2-1 亚超声声控开关原理图

知识准备

知识链接1 共集与共基电路

（一）共集电路

1. 电路组成

如图 2-2-2（a）所示为共集电极放大电路，简称共集电路，图 2-2-2（b）为其交流通路，由交流通路可见，集电极与输入、输出回路的公共端相接，故这种电路是共集电路。由于负载电阻 R_L 接在发射极上，信号从发射极输出，故又称为"射极输出器"。

2. 静态分析

根据射极输出器的直流通路，可直接列出基极回路的方程：

$$I_{BQ}R_B + U_{BE} + I_E R_E = V_{CC}$$

则

$$I_{BQ} = \frac{V_{CC} - U_{BE}}{R_B + (1+\beta)\, R_E} \qquad (2-2-1)$$

$$I_{CQ} \approx \beta I_{BQ}$$

$$U_{CEQ} = V_{CC} - I_E R_E \approx V_{CC} - I_{CQ} R_E \qquad (2-2-2)$$

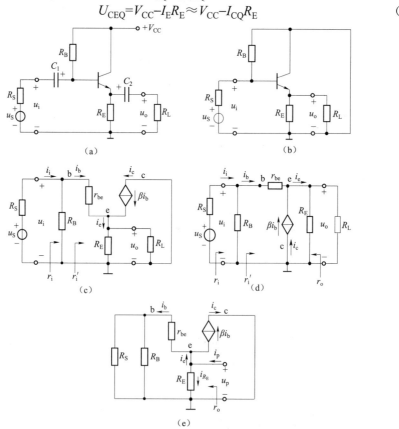

图 2-2-2 共集放大电路

（a）基本电路；（b）交流通路；（c）微变等效电路；（d）微变等效电路的另一种画法；（e）求 r_o 的等效电路

3. 动态分析

射极输出器的微变等效电路如图 2-2-2（c）、（d）所示。

1）电压放大倍数 A_u

设 $R_L' = R_E // R_L$，由图 2-2-2（c）的输入回路可得

$$u_i = i_b r_{be} + i_e R_L' = i_b [r_{be} + (1+\beta) R_L']$$

又

$$u_o = i_e R_L' = (1+\beta) R_L' i_b$$

因 $\beta \gg 1$，由上述两式可求出电压放大倍数

$$A_u = \frac{u_o}{u_i} = \frac{(1+\beta) R_L'}{r_{be} + (1+\beta) R_L'} \approx \frac{\beta R_L'}{r_{be} + \beta R_L'} \tag{2-2-3}$$

显然 $A_u < 1$，但由于一般 $\beta R_L' \gg r_{be}$，故 $A_u \approx 1$，即射极输出器的电压放大倍数略小于 1。由于 $A_u \approx 1$，所以 $u_o \approx u_i$，即 u_o 与 u_i 幅值相近、相位相同，输出电压紧紧跟随输入电压的变化而变化，因此共集电路又称为射极跟随器。

2）输入电阻 r_i

由于 $u_i = i_b [r_{be} + (1+\beta) R_L']$，故在图 2-2-2（c）中，基极与地之间看进去的等效电阻

$$r_i' = \frac{u_i}{i_b} = r_{be} + (1+\beta) R_L'$$

则放大电路的输入电阻

$$r_i = R_B // r_i' = R_B // [r_{be} + (1+\beta) R_L'] \tag{2-2-4}$$

考虑到 $\beta \gg 1$ 且 $(1+\beta) R_L' \approx \beta R_L' \gg r_{be}$，故

$$r_i = R_B // [r_{be} + (1+\beta) R_L'] \approx R_B // (\beta R_L')$$

可见，射极输出器的输入电阻较高，它比共射基本电路的输入电阻要大几十到几百倍。

3）输出电阻 r_o

根据求输出电阻的原则，得到 r_o 的等效电阻。注意，根据 i 的流向，i_e 应从外流向发射极，则 i_b 和 i_c 应分别流出基极和集电极，相应地受控电流源 βi_b 由发射极流向集电极。设 $R_S' = R_S // R_B$，由图 2-2-2（e）得

$$u_p = i_b (r_{be} + R_S') = i_{R_E} R_E$$

则

$$i_b = \frac{u_p}{r_{be} + R_S'}$$

$$i_{R_E} = u_p / R_E$$

故

$$i_p = i_e + i_{R_E} = (1+\beta) i_b + i_{R_E} = \left(\frac{1+\beta}{r_{be} + R_S'} + \frac{1}{R_E} \right) u_p$$

放大电路的输出电阻

$$r_{\mathrm{o}} = \frac{u_{\mathrm{p}}}{i_{\mathrm{p}}} = \cfrac{1}{\cfrac{1}{(r_{\mathrm{be}} + R_{\mathrm{S}}')/(1+\beta)} + \cfrac{1}{R_{\mathrm{E}}}} = \frac{r_{\mathrm{be}} + R_{\mathrm{S}}'}{1+\beta} // R_{\mathrm{E}} \qquad (2\text{-}2\text{-}5)$$

由上式可以看出，当基极回路的电阻折合到射极回路时，要除以（$1+\beta$）；反之，当射极回路的电阻折合到基极回路时要乘以（$1+\beta$）。这样才能保证折算前后电阻两端的电压保持不变，但电流和电阻皆变。

可见，射极输出器的输出电阻是很低的，一般为几十到一百多欧。

综上所述，射极输出器的主要特点是：$A_u \approx 1$ 而略小于 1，$u_{\mathrm{o}} \approx u_{\mathrm{i}}$，$r_{\mathrm{i}}$ 较高，r_{o} 很低，它虽然没有电压放大作用，但具有电流或功率放大作用（即 $i_{\mathrm{o}} > i_{\mathrm{i}}$，$P_{\mathrm{o}} > P_{\mathrm{i}}$）。输入电阻高，意味着射极输出器可减小向信号源（或前级）索取的信号电流；输出电阻低，意味着射极输出器带负载能力强，即可减小负载变动对电压放大倍数的影响。由于具有上述特点，所以射极输出器获得了广泛的应用。

在多级放大电路中，射极输出可以作为输入级（因为它输入电阻高），可以作为输出级（因为它输出电阻低），也可以作为中间级（因为它输入电阻高，输出电阻低）。作中间级时，可以隔离前后级的影响，所以又称为缓冲级，起阻抗变换的作用（即射极输出器能把其输出端所接负载的小阻抗 R_{L}，变换（折合）成其输入端的等效大阻抗 r_{i}，在此 $r_{\mathrm{i}} \gg R_{\mathrm{L}}$）。

（二）共基电路

1. 电路组成

共基放大电路如图 2-2-3（a）、（b）所示，其中 R_{C} 为集电极电阻，R_{B1}、R_{B2} 为基极分压偏置电阻，基极所接的大电容 C_{B} 保证基极对地交流短接。图 2-2-3（c）为其交流通路，由于基极与输入、输出回路的公共端相接，因此这是共基极放大电路，简称共基电路。

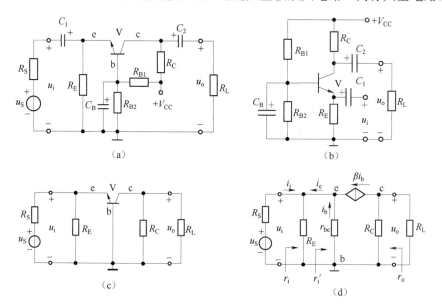

图 2-2-3　共基放大电路

（a）基本电路；（b）基本电路的另一种画法；（c）交流通路；（d）微变等效电路

2. 静态分析

共基电路的直流通路（读者可自行画出）与分压式偏置电路完全相同，因此工作点求法也完全相同，不再重复。

3. 动态分析

先画出共基电路的微变等效电路，如图 2-2-3（d）所示。然后求其动态指标。

1）求电压放大倍数 A_u

设 $R'_L = R_C /\!/ R_L$，由图 2-2-3（d）得

$$u_i = -i_b r_{be}, \quad u_o = -i_c R'_L = -i_b \beta R'_L$$

则

$$A_u = \frac{u_o}{u_i} = \frac{\beta R'_L}{r_{be}} \tag{2-2-6}$$

可见共基电路电压放大倍数在数值上与共射基本放大电路相同，只差一个负号。因此，共基电路的 u_o 与 u_i 同相，而共射电路的 u_o 与 u_i 反相，因此，共基电路称为同相放大电路，共射电路则称为反相放大电路。

2）求输入电阻 r_i

先求图 2-2-3（d）中三极管的发射极与基极之间看进去的等效电阻，即共基组态时三极管的输入电阻 r'_i

$$r'_i = \frac{u_i}{-i_e} = \frac{-i_b r_{be}}{-i_e} = \frac{r_{be}}{1 + \beta}$$

可见，三极管的共基输入电阻 r'_i 为共射输入电阻 r_{be} 的 $1/(1+\beta)$，这是由于共基输入电流 i_e 为共射输入电流 i_b 的 $(1+\beta)$ 倍缘故。电路的输入电阻为

$$r_i = R_E /\!/ r'_i = R_E /\!/ \frac{r_{be}}{1+\beta} \approx \frac{r_{be}}{1+\beta} \tag{2-2-7}$$

式（2-2-7）表明，共基电路的输入电阻很低，一般只有几欧到几十欧。

3）求输出电阻 r_o

由图 2-2-3（d）不难看出，共基电路的输出电阻

$$r_o = R_C$$

可见，它的输出电阻较高。

应当指出，共基电路的输入电流为 i_e，输出电流为 i_c，所以它没有电流放大作用。但是，由于共基电路的频率特性好，因此多用于高频和宽频带放大电路中。

视频　共集与共基电路

动画　共集电极电路

知识链接 2　放大电路 3 种基本组态的比较

共射、共集和共基 3 种基本放大电路，各有特点，各有所用，它们是放大电路的基础，其他性能更好的电路或多级电路，都是在它们的基础上改进或组合而得到的，现将 3 种基本组态的特点总结于表 2-2-1 中，以供比较。

表 2-2-1　共射、共集、共基电路的特性比较

电路组态	共射电路	共集电路	共基电路
电路举例	图 2-1-6（a）	图 2-2-2（a）	图 2-2-3（a）
r_i	$R_B // r_{be} \approx r_{be}$（中）	$R_B // [r_{be} + (1+\beta)R_L']$（高）	$R_E // \dfrac{r_{be}}{1+\beta} \approx \dfrac{r_{be}}{1+\beta}$（低）
r_o	R_C（高）	$\dfrac{r_{be} + R_S'}{1+\beta} // R_E$（低）	R_C（高）
A_u	$-\dfrac{\beta R_L'}{r_{be}}$	$\dfrac{(1+\beta)R_L'}{r_{be} + (1+\beta)R_L'} \approx 1$	$\dfrac{\beta R_L'}{r_{be}}$
相位	u_o 与 u_i 反相	u_o 与 u_i 同相	u_o 与 u_i 同相
高频特性	差	好	好
用途	低频放大和多级放大电路的中间级	多级放大电路的输入级、输出级和中间级	高频电路、宽频带电路和恒流源电路

知识链接 3　负反馈放大电路

（一）反馈

1. 反馈的概念

将放大电路输出回路的信号（电压或电流）的一部分或全部，经过一定的电路（称作反馈网络）反送到输入回路中，从而影响净输入信号（增强或减弱），这种信号的反送过程称为反馈。输出回路中反送到输入回路的那部分信号称为反馈信号。

视频　反馈的概念

2. 反馈放大电路

具有反馈的放大电路称为反馈放大电路，其组成框图如图 2-2-4 所示。图中 A 代表无反馈的放大电路，称作基本放大器。F 代表反馈网络，符号 ⊗ 代表信号的比较环节。其中，作用到基本放大器输入端的信号称作净输入信号，经反馈网络送回到输入端的信号称作反馈信号。在反馈放大电路中，由于净输入信号经电路放大后正向传输到输出端，而输出端信号（u_o 或 i_o）又经反馈网络反向传输到输入端（即存在反馈通路）与外加输入信号（u_i 或 i_i）比较，

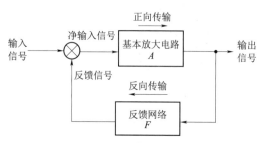

图 2-2-4　反馈放大电路的组成

形成闭合环路，故此种情况称为闭环，所以反馈放大电路又称为闭环放大电路。如果一个放大电路不存在反馈，即只存在正向传输信号的途径，则不会形成闭合环路，这种情况称为开环，没有反馈的放大电路又称为开环放大电路。为了便于分析，一个反馈放大电路可以分为基本放大器和反馈网络两部分。基本放大器只起放大作用，即把输入信号放大为输出信号；反馈网络只起反馈作用，即把基本放大器的输出信号送回到输入端。

因此，一个放大电路若存在反馈，必须同时满足两个条件：一是有反馈网络，二是反馈信号对净输入有影响。

（二）反馈类型及判别

反馈的实质就是输出量参与控制，而参与控制的输出量是电压还是电流，输入信号与反馈信号如何叠加，以及反馈信号的成分和极性的不同就会有多种不同形式的反馈。下面进行介绍。

1. 由反馈的极性决定的反馈类型

由反馈的极性决定的反馈类型有两种，即正反馈和负反馈。在输入信号不变的情况下，由于反馈信号的存在使得放大器的净输入量增强，称为正反馈。否则称为负反馈。

判断反馈的极性，一般采用"瞬时极性法"。具体判断方法如下：

（1）假定输入信号的瞬时极性。一般假设输入信号的瞬时极性为"＋"。

（2）根据放大电路输入与输出信号的相位关系，确定出输出信号和反馈信号的极性。根据反馈信号的极性，判断反馈的极性。如果反馈信号与输入信号叠加使净输入信号增加则为正反馈，否则为负反馈。

【例 2-2-1】如图 2-2-5 所示，判断由 R_F 引入的各反馈极性。

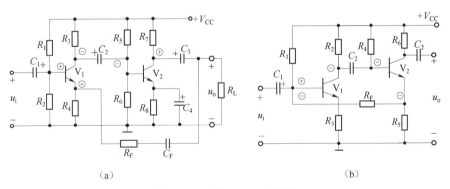

图 2-2-5　例 2-2-1 电路图

解：如图 2-2-5（a）所示，假设 u_i 的瞬时极性为正，用 ⊕ 表示，则 u_{B1} 的瞬时极性为 ⊕，经 V_1 反相放大，u_{C1} 的瞬时极性为 ⊖，u_{B2} 的瞬时极性也为 ⊖，经 V_2 放大后，u_{C2} 的瞬时极性为 ⊕，该信号经过反馈电阻和电容后的反馈信号加至 V_1 的发射极，则 u_{E1} 的瞬时极性为 ⊕，由于 $u_{BE1}=u_{B1}-u_{E1}$，则净输入量 u_i'（u_{BE1}）减小，故为负反馈。整个判断过程如图中标示，对于图 2-2-5（a）可表示为

$$u_i \uparrow \rightarrow u_{B1} \uparrow \rightarrow u_{C1}(u_{B2}) \downarrow \rightarrow u_{C2} \uparrow \rightarrow u_{E1} \uparrow \rightarrow u_{BE1} \downarrow$$

对于图 2-2-5（b），整个判断过程如图中标示，假设输入信号的瞬时极性为 ⊕，则 u_{B1}

的瞬时极性为⊕，经 V_1 反相放大，u_{C1} 的瞬时极性为⊖，u_{B2} 的瞬时极性也为⊖，经 V_2 放大后，三极管 V_2 的发射极的瞬时极性为⊖，经过电阻 R_F 反馈到 V_1 的基极的瞬时极性为⊖，因此，与外加的输入信号叠加后的净输入量减小，故为负反馈。对于图 2-2-5（b）可表示为

$$u_i \uparrow \to u_{B1} \uparrow \to u_{C1}(u_{B2}) \downarrow \to u_{E2} \downarrow \to u_F \downarrow \to u_{BE1}(u'_i) \downarrow$$

【例 2-2-2】判断图 2-2-6 所示电路的反馈极性。

解： 如图 2-2-6（a）中标示，假设输入信号对地的瞬时极性为⊕，此电压使反相输入端的电压 u_- 的瞬时极性为⊕，由于输出端与反相输入端的极性是相反的，所以此时输出电压 u_o 的瞬时极性为⊖，输出电压经过反馈电阻传到同相输入端的极性也为⊖，因此净输入量增加了，故为正反馈。

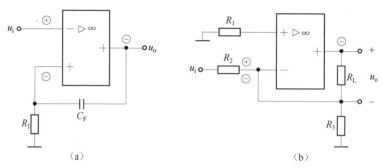

图 2-2-6　例 2-2-2 电路图

整个判断过程可表示为：$u_i \uparrow \to u_o \downarrow \to u_F \downarrow \to u'_i \uparrow$

如图 2-2-2（b）中标示，整个判断过程可表示为：

$$u_i \uparrow \to u_o \downarrow \to u_F \downarrow \to u'_i \downarrow$$

故为负反馈。

总结： 对于由单运放组成的反馈放大电路，判断本级的反馈极性时，通过以上分析可总结出，若反馈信号送回到运放的反相输入端则为负反馈，若反馈信号送回到运放的同相输入端则为正反馈。

2. 由反馈的成分决定的反馈类型

由反馈的成分决定的反馈类型有以下 3 种。

（1）直流反馈。反馈信号中只有直流信号的反馈为直流反馈。直流负反馈多用于稳定放大电路的静态工作点。

（2）交流反馈。反馈信号中只有交流量的反馈称为交流反馈。交流负反馈多用于改善放大电路的性能。

（3）交、直流反馈。如果反馈回来的信号中既有直流信号也有交流信号，则该反馈为交、直流反馈。

【例 2-2-3】如图 2-2-6（a）、（b）所示，判断是直流反馈、交流反馈还是交直流反馈。

如图 2-2-6（a）所示，反馈回来的信号仅有交流量，直流信号被隔断了，因此为交流反馈。

如图 2-2-6（b）所示，反馈信号既有直流也有交流，故为交、直流反馈。

3. 反馈在输出端取样方式的不同决定的反馈

反馈网络的输入端对放大器输出端取样方式的不同决定的反馈有以下两种。

1）电压反馈

放大器的输出端和反馈网络输入端并联连接，放大器的输出电压（一部分或全部）作为反馈网络的输入信号，反馈信号正比于放大器的输出电压，这样的反馈为电压反馈，如图 2-2-7（a）、（b）所示。

2）电流反馈

放大器的输出端与反馈网络的输入端串联连接，放大器的输出电流作为反馈网络的输入信号，反馈信号正比于放大器的输出电流，这样的反馈为电流反馈，如图 2-2-7（c）、（d）所示。

判断电压反馈和电流反馈可采用"输出端短接法"，即假设将放大电路的输出端短接，让 $u_o=0$，如果反馈信号为零，则为电压反馈，否则为电流反馈。

4. 反馈信号在输入端连接方式的不同决定的反馈

反馈信号与基本放大器输入端连接方式的不同决定的反馈有以下两种。

1）串联反馈

在反馈放大电路的输入端，如果基本放大器的输入端和反馈网络的输出端串联连接，这样的反馈为串联反馈，如图 2-2-7（b）、（c）所示。串联反馈对输入信号的影响通常以电压求和形式（相加或相减）反映出来，即反馈电压 u_f 与净输入电压 u_i' 在放大器的输入端串联连接。

2）并联反馈

在反馈放大电路的输入端，如果基本放大器的输入端和反馈网络的输出端并联连接，这样的反馈为并联反馈，如图 2-2-7（a）、（d）所示。并联反馈对输入信号的影响通常以电流求和形式（相加或相减）反映出来。

四种负反馈放大电路的组态如图 2-2-7 所示。

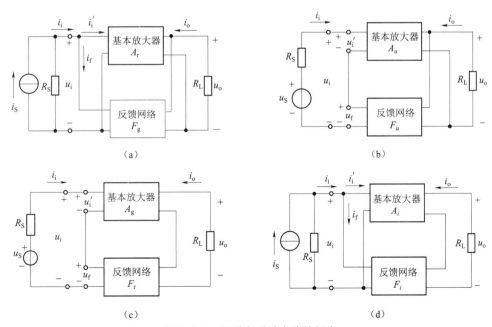

图 2-2-7 四种负反馈电路的组态

（a）电压并联；（b）电压串联；（c）电流串联；（d）电流并联

5. 负反馈放大电路的组态

以上对负反馈放大电路类型的分析都是从 4 个侧面进行分析的，而负反馈放大电路的组态，也就是对负反馈放大电路类型的完整描述，也应从 4 个方面进行。

$$（1）\begin{cases}电压\\电流\end{cases}；（2）\begin{cases}串联\\并联\end{cases}；（3）\begin{cases}交流\\直流\\交直流\end{cases}；（4）\begin{cases}正反馈\\负反馈\end{cases}。$$

视频　反馈的类型

视频　判断串联反馈和并联反馈

视频　判断电压反馈和电流反馈

动画　反馈组态的判断（一）

动画　反馈组态的判断（二）

动画　瞬时极性法

视频　瞬时极性法判断正负反馈

（三）负反馈

1. 负反馈放大电路的方框图

负反馈主要用于放大电路，正反馈主要用于振荡电路，为了分析负反馈放大电路的性能，我们将负反馈放大器抽象为图 2-2-8 所示的方框图形式。

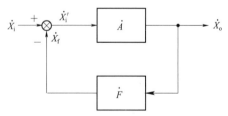

图 2-2-8　负反馈放大电路的方框图

在方框图中，$\dot{X}_i$、$\dot{X}_f$、$\dot{X}'_i$、$\dot{X}_o$ 分别表示输入信号、反馈信号、净输入信号和输出信号，它既可以是电压信号，也可以是电流信号。箭头表示信号传输方向，符号 $\otimes$ 表示比较环节，在它的旁边标注的极性，表明输入信号和反馈信号的极性相反，即当 $\dot{X}_i$ 的极性为正时，$\dot{X}_f$ 的极性为负，所以净输入量 $\dot{X}'_i$ 小于输入信号 $\dot{X}_i$。$\dot{A}$ 为基本放大器的放大倍数，$\dot{F}$ 为反馈网络的反馈系数。

2. 负反馈放大电路的一般表达式

负反馈方框图所确定的基本关系式有以下几种。

（1）输入端各量的关系式：

$$\dot{X}'_{i} = \dot{X}_{i} - \dot{X}_{f} \tag{2-2-8}$$

（2）基本放大器的放大倍数 $\dot{A}$：

$$\dot{A} = \frac{\dot{X}_{o}}{\dot{X}'_{i}} \tag{2-2-9}$$

（3）反馈系数 $\dot{F}$：

$$\dot{F} = \frac{\dot{X}_{f}}{\dot{X}_{o}} \tag{2-2-10}$$

（4）闭环放大倍数 $\dot{A}_{f}$：

$$\dot{A}_{f} = \frac{\dot{X}_{o}}{\dot{X}_{i}} = \frac{\dot{X}_{o}}{\dot{X}'_{i} + \dot{X}_{f}} = \frac{\dot{X}'_{i}\dot{A}}{\dot{X}'_{i} + \dot{X}_{o}\dot{F}} = \frac{\dot{X}'_{i}\dot{A}}{\dot{X}'_{i}(1 + \dot{A}\dot{F})} = \frac{\dot{A}}{1 + \dot{A}\dot{F}} \tag{2-2-11}$$

在上述各量中，当信号为正弦量时，$\dot{X}_{i}$、$\dot{X}_{f}$、$\dot{X}'_{i}$、$\dot{X}_{o}$ 为相量，$\dot{A}$ 和 $\dot{F}$ 为复数。在中频段，由于放大倍数与信号频率无关，为了方便起见，我们在以后的分析中认为放大器工作在中频段，各量均用实数来表示。此时式（2-2-11）就变为

$$A_{f} = \frac{X_{o}}{X_{i}} = \frac{A}{1 + AF} \tag{2-2-12}$$

由式（2-2-12）可以看出，闭环放大倍数 A_{f} 为开环放大倍数的 $\dfrac{1}{1 + AF}$ 倍。其中乘积 AF 称为环路增益。$1 + AF$ 称为反馈深度，它的大小反映了反馈的强弱。

① 若 $1 + AF > 1$，则 $A_{f} < A$，说明放大电路引入反馈后放大倍数减小了，即输出减小了，因此电路引入的是负反馈。

② 若 $1 + AF < 1$，则 $A_{f} > A$，说明放大电路引入反馈后放大倍数增加，即输出增加了，因此电路引入的是正反馈。

③ 若 $1 + AF = 1$，则 $A_{f} = A$，说明放大电路的反馈消失，没有反馈。

④ 若 $1 + AF = 0$，则 $A_{f} \to \infty$，$AF = -1$，$X_{f} = AFX'_{i} = -X'_{i}$，$X_{i} = 0$。说明没有输入信号时仍然有输出，放大电路变成了振荡电路。

（四）负反馈对放大电路的影响

1. 提高放大倍数（增益）的稳定性

我们知道放大电路的放大倍数与负载和半导体器件的参数有关，而这些参数又受到元件本身及环境温度的影响，因此放大倍数是一个变化量，导致放大电路输出不稳定。当放大电路引入负反馈后，就可以稳定输出量，提高放大倍数的稳定性。放大倍数的稳定性常用放大倍数的相对变化量来描述。

由上一节的分析可知，引入负反馈后，放大电路的放大倍数为

$$A_{f} = \frac{A}{1 + AF}$$

在上式中，对 A 求导得

$$\frac{\mathrm{d}A_{\mathrm{f}}}{\mathrm{d}A} = \frac{(1+AF)-AF}{(1+AF)^2} = \frac{1}{(1+AF)^2}$$

即

$$\mathrm{d}A_{\mathrm{f}} = \frac{1}{(1+AF)^2}\mathrm{d}A$$

将公式进一步整理得

$$\frac{\mathrm{d}A_{\mathrm{f}}}{A_{\mathrm{f}}} = \frac{\mathrm{d}A}{(1+AF)^2} \bigg/ \frac{A}{1+AF} = \frac{1}{1+AF}\frac{\mathrm{d}A}{A} \qquad (2\text{--}2\text{--}13)$$

由式（2–2–13）可知，闭环放大倍数的相对变化量为开环放大倍数的相对变化量的 $\dfrac{1}{1+AF}$。

也就是说，负反馈的引入使放大器的放大倍数的稳定性提高至（$1+AF$）倍。因此，在输入信号一定的情况下，闭环放大倍数的稳定就是输出信号的稳定。

例如：某负反馈放大器的 $A=10^4$，反馈系数 $F=0.01$，则可求出其闭环放大倍数

$$A_{\mathrm{f}} = \frac{A}{1+AF} = \frac{10^4}{1+10^4 \times 0.01} \approx 100$$

若因参数变化使 A 变化 $\pm 10\%$，即 A 的变化范围为 9 000～11 000，则由式（2–2–13）可求出 A_{f} 的相对变化量为

$$\frac{\mathrm{d}A_{\mathrm{f}}}{A_{\mathrm{f}}} = \frac{1}{1+AF} \cdot \frac{\mathrm{d}A}{A} = \frac{1}{1+10^4 \times 0.01} \times (\pm 10\%) \approx \pm 0.1\%$$

即 A_{f} 的变化范围为 99.9～100.1。显然，A_{f} 的稳定性比 A 的稳定性提高了约 100 倍（由 10% 变到 0.1%）。反馈深度越大，稳定性越高。

2. 减小非线性失真

由于放大电路中元件（如晶体管）具有非线性，因而会引起非线性失真。一个无反馈的放大器，即使设置了合适的静态工作点，但当输入信号较大时，仍会使输出波形产生非线性失真。引入负反馈后，这种失真就可以减小。

图 2–2–9 为负反馈减小非线性失真示意图。图 2–2–9（a）中，输入信号为标准正弦波，经基本放大器放大后的输出信号 x_o 产生了正半周大、负半周小的非线性失真。若引入了负反馈，如图 2–2–9（b）所示，失真的输出波形反馈到输入端，反馈信号 x_f 也将是正半周大、负半周小，与 x_o 的失真情况相似。这样，失真了的反馈信号 x_f 与原输入信号 x_i 在输入端叠加，产生的净输入信号 x_i' 就会是正半周小、负半周大的波形。这样的净输入信号经基本放大器放大后，由于净输入信号的"正半周小、负半周大"与基本放大器的"正半周大、负半周小"二者相互补偿，即用失真的波形来改善波形的失真，从而减小了非线性失真。

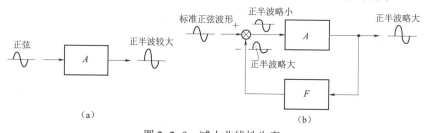

图 2–2–9　减小非线性失真

（a）无反馈放大器的失真；（b）有反馈放大器的失真

这里应当说明，负反馈能减小（或曰：改善；削弱）放大器的非线性失真，而不能完全消除非线性失真，也不能减小输入信号本身固有的失真。

3. 扩展通频带

由放大器的频率特性可知，放大倍数在高频区和低频区（指阻容耦合放大器）都要下降，这是一种因频率变化而引起的内部增益变化，因此，可把频率的变化看作"变化因素"。频率变化使开环增益变化较大时，闭环增益则变化较小。如图 2-2-10 所示，在频率变到 f_H 值时，开环增益下降了 30%，闭环增益的下降却远小于 30%。因此，闭环电路的通频带大于开环，所以说负反馈能展宽通频带。

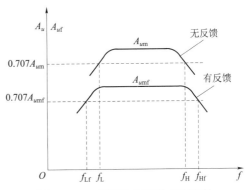

图 2-2-10 开环与闭环的幅频特性

在图 2-2-10 中，A_{um} 为开环放大器在中频区的电压增益，f_H 和 f_L 分别为开环放大器的上、下限截止频率。A_{umf} 则为闭环时中频区的电压增益，f_{Hf} 和 f_{Lf} 分别为闭环时的上、下限截止频率，则有如下关系式

$$\left. \begin{array}{l} A_{umf} = \dfrac{A_{um}}{1 + A_{um}F} \\[3mm] f_{Hf} = (1 + A_{um}F)\, f_H \\[3mm] f_{Lf} = \dfrac{1}{1 + A_{um}F}\, f_L \end{array} \right\} \qquad (2\text{-}2\text{-}14)$$

上述关系式表明：闭环时中频区的电压增益比开环时减小到原来的 $\dfrac{1}{1+AF}$，闭环时的上限截止频率增大至 $1+AF$ 倍，闭环时的下限截止频率减小到原来的 $\dfrac{1}{1+AF}$。

在我们的讨论范围内，一般有 $f_H \gg f_L$，$f_{Hf} \gg f_{Lf}$。所以通频带主要取决于上限截止频率，负反馈使上限截止频率增大至 $1+AF$ 倍，因此使通频带展宽至 $1+AF$ 倍，但这是以牺牲增益为代价的。还有从式（2-2-14）可得

$$A_{umf} f_{Hf} = \frac{A_{um}}{1 + A_{um}F} \cdot (1 + A_{um}F) f_H = A_{um} f_H \qquad (2\text{-}2\text{-}15)$$

式（2-2-15）表明：同一放大器"增益-带宽积"为一常数，即负反馈愈深，增益下降就愈多，频带展得也愈宽。

4. 对放大器的输入电阻和输出电阻的影响

放大电路引入负反馈后，其输入、输出电阻都要发生变化（与没有负反馈时基本放大器的输入、输出电阻相比较而言），不同反馈，对输入、输出电阻的影响也不同，另外需要明确，电阻越串越大，越并越小。

1）对放大器输入电阻的影响

负反馈对放大器输入电阻的影响取决于反馈信号在放大电路输入端的连接方式，即是串

联反馈还是并联反馈，而与输出端的连接方式无关。

（1）串联负反馈使放大器的输入电阻增大。

如图 2-2-11（a）所示，在串联负反馈中，由于在放大电路的输入端，反馈网络和基本放大器是串联的，输入电阻的增大是不难理解的。由图 2-2-11（a）可知，基本放大器的输入电阻 $r_i = u_i'/i_i$，故反馈放大电路的输入电阻

$$r_{if} = \frac{u_i}{i_i} = \frac{u_i' + u_f}{i_i} = \frac{u_i' + AFu_i'}{i_i} = (1 + AF)r_i \qquad (2-2-16)$$

与基本放大器相比，串联负反馈使反馈放大电路的输入电阻增大为开环输入电阻 r_i 的 $1+AF$ 倍，且信号源内阻越小，反馈作用越强。

注意：对于电压串联和电流串联负反馈放大电路，上式的 A、F 含义不同。

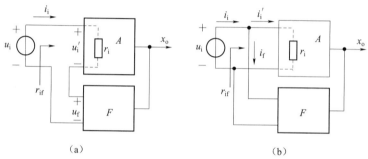

图 2-2-11　负反馈对输入电阻的影响
(a) 串联负反馈；(b) 并联负反馈

（2）并联负反馈使放大器的输入电阻减小。

在并联负反馈中，由于反馈网络的输出端和基本放大器的输入端是并联的，因此势必造成输入电阻的减小。

由图 2-2-11（b）可知，基本放大器的输入电阻 $r_i = u_i/i_i'$，故反馈放大电路的输入电阻

$$r_{if} = \frac{u_i}{i_i} = \frac{u_i}{i_i' + i_f} = \frac{u_i}{i_i' + AFi_i'} = \frac{r_i}{1 + AF} \qquad (2-2-17)$$

与基本放大器相比，并联负反馈使反馈放大电路的输入电阻减小为开环输入电阻 r_i 的 $1/(1 + AF)$，且信号源内阻越大，反馈作用越强。

注意：对于电压并联和电流并联负反馈放大电路，上式中的 A、F 含义不同。

2）对输出电阻的影响

负反馈对输出电阻的影响取决于放大电路输出端的连接方式，即与是电压反馈还是电流反馈有关，而与输入端的连接方式无关。

（1）电压负反馈使放大器的输出电阻减小。

我们知道，电压负反馈具有稳定输出电压的作用，即当输入信号一定，负载变化时，输出电压的变化很小，这意味着电压负反馈放大电路的输出电阻比没有负反馈时减小了。另外，基本放大器的输出端与反馈网络的输入端并联连接，故电压负反馈使放大器的输出电阻减小。

（2）电流负反馈使放大器的输出电阻增大。

由于电流负反馈具有稳定输出电流的作用，即当负载变化时，输出电流的变化很小，这

意味着电流负反馈使放大电路的输出电阻增大了。另外，基本放大器的输出端与反馈网络的输入端串联连接，故电流负反馈使放大器的输出电阻增大。

5. 引入负反馈的一般原则

综上所述，放大电路引入负反馈后能改善它的性能，并且各种组态的负反馈放大电路具有不同的特点，因此可以得到引入负反馈的一般原则。

（1）要稳定直流性能（如静态工作点），应引入直流负反馈；要稳定交流性能（如放大倍数、频带、失真、输入和输出电阻等），应引入交流负反馈。

（2）要稳定输出电压，应引入电压负反馈；要稳定输出电流，应引入电流负反馈。

（3）要提高输出电阻，应引入电流负反馈，要减小输出电阻，应引入电压负反馈。

（4）要提高输入电阻，应引入串联负反馈；要减小输入电阻，应引入并联负反馈。

（5）要减小放大电路向信号源索取的电流，应引入串联负反馈。

（6）要反馈效果好，在信号源为电压源（内阻较小）时应引入串联负反馈，在信号源为电流源（内阻较大）时应引入并联负反馈。

负反馈深度越深，性能改善越明显。但是，反馈深度并不是越大越好。如果反馈深度太大，某些电路将因在一些频率下产生附加相移，可能使原来的负反馈变成正反馈，甚至出现自激振荡，放大电路也就无法正常放大，更谈不上性能的改善了。此外，由于负反馈使放大倍数下降，因此引入负反馈的前提条件是电路的放大倍数足够大。因此，反馈深度的大小要适当。

动画　负反馈对放大器性能的影响

任务实施

（一）电路原理分析

如图 2-2-1 所示为亚超声声控开关原理图，分析其电路原理如下。

（1）阻容降压电路：由 C_1、R_1 组成，利用电容的容抗将 220 V 交流电压降低成电路所需要的低交流电压，$R_1 \gg X_C$，声控开关断电时 R_1 为 C_1 提供放电回路。

（2）整流滤波电路：$D_1 \sim D_4$ 组成单相桥式全波整流电路，将降低后的交流电变成直流电，经 C_2 滤波后分成两路，一路直接供给最后的继电器支路作为电源，另一路经 R_2 降压限流、C_3 进一步滤波后，作后面控制电路的电源。

（3）选频放大电路：由 V_1、R_3、L、C_4、压电陶瓷片组成。R_3 给 V_1 设置一个静态工作点，压电陶瓷片将声音信号转变成电信号送入 V_1 基极，经 V_1 放大，并经 L、C_4 组成的谐振电路选频后向后传输，压电陶瓷片的中心频率与 L、C_4 的并联谐振频率应尽量一致，以提高声控开关的灵敏度。

（4）信号转换电路：由 V_2、D_5、R_4、R_5、C_5、C_6 组成。C_5 将选频放大后的信号耦合到 V_2 基极，控制 V_2 导通和关断。V_2 导通时给 C_6 充电，V_2 关断时，C_6 经 R_4、R_5 放电。通过 C_6 充放电，驱动后面双稳态电路的翻转。D_5 给 C_5 提供一个放电回路。

（5）双稳态电路：由 V_3、V_4、D_6、D_7、R_6、R_7、R_8、R_9、R_{10}、R_{11}、C_8、C_9 组成。双稳态电路有两种稳定的工作状态，一种是 V_3 饱和导通，其 C 极输出为低电位，V_4 完全截

止，其 C 极输出为高电位；另一种是 V_4 饱和导通，其 C 极输出为低电位，V_3 完全截止，其 C 极输出为高电位。这两种工作状态可以在气囊哨的控制脉冲作用下进行翻转，从而实现对后面电路的控制。C_7 的作用是确定电路的初始状态，使电路加电后，保证使 V_4 饱和导通，V_3 完全截止，声控开关输出的电源插座无电，在元件筛选时，只要保证 $\beta_4 > \beta_3$，就可不用安装 C_7。

（6）继电器控制支路：由 V_5、D_8、LED 和继电器的线圈 J 组成。V_5 在支路中起到一个开关的作用，在双稳态电路的控制下，它的导通与关断，决定了继电器线圈的得电与失电。LED 的作用是指示电路的工作状态；D_8 的作用是在 V_5 关断时泄放掉继电器线圈所产生的自感电动势，实现对 V_5 的过压保护。若 V_5 选用 c、e 间耐压较高的管子，则 D_8 也可省略不装。

（7）负载支路：由继电器的常开触头 J 和负载组成。继电器的常开触头，在继电器线圈得电与失电的控制下，接通和断开负载的电源，从而实现开关对负载的控制作用。

（二）制作要求

1. 器件的筛选

开关所用的所有器件，均须通过自己的识别检测获得，对部分器件的技术参数要求如下：

（1）电容 C_1 的耐压值要求一定要够高，应保证不被 220 V 交流电击穿。

（2）电容 C_2、C_3 为滤波电容，容量要大一些，C_2 是第一级滤波，要保证其耐压值不低于 25 V。

（3）V_1 的放大倍数不能低于 100，否则会影响开关的灵敏度。应从手中所有的 NPN 型三极管中测出放大倍数最大的那个作为 V_1。

（4）双稳态电路要求元件的参数是对称的，电阻 R_6、R_8、R_9、R_{11} 的阻值要求一样大，R_7、R_{10} 的阻值要求一样大，电容 C_8、C_9 的容量要求一样大，V_3、V_4 的放大倍数的差值应保证在 20 倍以内。因为一般元件中无 C_7，所以还要保证 V_4 的放大倍数要略大于 V_3 的放大倍数。

2. 开关组装的技术要点

要想建好一个电路，认真仔细的前期准备工作是必不可少的。因此，要做的第一项工作就是对所有的元器件进行认真检测，以确保安装到电路板上的所有元器件都是合格的。组装时除要保证安装正确外，还要注意以下问题：

（1）电子元器件在安装时，标有型号的一面应尽量向外，以便于识别。

（2）若要对器件引脚进行整形，一定要离开引脚根部一段距离，以避免引脚根部受力折断。

（3）电阻、二极管等器件采用卧装的方式，电容、三极管等器件采用立装的方式，卧装器件应尽量紧贴电路板，所有器件要安装得高低有序、整齐美观。

（4）焊点的焊接时间不要太长，并保证焊接质量，焊好后，引脚不能留得过长，焊好后应沿焊点的顶端剪断。三极管例外，其引线不要剪短，安装到 PCB 板时，其引线露出够焊的即可，以方便焊错时进行调整。

（5）发光二极管、压电陶瓷片最后安装。发光二极管做电路工作状态指示，在焊接前要调整好高度：在电路板上安上 LED 后先不要焊接，再安上声控开关的前外壳，使 LED 由前外壳露出头，然后再进行焊接，这样保证 LED 引线的长（高）度正合适。

（6）整机组装时要注意电源插座位置，不能和焊点、元件之间有短接、碰触现象。元件引脚之间也不能存在这种问题。

视频　器件简介

视频　电阻二极管

视频　继电器三极管电容的焊接

视频　其他配件的安装

视频　直流调试

视频　实践技能

知识拓展

集成功率放大器

功率放大器和电压放大器没有本质区别，都是将电信号放大，但是它们要完成的任务不同。对电压放大器的要求是使负载得到不失真的电压信号，讨论的主要指标是电压放大倍数、输入和输出电阻等，输出的功率不一定大。而功率放大器则不同，它的主要任务是推动负载工作，例如使扬声器发声，使小功率电动机旋转，使仪表指针偏转等，因此要求功率放大器要有大的输出功率，即不但要向负载提供较大的电压，而且要向负载提供较大的电流，通常，功率放大器在大信号状态下工作，主要指标是最大输出功率、通频带、增益、输入阻抗和效率等。

功率放大器现在有很多集成电路的产品，对我们使用者来说，只要熟悉它们的功能和主要参数，会正确选择和使用即可，而对它们的内部电路有个大概了解就行。

集成功率放大器内部电路一般由前置级、中间级、输出级及偏置电路等组成。为了保证器件在大的功率状态下安全可靠工作，集成功率放大器还常设有过流、过压以及过热保护。下面介绍两种常用的集成功放的组成及使用方法。

（一）LM386 集成功率放大器的工作原理及应用

1. LM 386 集成功率放大器的工作原理

LM 386 是一种低电压通用型集成功率放大器，其内部电路如图 2-2-12（a）所示，引脚排列如图 2-2-12（b）所示，采用 8 脚双列直插式塑料封装。图 2-2-12（c）所示为它的典型应用电路。LM386 集成功放典型应用参数为：直流电源电压范围为 4～12 V；额定输出功率为 660 mW；带宽为 300 kHz（引脚 1、8 开路）；输入阻抗为 50 kΩ。

由图 2-2-12（a）可见，LM386 内部电路一般由输入级、中间级和输出级等组成。

输入级由 V_2、V_4 组成双端输入单端输出差分放大电路，V_3、V_5 是恒流源负载，V_1、V_6 是为了提高输入电阻而设置的输入端射极跟随器，R_1、R_7 为偏置电阻，该级的输出取自 V_4、V_5 的集电极。R_5 是差分放大器的发射极负反馈电阻，引脚 1、8 开路时，负反馈最强，整个电路的电压放大倍数最小为 20 倍，若在引脚 1、8 间外接旁路电容，以短路 R_5 两端的交流压降，

111

可使电压放大倍数提高到200。在实际使用中往往在 V_1、V_8 之间外接阻容串联电路，如图2-2-12（c）所示的 R_P 和 C_2，调节 R_P 即可使集成功放电压放大倍数在 20～200 范围变化。引脚7与地之间外接电解电容，如图2-2-12（c）所示的 C_5，C_5 可与 R_2 组成直流电源去耦电路。

中间级是本集成功放的主要增益级，它由 V_7 和其集电极恒流源（I_0）负载构成共发射极放大电路，作为驱动级。

输出级由 V_8、V_{10} 复合等效为 PNP 管，与 V_9 组成准互补对称功放电路，二极管 D_1、D_2 为 V_8、V_9 提供静态偏置，以消除交越失真，R_5 是级间电压串联负反馈电阻。

2. LM386 集成功率放大器的应用

图2-2-12（c）中，5脚可外接电容 C_3 作为功放输出电容，以便构成 OTL 电路，R_1、C_4 是频率补偿电路，用以抵消扬声器音圈电感在高频时产生的不良影响，改善功率放大电路的高频特性和防止高频自激。输入信号 u_i 由 C_1 接入同相输入端3脚，反相输入端2脚接地，故构成单端输入方式。

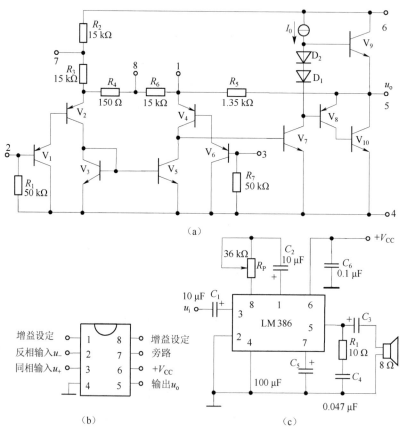

图 2-2-12　LM386 内部电路及应用图

（a）内部电路；（b）引脚图；（c）典型应用

（二）傻瓜 2100 功率放大器及其应用

1. 性能特点

傻瓜式功放集成电路（简称傻瓜 IC），是一种音响后级功放块，它与普通功放集成电路相比，除了免外接任何元器件，免安装调试就能工作外，还有以下特点：首先其内部采用目前先进的具有电子管特性的绝缘栅型场效应管作末级推动输出，动态频响极宽，即使普通双极型功放在标称频响能与它一致时，傻瓜 IC 在现场使用更显得高低音格外丰富。傻瓜 IC 还有较宽的不失真工作电压范围，以适应不同工作环境，而当工作电压超出极限时，它又会采用自身保护，自动停止输出工作，杜绝因超压而引起电路损坏。当电压恢复正常时，能自动恢复工作。

"傻瓜 2100"中的 2 表示电路中有两路功放电路，如果这个位置是 1，表示电路中有一路功放电路，2 后面的 100 表示每一路功放电路的最大输出功率是 100 W，其他类推。表 2-2-2 是傻瓜 IC 的电气参数表，图 2-2-13 是傻瓜 IC 的典型接线图，可以看出接线十分简捷，只要具备合适的正负电源就能满意地工作。

表 2-2-2　傻瓜 IC 的电气参数表

参 数 名 称	AMP155	AMP175	AMP2100	单位
	傻瓜 155	傻瓜 175	傻瓜 2100	
工作直流电压	18～25	25～32	30～38	V
保护电压	±28	±35	±40	V
额定输出功率	22	35	50	W
最大输出功率	55	75	100	W
静态电流	40	40	50	mA
输出失调电压	50	50	50	mV
散热器面积	20×15×0.3			mm×mm×mm
电压频响参数	$10～5×10^4$			Hz
失真度	0.7			%
增益	30			dB
输入阻抗	47			kΩ
允许工作温升	80			℃

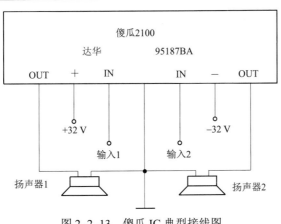

图 2-2-13　傻瓜 IC 典型接线图

2. 安装及使用注意事项

傻瓜 IC 必须安装散热器，其面积一般应具有参数表中的尺寸，实际功率比傻瓜 IC 的功率小很多时，散热器尺寸可适当减小，而经常处于满载工作环境时，散热面积应尽量加大，通常以保证傻瓜 IC 表面温度勿超过 70 ℃为宜，有条件的可采用风冷式散热，以达到最佳散热效果。

傻瓜 IC 的散热片已和内电路隔离，安装时无须另加绝缘片，但必须保证散热片与散热器大面积接触，并在散热片间涂上一层硅脂，以利导热。

傻瓜 IC 具有超压停止输出，电压正常时又能自动恢复功能。

傻瓜 IC 在供电超压于临界线，特别是工作于小功率时，会产生微音脉冲声，这是内地电路经常处于检测电源电压状态，属于正常现象。

傻瓜 IC 在装配时各引线勿扎在一起，应松散分开，以免造成高频自激。

傻瓜 IC 具有宽的动态频响，只有良好的功放电路而不重视音箱系统及前置放大器的质量将会失去傻瓜 IC 的意义。

傻瓜 IC 的输入阻抗很高，输入端的引线应采用屏蔽线，并尽可能做到阻抗匹配。通常输入端的信号来源于：收音以及录音卡的线路输出端、分频电路的输出端、CD 机的输出端，最好不要直接在低阻抗的耳机插座上取得信号。

任务达标知识点总结

（1）共射、共集、共基电路的特性。

（2）反馈的概念：将放大电路输出回路的信号（电压或电流）的一部分或全部，经过一定的电路（称作反馈网络）反送到输入回路中，从而影响净输入信号（增强或减弱），这种信号的反送过程称为反馈。

（3）反馈的类型及判断方法：

① 正反馈、负反馈。一般采用"瞬时极性法"。

② 直流反馈，交流反馈，交、直流反馈。判断方法如下：

● 直流反馈。反馈信号中只有直流信号的反馈称为直流反馈。直流负反馈多用于稳定放大电路的静态工作点。

● 交流反馈。反馈信号中只有交流量的反馈称为交流反馈。交流负反馈多用于改善放大电路的性能。

● 交、直流反馈。如果反馈回来的信号中既有直流信号也有交流信号，则该反馈为交、直流反馈。

③ 电压反馈、电流反馈。判断方法："输出端短接法"。

④ 串联反馈、并联反馈。判断方法："输入端短接法"。

● 串联反馈：在反馈放大电路的输入端，如果基本放大器的输入端和反馈网络的输出端串联连接，这样的反馈为串联反馈。

● 并联反馈：在反馈放大电路的输入端，如果基本放大器的输入端和反馈网络的输出端并联连接，这样的反馈为并联反馈。

（4）负反馈放大电路的组态：

① $\begin{cases} 电压 \\ 电流 \end{cases}$；② $\begin{cases} 串联 \\ 并联 \end{cases}$；③ $\begin{cases} 交流 \\ 直流 \\ 交直流 \end{cases}$；④ $\begin{cases} 正反馈 \\ 负反馈 \end{cases}$。

（5）负反馈对放大电路的影响：

① 提高放大倍数（增益）的稳定性。

② 减小非线性失真。

③ 扩展通频带。

④ 影响放大器的输入电阻和输出电阻。

（6）LM386 集成功率放大器的工作原理。

🔁 自我评测

1. 某射极输出器如图 2-2-14 所示。设 $V_{CC}= 12\ \text{V}$，$R_B= 510\ \text{k}\Omega$，$R_E= 10\ \text{k}\Omega$，$R_L= 3\ \text{k}\Omega$，$R_S= 510\ \Omega$，晶体管的 $\beta=50$，$U_{BE\,(on)}= 0.7\ \text{V}$，各电容对交流信号可视为短接。试求：

（1）静态集电极电流 I_{CQ} 和电压 U_{CEQ}。

（2）输入电阻 r_i 和输出电阻 r_o。

（3）电压增益 A_u。

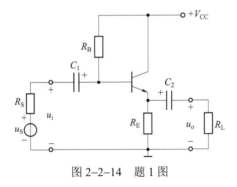

图 2-2-14 题 1 图

2. 判断图 2-2-15 所示各电路中的反馈是什么类型，并说明负反馈对输入电阻和输出电阻的影响。

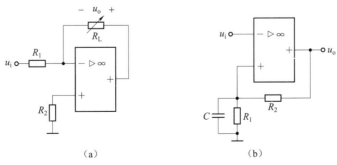

（a）　　　　　　　　　　（b）

图 2-2-15 题 2 图

3. 判断图 2-2-16 所示各电路中的级间反馈是什么类型，并说明负反馈对输入电阻和输出电阻的影响。

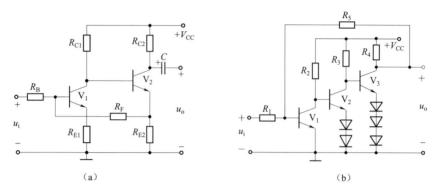

（a）　　　　　　　　　　　（b）

图 2-2-16　题 3 图

4. 有一负反馈放大器，$A=10^3$，$F=0.099$，已知输入信号 $U_i=0.1$ V，求净输入量 U_i'、反馈量 U_f 和输出信号 U_o 的值。

5. 为了满足下述要求，各应引入什么组态的负反馈？

（1）输入电阻大、输出电流稳定。

（2）得到一个阻抗变换电路，其输入电阻大、输出电阻小。

项目三

集成运算放大器

引言

通过温度测量放大电路的制作来学习电子技术中非常重要的器件、集成运算放大器。重点学习集成运算放大器的重要特性、理想参数、线性应用和非线性应用。能够自己设计和分析比例运算放大器，加法、减法、微分、积分运算器。

任务　温度测量放大电路的制作

任务概述

利用集成运放完成温度测量放大电路的制作。

温度测量放大电路能实时检测环境等的温度，将温度的变化转换成电信号，从而送给其他电路，如显示电路、控制电路等。选择不同的温度传感器配上适当的放大电路可以使用于不同的环境，而且随着技术的提高，温度传感器的品质大大提高，灵敏度更高，体积更加小型，而且价格还比较便宜。温度测量放大电路是其他电路的信号来源，广泛应用于温度检测和自动控制等电路。

【任务目标】

（1）了解集成运放的内部结构及各部分的功能、特点、主要参数。

（2）掌握基本运算放大电路的分析与运算电路的典型电路。

（3）了解集成运放的几种典型应用电路。

（4）练习电子焊接的实践技能。

（5）实施并完成温度测量放大电路的制作。

【参考电路】

温度测量放大电路如图 3-1-1 所示。

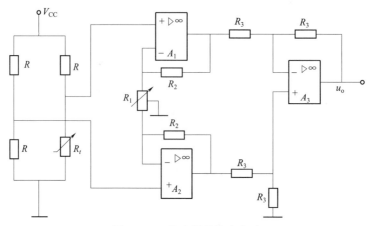

图 3-1-1　温度测量放大电路

 **知识准备**

知识链接 1　集成运算放大器的应用基础

集成运算放大器最早用在模拟计算机电路中，来完成对信号的数学运算。随着科学技术的发展，运放的应用范围已远远超出运算范畴，在各种模拟信号和脉冲信号的测量、处理、产生、变换等方面也都获得了广泛的应用。

（一）集成电路的基本知识

1. 集成电路的产生与发展

电子器件的每一次重大发明都大大促进了电子技术水平的提高，电子技术的发展同时也大大促进了其他学科的发展。1904 年出现的电真空器件、1948 年开始出现的半导体器件和 1959 年开始出现的集成电路，都对当时科学技术的进步产生了重大影响。

20 世纪 60 年代以前，电子线路都是由电阻、电容、电感、晶体管、场效应管、电子管等元器件以及连线组成的，这些元器件在结构上彼此独立，故称为分立元件电路。

20 世纪 60 年代初出现了一种新型的半导体器件，它采用半导体制造工艺，如外延、氧化、光刻、扩散、真空镀膜和隔离、隐埋等技术，把具有某种功能的电路中的电路元件，如晶体管、场效应管、电阻、电容以及它们之间的连线集中制作在一小块硅基片上，封装在一个管壳内，只露出外引线，构成特定功能的电子电路，由于它本身可以是一个完整的电路，故称为集成电路（简称 IC），又称为固体组件或芯片。

集成电路由于具有体积小、质量轻、耗电省、成本低、可靠性高、电性能优良及减少了组装和调试的工作量等突出优点，所以随着微电子技术的进步而得到飞速的发展。从 20 世纪 60 年代以来，集成电路的发展已经历了小规模集成电路（SSI）、中规模集成电路（MSI）、大规模集成电路（LSI）和超大规模集成电路（VLSI）4 个阶段，目前已能在一小块硅基片上制作出上亿个元器件。由于集成运算放大器具有较强的通用性和灵活性，因而在工程实际中获得极为广泛的应用，这又将进一步促进集成电路的发展。

2. 集成电路的结构和特点

集成电路一般是由一块厚 $0.2\sim0.25$ mm，面积为 $0.5\sim1.5$ mm^2 的小小硅片制成，这种硅片是集成电路的基片。基片上可以做出包含有数十个或更多的三极管、电阻和连接导线的电路。和分立元件电路相比，模拟集成电路有以下几方面的特点。

（1）组件中各元件是在同一硅片上，又是通过相同的工艺过程制造出来的，同一片内的元件参数绝对值有同向的偏差，温度均一性好，容易制成两个特性相同的管子或两个阻值相等的电阻，所以特别适于差动电路结构以减小零点漂移，这对于差动式放大器的制造特别有意义。

（2）组件中的电阻元件是由硅半导体的体电阻构成的，电阻值的范围一般为几十欧到20千欧左右，阻值范围不大，如太大，则占用硅片面积也大，不宜采用。此外，电阻值的精度不易控制，阻值误差可达 $10\%\sim20\%$，所以在集成电路中尽量不采用高阻值的电阻，因此在集成电路中尽量采用有源器件代替高阻值的电阻，或采用外接电阻的办法，以减少制造工序和节省硅片面积。

（3）集成电路中的电容量也不大，在几十皮法以下，常用 PN 结结电容构成，误差也较大。至于电感的制造就更困难了。所以，集成电路中都采用直接耦合方式。在必须采用大电容或电感的场合，一般采用外接的方法。

（4）电路元件间的绝缘采用紧凑的 PN 结隔离或二氧化硅绝缘。

3. 集成电路的分类

集成电路的种类很多，有不同的分类方法。

（1）按集成度来分，集成电路分为小规模、中规模、大规模和超大规模 4 类。大规模和超大规模集成电路可以把一个系统集成在一个硅片上，甚至把一台计算机的中央处理单元也集成在一块硅片上。

（2）按其功能来分，集成电路可分为数字集成电路、模拟集成电路和专用集成电路。

（3）按导电类型的不同来分，集成电路可分为双极型（TTL 型）集成电路和单极型（MOS型）集成电路。其中 MOS 集成电路，由于其功耗低、体积小、工艺简单、电源电压范围大等优点，发展非常迅速。尤其是由 NMOS 和 PMOS 构成的 CMOS 集成电路应用非常广泛。

4. 集成电路的封装形式

集成电路的封装形式有多种。图 3-1-2 为其中几种形式的集成电路的封装形式和引脚排列图。

图 3-1-2（a）是圆形封装 TO-8 系列，采用金属圆筒形外壳，类似于一个多引脚的普通晶体管封装，但引线较多，有 8、12、14 针引出线。早期的集成运算放大器，多数用这种外形封装。图 3-1-2（e）是输出为 8 针引线的引脚排列图。

图 3-1-2（b）是扁平封装，用于要求尺寸微小的场合，这种封装又分成两种，一种是体积较小的金属封装（6.4 mm×3.8 mm×1.27 mm）；另一种是稍大一些的陶瓷封装或塑料封装，引线一般为 14、16、24、36 针等。

图 3-1-2（c）是双列直插封装。它的用途最广，其外壳为陶瓷或塑料，通常设计成具有 2.54 mm 的引线间距，以便与印制电路板上的标准插座孔配合。对于集成功率放大器和集成

稳压电源等还带有金属散热片兼安装孔，双列直插封装引线有 8、14、16、24 针等。图 3-1-2（f）分别是引线为 8 针和 14 针的引脚排列图。

图 3-1-2（d）是超大规模集成电路的一种封装形式，外壳多为塑料，由于引脚很多，四面都有引出线。

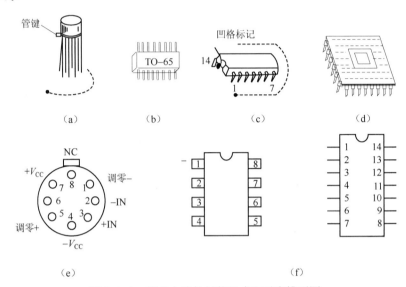

图 3-1-2　集成电路的封装形式和引脚排列图

（a）圆形封装；（b）扁平封装；（c）双列直插封装；（d）超大规模集成电路封装；
（e）某集成运放引脚排列图；（f）8 针和 14 针集成电路引脚排列图

（二）集成运算放大器的基本知识

1. 集成运算放大器发展简介

线性集成电路中应用最广泛的就是集成运算放大器（简称集成运放或运放），它实际上是一个具有差动输入级的高放大倍数、高输入电阻和低输出电阻的多级直接耦合集成放大电路，其电特性已接近理想化放大器件。由于在这种集成组件的输入与输出之间外加不同的反馈网络即可组成各种用途的具有某种运算功能的电路，因此就把这种放大器称为集成运算放大器。

运算放大器最初用于模拟计算机中，使用的是电子管电路，后来发展成为晶体管运算放大器电路，由于采用的都是分立元器件，因此很难应用于各个技术领域中。20 世纪 60 年代初，出现了原始型运放即"单片集成"运算放大器 μA702，使运算放大器的应用逐渐得到推广，并远远超出了原来"运算放大"的范围。当前，在工业自动控制和精密检测系统中，集成运算放大器已用得十分普遍。

目前，集成运放还在朝着低漂移、低功耗、高速度、高放大倍数和高输出功率等高指标的方向快速发展。

2. 集成运放的符号和等效电路

集成运放电路符号如图 3-1-3 所示。它有两个输入端和一个输出端，其中标"+"或"u_p"的端表示同相输入端，标"–"或"u_n"的端表示反相输入端。输出端处标有正号，表示输出信号与从同相端输入的信号的极性相同，与从反相端输入的信号的极性相反。

集成运放的等效电路如图 3-1-3（c）所示，其中 r_{id} 表示运放的差模输入电阻，r_o 表示运放的输出电阻，受控电压源 $u'_o = (u_p - u_n) A_{udo}$。

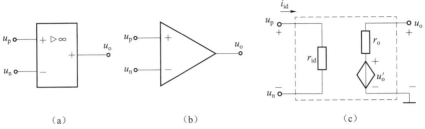

（a）　　　　　　　　　　（b）　　　　　　　　　　（c）

图 3-1-3　集成运放的电路符号和等效电路

（a）新符号；（b）旧符号；（c）运放的等效电路

实际集成运放除了两个输入端，一个输出端外，通常还有接地端，两个电源端，此外有的还有一些附加引出端，如"调零端""补偿端"等。但在电路符号上这些端均不标出，因此使用集成运放时应注意引脚功能及接线方式。

3. 集成运放的主要参数

集成运放的性能可以用各种参数来反映，为了合理正确地选择和使用集成运放，必须熟悉以下参数的含义。

1）开环差模电压放大倍数 A_{udo}

开环差模电压放大倍数是指无外加反馈时，集成运放本身的差模电压放大倍数，它体现运放的电压放大能力，一般在 $10^3 \sim 10^7$ 范围，理想运放 $A_{udo} = u_o / (u_p - u_n) \to \infty$。

2）差模输入电阻 r_{id}

差模输入电阻是指差模输入时，运放无外加反馈回路时的输入电阻，一般在几十千欧至几十兆欧范围，对于理想运放，$r_{id} \to \infty$。

3）开环输出电阻 r_{io}

开环输出电阻是指运放无外加反馈回路时的输出电阻。一般在 $20 \sim 200\ \Omega$ 范围，对于理想运放，$r_{io} \to 0$。

4）共模抑制比 K_{CMR}

共模抑制比用来综合衡量运放的放大和抗零漂、抗共模干扰的能力，K_{CMR} 越大，运放的性能越好，一般应在 80 dB 以上，对于理想运放，$K_{CMR} \to \infty$。

5）输入失调电压 U_{IO}

输入失调电压是指在输入信号为零时，为使输出电压为零，在输入端所加的补偿电压。U_{IO} 越小越好，其值在 $\pm (1\ \mu A \sim 20\ mV)$ 范围。

6）最大差模输入电压 U_{idmax}

最大差模输入电压是指运放的两个输入端之间所允许加的最大电压值。若差模电压超过 U_{idmax}，则运放输入级将被反向击穿甚至损坏。

7）最大共模输入电压 U_{icmax}

最大共模输入电压指运放所能承受的最大共模输入电压。若共模输入电压超过 U_{icmax}，运放的输入级工作不正常，K_{CMR} 显著下降，故也有把 K_{CMR} 下降 6 dB 时所加的共模输入电压定义为 U_{icmax}。

8）电压转换速率 S_R

转换速率又称上升速率，$S_R=|\mathrm{d}u_o/\mathrm{d}t|$，它是指在闭环状态下，输入为大信号时，集成运放输出电压随时间的最大变换速率。它反映了运放对快速变化信号的响应能力。S_R 越大，运放的高频性能越好。通用型运放的 S_R 一般在 0.5～100 V/μs 范围。

（三）理想集成运算放大器的技术指标

集成运放是一种比较理想的新型放大器件，它实际上是一个具有差动输入级的高放大倍数、高输入电阻和低输出电阻的多级直接耦合集成放大电路，其电路符号如图3-1-3所示，在分析集成运放时，为了突出其性能，简化分析方法，同时又满足工程上的需要，我们把集成运放理想化。理想集成运放的技术指标是：

（1）开环差模电压放大倍数 $A_{udo}=\infty$。

（2）差模输入电阻 $r_{id}=\infty$。

（3）输出电阻 $r_o=0$。

（4）共模抑制比 $K_{CMR}=\infty$。

（5）频带宽度 $BW=\infty$。

在实际应用中，尽管理想集成运放并不存在，但是，许多集成运放的技术指标与理想运放非常接近，所以，一般都按照理想运放的条件来分析集成运放。在本书中，如果无特殊说明，所有运放均按理想运放来考虑。

（四）集成运算放大器工作在线性区和非线性区的特点

1. 集成运放的电压传输特性

集成运放的电压传输特性，是指运放 $u_o=f(u_+-u_-)$ 对应变化的关系，如图3-1-4所示。

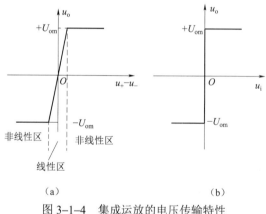

图 3-1-4　集成运放的电压传输特性

（a）实际运放；（b）理想运放

2. 集成运放在线性区的特点

根据上述理想化条件，当集成运放工作在线性区时，一般需要在电路中接入深度负反馈，这时有

$$\begin{cases} u_o = A_{udo}\, u_i = A_{udo}\,(u_+ - u_-) \\ u_o \in (-U_{om}, +U_{om}) \end{cases} \qquad (3\text{-}1\text{-}1)$$

根据上式和运放的参数可以导出分析集成运算放大器电路时依据的两个重要特点。

1）虚短

由于集成运放的开环电压放大倍数 $A_{udo}=\infty$，而输出电压 u_o 始终是个有限的数值，所以输入电压 $u_+-u_-=\dfrac{u_o}{A_{udo}}=0$，即

$$u_+=u_-（或 u_+-u_-=0）\tag{3-1-2}$$

运放的两个输入端是等电位的，这两个输入端好像短接着一样，但又不是真正的短接，故称"虚短"。

2）虚断

由于集成运放的差模输入电阻 $r_{id}=\infty$，并且 $u_+-u_-=0$，故可以认为流入或流出运算放大器两个输入端的电流为零，即

$$i_{id}=(u_+-u_-)/r_{id}=0\tag{3-1-3}$$

这样，从运放这两个输入端往里边看进去，好像断开一样，但又不是真正的断开，故称"虚断"。

"虚短"和"虚断"是运放工作在线性区的两个重要特点，是同时存在的，以后在分析运放电路时会经常用到。

3）u_+、u_- 和 u_o 之间的相位关系

当输入信号加在 u_+，u_- 电位保持不变时，u_o 与 u_+ 同相；

当输入信号加在 u_-，u_+ 电位保持不变时，u_o 与 u_- 反相。

3. 集成运放在非线性区的特点

由于集成运放的开环电压放大倍数 A_{udo} 为无穷大，当它工作于开环状态（即未接反馈）或加有正反馈时，只要有差模信号输入，哪怕是极微小的电压信号，集成运放的输出电压将偏向它的饱和值，进入非线性区，其输出电压会立即达到正向饱和值 U_{om} 或反向饱和值 $-U_{om}$。此时，式（3-1-1）不再成立。理想运放工作在非线性区时，有以下两个特点：

（1）只要输入电压 u_+、u_- 不相等，输出电压就等于饱和值。因此有

$$u_o=U_{om}\ \ (u_+>u_-时)\tag{3-1-4}$$

$$u_o=-U_{om}\ \ (u_+<u_-时)\tag{3-1-5}$$

（2）虚断的结论仍然成立，即

$$i_{id}=(u_+-u_-)/r_{id}=0$$

综上所述，在分析具体的集成运放应用电路时，可将集成运放按理想运放对待，先判断它工作在哪个区。一般来说，只要运放电路中引入了负反馈，就认为它将工作在线性区。而在开环状态或正反馈状态时，它则工作于非线性区。然后运用上述线性区或非线性区的特点分析电路的工作情况，这样会使分析工作大为简化。

动画　理想运算放大器动画讲解

视频　集成运算放大电路原理图

动画　虚短和虚断　　　　　文档　集成运算放大器的应用基础

知识链接 2　集成运放的运算电路

集成运放外围只要配以适当的反馈网络，就可以组成多种功能不同的电路。最基本的运算电路有：反相输入比例运算电路和同相输入比例运算电路，它们是各种应用电路和运算电路的基础。

（一）比例运算电路

1. 反相比例运算电路

1）电路原理图

图 3-1-5 为反相比例运算电路。R_1 为外接输入电阻，R_F 为反馈电阻，它跨接在输出端

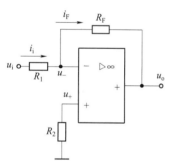

图 3-1-5　反相比例运算电路

和反相输入端之间，构成负反馈。同相输入端通过平衡电阻 R_2 接"地"（在实际电路中，为了使运放两输入端差动电路对地电阻对称平衡，以减小电路的运算误差，提高运算精度，便于实现 $u_i=0$ 时，$u_o=0$，应使 $R_2=R_1 /\!/ R_F$；选择平衡电阻的原则是：$R_p=R_n \big|_{\substack{u_i=0 \\ u_o=0}}$，其中 R_p 是在 $u_i=0$，$u_o=0$ 时，从运放同相端对地的外接等效电阻，R_n 是在 $u_i=0$，$u_o=0$ 时，从运放反相端对地的外接等效电阻。在本电路中 $R_p=R_2$，$R_n=R_1 /\!/ R_F$）。

2）电路分析

因电路中有负反馈（电压并联交直流负反馈），故认为运放工作在线性区，因此运放同时满足虚短和虚断的两个特点，R_2 中没有电流，R_2 上的压降为零，由此可以推出：$i_i=i_F$，$u_+=u_-=0$。

根据电路知识，可知

$$i_i = \frac{u_i - u_-}{R_1} = \frac{u_i}{R_1}, \quad i_F = \frac{u_- - u_o}{R_1} = -\frac{u_o}{R_1}$$

由此可以推出电路的运算关系

$$u_o = -\frac{R_F}{R_1} u_i \tag{3-1-6}$$

上式说明，输出电压与输入电压相位相反、大小成比例关系，即这个电路完成了反相比例运算。式中负号表示输出电压与输入电压反相。

从放大电路的角度看，该电路的闭环电压放大倍数 A_{uf}、输入电阻 r_i 和输出电阻 r_o 分别为

$$A_{uf} = \frac{u_o}{u_i} = -\frac{R_F}{R_1}, \qquad r_i = \frac{u_i}{i_i} = R_1, \qquad r_o = 0 \qquad (3\text{-}1\text{-}7)$$

在特殊情况下，即 $R_F = R_1$，那么，$A_{uf} = -1$，$u_o = -u_i$，反相比例运算电路就变成了变号运算电路。

2. 同相比例运算电路

1）电路原理图

图 3-1-6 是同相比例运算电路。输入信号通过电阻 R_2 加到运算放大器的同相输入端，而输出信号通过电阻 R_F 反馈到反相输入端，电路中引入了电压串联交直流负反馈，电阻 R_2 同样是平衡电阻，要求 $R_2 = R_1 /\!/ R_F$。

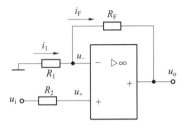

2）电路分析

因电路中有负反馈，故认为运放工作在线性区，因此运放

图 3-1-6　同相比例运算电路

同时满足虚短和虚断的两个特点，R_2 中没有电流，R_2 上的压降为零，由此可以推出：$i_1 = i_F$，$u_+ = u_- = u_i$。

根据电路知识，可知

$$i_1 = \frac{0 - u_-}{R_1} = \frac{-u_i}{R_1}, \quad i_F = \frac{u_- - u_o}{R_F} = \frac{u_i - u_o}{R_F}$$

由此求得

$$u_o = \left(1 + \frac{R_F}{R_1}\right) u_i \qquad (3\text{-}1\text{-}8)$$

上式说明，输出电压与输入电压相位相同、大小成比例关系，即这个电路完成了同相比例运算。

从放大电路的角度看，该电路的闭环电压放大倍数 A_{uf}、输入电阻 r_i 和输出电阻 r_o 分别为

$$A_{uf} = \frac{u_o}{u_i} = 1 + \frac{R_F}{R_1}, \qquad r_i = \frac{u_i}{i_i} = \infty, \qquad r_o = 0 \qquad (3\text{-}1\text{-}9)$$

在上式中，A_{uf} 是正值，表示 u_o 与 u_i 同相。我们同样可以看出，同相放大器的电压放大倍数只与外接的电阻有关，而与运放本身的参数无关，只要选用高精度的优质电阻，就可获得精度和稳定性都很高的闭环增益。

需要指出的是，在同相放大器中，运算放大器的两个输入端的对地电位都不为零，而是都为输入信号 u_i，此为共模信号，在选用运算放大器时，一定要选用允许输入共模电压较高，且共模抑制比也较高的产品。

在图 3-1-6 中，如果取 $R_1 = \infty$（即 R_1 开路或从电路中去掉），或 $R_F = 0$（即 R_F 短接），则根据上面的计算结果可知，$u_o = u_i$，这种电路称为理想电压跟随器（或同号运算电路，它的 $A_{uf} = 1$，$r_i = \infty$，$r_o = 0$），它虽然没有电压放大作用，但具有电流和功率放大或阻抗变换作用。

知识碎片　比例运算

（二）加减法运算电路

1. 加法运算电路

加法运算能对多个信号进行求和。加法运算电路分为反相加法运算和同相加法运算两种。

1）反相加法运算电路

反相加法运算电路如图 3-1-7 所示，它是在反相比例运算电路的基础上增加几个输入

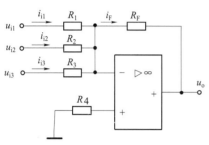

图 3-1-7 反相加法运算电路

端，把输入电压通过电阻转换成输入电流。在图 3-1-7 中，三路输入信号 u_{i1}、u_{i2} 和 u_{i3} 分别通过电阻 R_1、R_2 和 R_3 加到运算放大器的反相输入端，R_F 是负反馈电阻，R_4 是平衡电阻，要求 $R_4 = R_1 /\!/ R_2 /\!/ R_3 /\!/ R_F$。

因电路中有负反馈，故认为运放工作在线性区，因此运放同时满足虚短和虚断的两个特点，R_4 中没有电流，R_4 上的压降为零，由此可以推出：

$$i_{i1} + i_{i2} + i_{i3} = i_F, \quad u_+ = u_- = 0$$

$$i_{i1} = \frac{u_{i1} - u_-}{R_1} = \frac{u_{i1} - 0}{R_1} = \frac{u_{i1}}{R_1}, \quad i_{i2} = \frac{u_{i2} - u_-}{R_2} = \frac{u_{i2}}{R_2}, \quad i_{i3} = \frac{u_{i3}}{R_3}, \quad i_F = \frac{u_- - u_o}{R_F} = -\frac{u_o}{R_F}$$

$$\frac{u_{i1}}{R_1} + \frac{u_{i2}}{R_2} + \frac{u_{i3}}{R_3} = -\frac{u_o}{R_F}$$

由此求得输出电压 u_o 为

$$u_o = -\left(\frac{R_F}{R_1} u_{i1} + \frac{R_F}{R_2} u_{i2} + \frac{R_F}{R_3} u_{i3} \right)$$

如果在上式中，取 $R_1 = R_2 = R_3 = R$，则

$$u_o = -\frac{R_F}{R} \left(u_{i1} + u_{i2} + u_{i3} \right)$$

如果在上式中，取 $R_1 = R_2 = R_3 = R_F$，则

$$u_o = -\left(u_{i1} + u_{i2} + u_{i3} \right) \tag{3-1-10}$$

由式（3-1-10）可以看出，该电路实现了加法（求和）运算，式中的负号表示输出电压与输入电压反相。

2）同相加法运算电路

同相加法运算电路如图 3-1-8 所示。这个电路与同相输入比例运算电路极为相似，只要能求出 u_+，就可以得出输出电压 u_o。

因电路中有负反馈，故认为运放工作在线性区，因此运放同时满足虚短和虚断的两个特点，运用叠加定理得

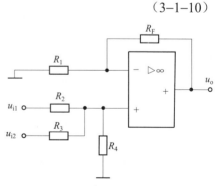

图 3-1-8 同相加法运算电路

$$u_+ = R\left(\frac{u_{i1}}{R_2} + \frac{u_{i2}}{R_3}\right)$$

其中 $R = R_2 // R_3 // R_4$。根据式（3–1–8）有

$$u_o = \left(1 + \frac{R_F}{R_1}\right)u_+ = \left(1 + \frac{R_F}{R_1}\right)R\left(\frac{u_{i1}}{R_2} + \frac{u_{i2}}{R_3}\right)$$

当 $R_2 = R_3 = R'$ 时，输出电压

$$u_o = \left(1 + \frac{R_F}{R_1}\right)u_+ = \left(1 + \frac{R_F}{R_1}\right)\frac{R}{R'}(u_{i1} + u_{i2}) \tag{3–1–11}$$

可见，输出电压与输入电压的和成正比，完成了加法运算。

从式（3–1–10）和式（3–1–11）可以看出，反相加法运算电路比同相加法运算电路简单，后者因涉及多个电阻的并联运算，给阻值调节带来了很大麻烦，而且还存在着共模干扰信号，故应尽量少用。

2. 减法运算电路

减法是实现代数相减的运算功能。图 3–1–9 是用集成运放构成的减法运算电路。

在这个电路中，运放的同相输入端和反相输入端都有输入信号，这样的电路也称差动输入放大器。

为保持输入端平衡，一般应使 $R_1 = R_2$，$R_3 = R_F$。

实质上，减法运算电路是由反相输入放大器和同相输入放大器组合而成的。由于放大器工作在线性区，因此可用叠加定理来分析它的输入输出关系。

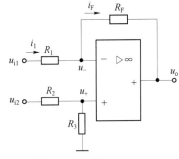

图 3–1–9 减法运算电路

（1）首先假设 $u_{i1}=0$（即 u_{i1} 对地短路），只考虑 u_{i2} 的作用，这时的放大器就变成了同相输入放大器，根据前面讨论的结果，同相输入端电压 u_+ 就是输入电压 u_{i2} 在 R_3 上的分压。

$$u_+ = \frac{R_3}{R_2 + R_3}u_{i2}$$

根据同相放大器的运算关系，可得

$$u_{o2} = \left(1 + \frac{R_F}{R_1}\right)u_+ = \frac{R_1 + R_F}{R_1} \cdot \frac{R_3}{R_2 + R_3}u_{i2}$$

因为 $R_1 = R_2$，$R_3 = R_F$，所以

$$u_{o2} = \frac{R_F}{R_1}u_{i2}$$

（2）再假设 $u_{i2}=0$（即 u_{i2} 对地短路），只考虑 u_{i1} 的作用，这时的放大器就变成了反相输入放大器，根据反相放大器的运算关系得

$$u_{o1} = -\frac{R_F}{R_1}u_{i1}$$

（3）当两个信号同时作用时，根据叠加定理，将 u_{o1} 和 u_{o2} 叠加得

$$u_{\mathrm{o}} = u_{\mathrm{o1}} + u_{\mathrm{o2}} = \frac{R_{\mathrm{F}}}{R_1} u_{\mathrm{i2}} - \frac{R_{\mathrm{F}}}{R_1} u_{\mathrm{i1}} = \frac{R_{\mathrm{F}}}{R_1} (u_{\mathrm{i2}} - u_{\mathrm{i1}}) \tag{3-1-12}$$

在上式中，输出电压 u_{o} 的大小，正比于输入电压的差值（$u_{\mathrm{i2}} - u_{\mathrm{i1}}$），故该电路也称为差动放大电路。再进一步使 $R_1 = R_2 = R_3 = R_{\mathrm{F}}$，式（3-1-12）就会变成

$$u_{\mathrm{o}} = u_{\mathrm{i2}} - u_{\mathrm{i1}} \tag{3-1-13}$$

可见，只要适当选配电阻值，可使输出电压等于输入电压的差值，完成减法运算。

知识碎片　加法和减法运算

（三）微分和积分运算电路

1. 微分运算电路

微分运算电路也是一种基本的运算电路。如果把反相比例放大器中的外接输入电阻换成电容，便可构成微分运算电路，如图 3-1-10 所示，R_1 是平衡电阻（要求 $R_1 = R_{\mathrm{F}}$）。

因电路中有负反馈，故认为运放工作在线性区，因此运放同时满足虚短和虚断的两个特点，R_1 中没有电流，R_1 上的压降为零，由此可以推出：

$$i_{\mathrm{i}} = i_{\mathrm{F}}, \quad u_+ = u_- = 0$$

可得

$$i_{\mathrm{i}} = C\frac{\mathrm{d}u_{\mathrm{C}}}{\mathrm{d}t} = C\frac{\mathrm{d}(u_{\mathrm{i}} - u_-)}{\mathrm{d}t} = C\frac{\mathrm{d}u_{\mathrm{i}}}{\mathrm{d}t}$$

$$i_{\mathrm{F}} = \frac{u_- - u_{\mathrm{o}}}{R_{\mathrm{F}}} = -\frac{u_{\mathrm{o}}}{R_{\mathrm{F}}}$$

因此

$$u_{\mathrm{o}} = -R_{\mathrm{F}}C\frac{\mathrm{d}u_{\mathrm{i}}}{\mathrm{d}t} \tag{3-1-14}$$

由上式可知，输出电压 u_{o} 正比于输入电压 u_{i} 对时间的导数，式中的 $R_{\mathrm{F}}C$ 为微分时间常数。微分电路可用于波形变换、移相和在自动控制系统中用于加速系统的过渡过程等。

2. 积分运算电路

积分运算电路也是一种基本的运算电路。如果把微分运算电路中的电阻和电容调换位置，便可构成积分运算电路，如图 3-1-11 所示，R_1 是平衡电阻（要求 $R_1 = R$）。

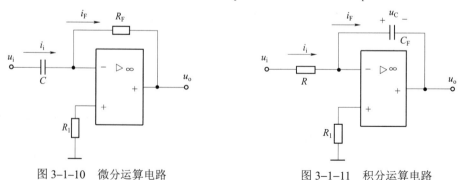

图 3-1-10　微分运算电路　　　　　　图 3-1-11　积分运算电路

因电路中有负反馈，故认为运放工作在线性区，因此运放同时满足虚短和虚断的两个特

点，R_1 中没有电流，R_1 上的压降为零，由此可以推出：
$$i_i = i_F, \quad u_+ = u_- = 0$$
于是有
$$i_i = \frac{u_i - u_-}{R} = \frac{u_i}{R}, \quad i_F = C\frac{du_C}{dt} = C\frac{d(u_- - u_o)}{dt} = -C\frac{du_o}{dt}$$
因此
$$u_o = -\frac{1}{RC}\int u_i dt \qquad\qquad (3-1-15)$$

由上式可以看出，输出电压 u_o 正比于输入电压 u_i 对时间的积分，实现了积分运算。负号表示输出电压与输入电压相位相反，其中的 RC 为积分时间常数。积分电路可用于波形变换、移相和在自动控制系统中用于消除系统的静态误差等。

🔄 任务实施

（一）电路原理图及原理分析

温度测量放大器是温度采集、温度控制等系统中的重要组成部分，通常利用温度传感器将温度转换为微弱的电压信号并进行放大后输出。温度测量放大电路如图 3-1-12 所示。

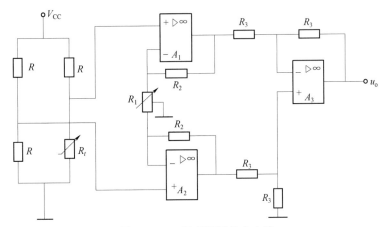

图 3-1-12　温度测量放大电路

1. 集成运放电路

集成运放电路由两个高阻型集成运放 A_1、A_2 和低失调集成运放 A_3 组成。高阻型集成运放是指输入电阻很大的集成运放，一般在兆欧数量级以上。低失调集成运放是指输入失调电压及温漂很小的集成运放，一般输入失调电压在 $1\,mV$，温漂在 $2\,\mu V / \,℃$ 以下。

2. 测量电桥

热敏电阻 R_t 和 R 组成测量电桥。若测量桥臂感受温度变化后，产生与 ΔR_t 相应的微小信号变化 ΔR_{S1}，并进行有效的放大。

3. 铂电阻温度传感器

由于金属铂具有以下特点：电阻温度系数大，感应灵敏；电阻率高，元件尺寸小；电阻值随温度变化而变化基本呈线性关系；在测温范围内，物理、化学性能稳定，长期复现

129

性好，测量精度高。因此它是目前公认制造热敏电阻的最好材料。但铂在高温下，易受还原性介质的污染，使铂丝变脆并改变电阻与温度之间的线性关系，因此在使用时应装在保护套管中。

利用铂的此种物理特性制成的传感器称为铂电阻温度传感器，如图 3-1-13 所示。通常使用的铂电阻温度传感器有 Pt100，电阻温度系数为 $3.9\times10^{-3}℃$，0 ℃时电阻值为$100\,\Omega$，电阻变化率为 $0.3851\,\Omega/℃$。铂电阻温度传感器精度高、稳定性好、应用范围广，是中低温区（$-200\sim650℃$）最常用的一种温度检测器，不仅广泛应用于工业测温，而且被制成各种标准温度计。

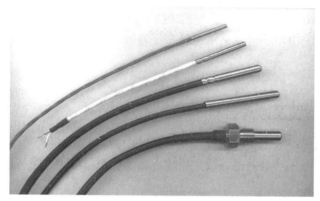

图 3-1-13　铂电阻温度传感器实物图

4. 元件清单

所需元件清单见表 3-1-1。

表 3-1-1　温度测量放大电路制作的元件清单

名称	参数	数量	名称	参数	数量
R	1 kΩ	3	R_t	热敏电阻	1
R_1	电位器	1	A_1、A_2	高阻型集成运放	2
R_2	20 kΩ	2	A_3	低失调集成运放	1
R_3	5 kΩ	4	铂电阻温度传感器	100 Ω	1

（二）电路组装

（1）电路原理图符号与电路板上符号要一一对应，以达到最简排列的目的。

（2）印制电路板上的每条铜箔线，都对应着原理图中的一条连接导线，铜箔线上的安装孔用来安放元件的引脚。这样，元件与导线相连，就组成了我们所需的电子电路。将元器件在多孔板上进行排列，并焊接。

（三）组织实训

（1）学生开始装配，教师巡查辅导，并进行答疑。

（2）电路的测试。

① 当温度传感器的电阻变化量 $\Delta R = 0$ 时，电路的输出电压是否为 0 V。

② 当温度传感器的电阻变化量 ΔR 变化最大时，电路的输出电压是否为 5 V。

③ 要求放大电路输出电压的实际值与理论值的相对误差小于 5%。

（3）小组测试完毕后，老师检查，进行本次考核及成绩评定。

（四）总结

总结测试环节存在的问题并进行讲解，对本次实训结果进行公布。

视频　电阻的识别　　　视频　电阻的检测　　　视频　电阻损坏的判别　　　视频　电容的识别

视频　电容的检测　　　视频　二极管的判别　　　视频　二极管损坏的判别

 知识拓展

集成运放的非线性应用

前面所讨论的各种运算电路，由于集成运放的开环电压放大倍数很高，利用外接反馈网络比较容易实现深度负反馈，所以集成运放工作在线性区，电路的输入输出关系几乎与集成运放本身的特性无关，而主要由外接网络的参数所决定。

集成运放的另一种工作状态是非线性工作状态。在开环情况下，集成运放的输出电压不是正向饱和值 U_{om}，就是负向饱和值$-U_{om}$。如果在电路中再引入适量的正反馈，则输出状态的转换过程将是阶跃式的。这是一种非线性应用。运算放大器的这种非线性特性，在数字技术和自动控制系统中同样也获得了广泛的应用。本部分作为运放非线性应用的典型例子，首先介绍比较器，然后讨论非正弦波信号发生器。

（一）电压比较器

电压比较器是一种用来比较输入信号 u_i 和参考电压 U_R 的电路。集成运放作比较器时，常工作于开环状态，为了改善输入输出特性，常在电路中引入正反馈。输入电压 u_i 接入运放

的一个输入端，参考电压 U_R 接入运放的另一输入端，通过运放对两个电压进行比较，由运放的输出状态反映所比较的结果。当输入信号的幅度出现微小的不同时，输出电压就将产生跃变，由正饱和值 $+U_{om}$ 变成负饱和值 $-U_{om}$，或者由负饱和值 $-U_{om}$ 变成正饱和值 $+U_{om}$。据此来判断输入信号的大小和极性。

1. 过零比较器

参考电压为零的比较器称为过零比较器（亦称零电平比较器）。它是最为简单的一种比较器，如图 3-1-14 所示。

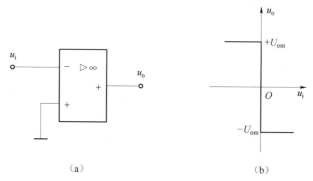

（a）   （b）

图 3-1-14　过零比较器

（a）电路图；（b）传输特性

输入信号 u_i 接至反相输入端，而同相输入端接地，有 $u_+ = 0$。因运放开环，工作于非线性区。显然，

$$当\ u_i < 0\ 时，\quad u_o = +U_{om} \tag{3-1-16}$$

$$当\ u_i > 0\ 时，\quad u_o = -U_{om} \tag{3-1-17}$$

也就是说，每当输入信号越过零时，输出电压就要发生翻转，由一个状态跃变到另一个状态（由 $+U_{om}$ 到 $-U_{om}$，或者由 $-U_{om}$ 到 $+U_{om}$）。因此，过零比较器能够实现对输入信号的过零检测，利用这一点，可以实现波形的转换。例如，输入信号是正弦波，输出信号就变成了矩形波，如图 3-1-15 所示。

这种比较器结构简单，但抗干扰能力不强，应用较少。

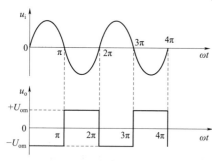

图 3-1-15　过零比较器的波形图

2. 单限比较器

将图 3-1-14（a）中的同相输入端外接一参考电压 U_R，就构成了单限比较器，如图 3-1-16（a）所示。这种比较器的输出电压 u_o 其实是输入电压 u_i 与参考电压 U_R 比较的结果。根据前面的分析，有

$$当\ u_i < U_R\ 时，\quad u_o = +U_{om} \tag{3-1-18}$$

$$当\ u_i > U_R\ 时，\quad u_o = -U_{om} \tag{3-1-19}$$

这种比较器的输出特性如图 3-1-16（b）所示。

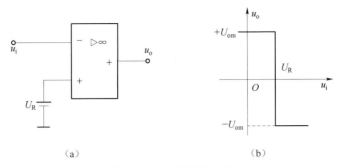

（a） （b）

图 3-1-16 单限比较器

（a）电路图；（b）传输特性

3. 迟滞比较器

迟滞比较器也叫滞回比较器，如图 3-1-17（a）所示。它是从输出端引出一个反馈电阻到同相输入端，形成正反馈，这样使作为参考电压的同相输入端的电压随输出电压而变化。

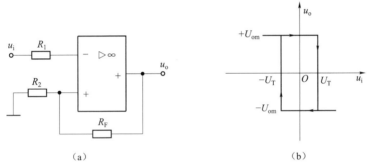

（a） （b）

图 3-1-17 迟滞比较器

（a）电路图；（b）传输特性

当输出电压为$+U_{om}$时，同相端电压为

$$u_+ = \frac{R_2}{R_2 + R_F} U_{om} = U_T \qquad (3\text{-}1\text{-}20)$$

输入电压 u_i 由小到大变化时，只要 $u_i < U_T$，输出电压总是$+U_{om}$。一旦 u_i 从小于 U_T 逐渐增加到大于 U_T，输出电压将从$+U_{om}$跃变为$-U_{om}$。

此后，当输出为$-U_{om}$时，同相端电压为

$$u_+ = \frac{R_2}{R_2 + R_F}(-U_{om}) = -U_T \qquad (3\text{-}1\text{-}21)$$

此间，只要 $u_i > -U_T$，输出将保持$-U_{om}$不变，一旦 u_i 由大逐渐减小到小于$-U_T$，输出电压将从$-U_{om}$跃变到$+U_{om}$。

可见，输出电压由正变负，又由负变正，所对应的参考电压 U_T 与$-U_T$ 是不同的值。这就叫比较器具有迟滞（回差）特性，传输特性具有迟滞回线的形状，如图 3-1-17（b）所示。两个参考电压之差 $U_T - (-U_T) = 2U_T$，称为"回差"。改变电路参数，就可以改变回差的大小。

与过零比较器相比，迟滞比较器的抗干扰能力非常强。比如，输入信号因受到干扰，在零值附近反复发生微小的变化时，过零比较器会在很短的时间内，输出发生多次跃变，如果

133

用这样的一个电压去控制执行机构（如继电器），将出现频繁动作的现象，这对于设备的正常运行是很不利的，应当禁止。而改用迟滞比较器后，情况则好得多，只要干扰信号的幅度不超过 U_T，则比较器的输出就不会发生翻转。另外像温度的控制、水位的控制等都需要有回差特性。

（二）波形发生器

集成运放的另一个重要的应用是用作波形发生器，用来产生各种所需的信号，包括正弦波、矩形波、锯齿波等。这里仅对非正弦信号的产生加以介绍。

1. 矩形波发生器

图 3-1-18（a）为矩形波发生器电路。

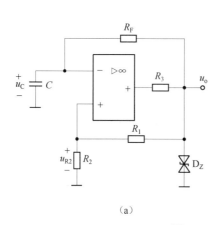 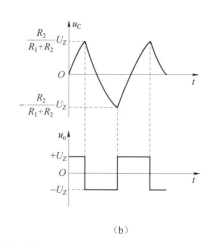

（a）   （b）

图 3-1-18　矩形波发生器

（a）电路图；（b）波形图

矩形波发生器电路是由在迟滞比较器的基础上增加一条 RC 充放电回路构成的。双向稳压管 D_Z 使输出电压的幅度被限制在其稳压值 $\pm U_Z$ 之内。R_1 和 R_2 组成正反馈电路，R_F 和 C 组成负反馈电路，R_3 为限流电阻。接入电源后，由于正反馈的作用，输出电压将迅速达到饱和值 $+U_Z$ 或者 $-U_Z$，因此，运放同相端的电位（即比较器的参考电压）

$$u_+ = u_{R2} = \pm \frac{R_2}{R_1 + R_2} U_Z \tag{3-1-22}$$

电容两端电压 u_C 是加到反相端的电压，u_C 与 u_+ 相比较的结果决定着输出电压 u_o 的极性。设电路某时刻输出达到 $u_o = +U_Z$，则

$$u_+ = u_{R2} = \frac{R_2}{R_1 + R_2} u_o = \frac{R_2}{R_1 + R_2} U_Z \tag{3-1-23}$$

此时若 $u_C < u_{R2}$，u_o 经 R_F 向 C 充电，使 u_C 按指数规律上升。在 C 充电期间，只要 $u_C < u_{R2}$，输出电压就维持 $+U_Z$ 不变，当 u_C 升到大于 $u_{R2} = \frac{R_2}{R_1 + R_2} U_Z$ 时，输出电压突然由 $+U_Z$ 变为 $-U_Z$。相应地，u_{R2} 也变为负值，即 $u_{R2} = -\frac{R_2}{R_1 + R_2} U_Z$。

因 u_o 变为负值，电容 C 将通过 R_F 放电，使 u_C 按指数规律下降，在放电期间，只要 $u_C > u_{R2}$，输出电压就维持 $-U_Z$ 不变，直到 C 被反充电至略低于 $u_{R2} = -\dfrac{R_2}{R_1 + R_2} U_Z$ 时，输出电压便突然由 $-U_Z$ 变为 $+U_Z$。此后，电容又要正向充电，如此周期性地变化下去。电容不断地充电、放电，其端电压 u_C 在 $+\dfrac{R_2}{R_1 + R_2} U_Z$ 与 $-\dfrac{R_2}{R_1 + R_2} U_Z$ 之间变化。当 u_C 充电到 $+\dfrac{R_2}{R_1 + R_2} U_Z$ 时，比较器输出发生负跳变，从 $+U_Z$ 变为 $-U_Z$，而当 u_C 反向充电到 $-\dfrac{R_2}{R_1 + R_2} U_Z$ 时，比较器输出电压发生正跳变，从 $-U_Z$ 变为 $+U_Z$。因此，电容电压 u_C 近似为三角波，而比较器输出 u_o 为矩形波，如图 3-1-18（b）所示。

2. 锯齿波发生器

锯齿波发生器电路如图 3-1-19（a）所示。

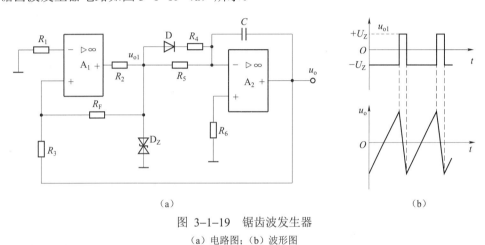

（a）　　　　　　　　　　　　　　（b）

图 3-1-19　锯齿波发生器

（a）电路图；（b）波形图

锯齿波电路是由迟滞比较器 A_1 和反相积分器 A_2 组成的。比较器 A_1 的输入信号就是积分器 A_2 的输出电压 u_o，而比较器 A_1 的输出信号 u_{o1} 加到积分器 A_2 的输入端。比较器 A_1 产生的是矩形波，而积分器 A_2 产生的是锯齿波。锯齿波产生的原理如下：

迟滞比较器 A_1 的输入信号加在运放的同相输入端。输入信号共有两路，一路是自身输出信号的反馈电压，另一路是积分器 A_2 的输出电压。根据叠加原理，A_1 的同相端输入电压为

$$u_+ = \frac{R_3}{R_3 + R_F} u_{o1} + \frac{R_F}{R_3 + R_F} u_o \qquad (3-1-24)$$

式中 u_{o1} 为比较器 A_1 的输出电压，其值等于双向稳压管的稳压值 $\pm U_Z$。

由上式可以看出，u_+ 既受比较器 A_1 输出电压 u_{o1} 的影响，又受积分器 A_2 输出电压 u_o 的影响。当 $u_{o1} = +U_Z$ 时，积分器 A_2 的输入电压为正值，其输出电压 u_o 随时间线性下降，构成锯齿波的后沿。此时二极管 D 因承受正压而导通，R_4 与 R_5 处于并联状态，由于 $R_4 \ll R_5$，其等效电阻很小，积分时间常数很小，使得这一过程持续时间很短。在这一过程中，u_+ 亦随着 u_o 下降。当 u_+ 由正值过零变负时，比较器 A_1 翻转，其输出电压 u_{o1} 由 $+U_Z$ 迅速跃变为 $-U_Z$，此时积分器 A_2 的输出电压也降至最低点。

此后，由于积分器 A_2 的输入电压为负值 $-U_Z$，其输出电压 u_o 随时间线性上升，构成锯齿波

的前沿。由于此时二极管 D 处于截止状态，积分电路中只有 R_5 起作用，积分时间常数较大，这一过程的持续时间也较长。在这一过程中，u_+ 亦随着 u_o 上升。当 u_+ 由负值过零变为正时，比较器翻转，其输出电压 u_{o1} 由$-U_Z$ 迅速跃变为$+U_Z$。此时积分器 A_2 的输出也上升到最高点。

此后，由于 $u_{o1}=+U_Z$，又重复前述过程。如此周期性地变化下去。这样，在比较器 A_1 的输出端产生矩形波，积分器 A_2 的输出端产生锯齿波，如图 3–1–19（b）所示。

任务达标知识点总结

（1）集成运放的符号，如图 3–1–20 所示。

（2）理想运放的技术指标：

① 输出电阻：$r_o=0$。

② 共模抑制比：$K_{CMR}=\infty$。

③ 频带宽度：$BW=\infty$。

④ 开环差模电压放大倍数：$A_{udo}=\infty$。

⑤ 差模输入电阻：$r_{id}=\infty$。

图 3–1–20　集成运放的符号

（3）运放工作状态的判断：负反馈工作于线性区，无反馈或正反馈工作于非线性区。

（4）运放在线性区的两个结论：

① 虚短：$u_+=u_-$ 或 $u_+-u_-=0$。

② 虚断：$i_{id}=(u_+-u_-)/r_{id}=0$ 或 $i_+=i_-=0$。

（5）运放在非线性区的特点：

① $u_o=U_{om}$（$u_+>u_-$时）；

　$u_o=-U_{om}$（$u_+<u_-$时）。

② 虚断：$i_{id}=(u_+-u_-)/r_{id}=0$。

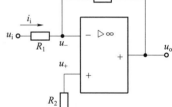

图 3–1–21　反相比例运算电路

（6）反相比例运算放大器电路图，如图 3–1–21 所示。

为提高电路的运算精度，引入平衡电阻 R_2，并使 $R_2=R_1\ /\!/\ R_F$。

（7）反相比例运算公式：

电路的 3 个参数：$A_{uf}=\dfrac{u_o}{u_i}=-\dfrac{R_F}{R_1}$，　$r_i=\dfrac{u_i}{i_i}=R_1$，　$r_o=0$。

（8）若使 $R_F=R_1$，则 $u_o=-u_i$，此时的反相比例运算电路也称为反相器。

（9）同相比例运算电路，如图 3–1–22 所示。

为提高电路的运算精度，引入平衡电阻 R_2，并使 $R_2=R_1\ /\!/\ R_F$。

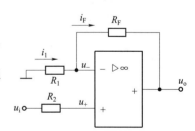

图 3–1–22　同相比例运算电路

（10）同相比例运算公式：

放大电路的 3 个参数：$A_{uf}=\dfrac{u_o}{u_i}=1+\dfrac{R_F}{R_1}$，　$r_i=\dfrac{u_i}{i_i}=\infty$，　$r_o=0$。

（11）若使 $R_1=\infty$（即 R_1 开路或从电路中去掉），或 $R_F=0$（即 R_F 短接），则 $u_o=u_i$，此时的同相比例运算电路也称为电压跟随器。

自我评测

1. 理想集成运放的技术指标有哪些？

2. 什么是"虚短"？　什么是"虚断"？

3. 集成运放工作在线性区和非线性区时各有什么特点？

4. 画出反相和同相比例运算电路，并写出每种电路的运算关系。

5. 根据提供的输出电压与输入电压的关系表达式，画出下列表达式所对应的运算电路（设 $R_F = 20\ \text{k}\Omega$）。

（1）$\dfrac{u_o}{u_i} = -1$ ；（2）$\dfrac{u_o}{u_i} = 1$ ；（3）$\dfrac{u_o}{u_{i1} + u_{i2} + u_{i3}} = -20$ 。

6. 根据图 3-1-23，求出每个电路的输出电压表达式。

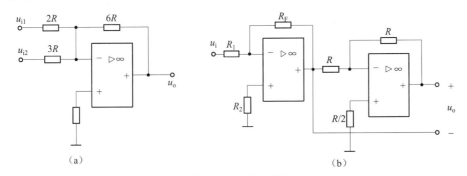

图 3-1-23　题 6 图

7. 在图 3-1-24 中，运放的最大输出电压是 $U_{om} = \pm 15\ \text{V}$，试求：

（1）u_o 与 u_i 的关系。

（2）计算当输入信号分别为 1 mV、−1 mV、100 mV、5 V、−5 V 时，输出电压各为多少？

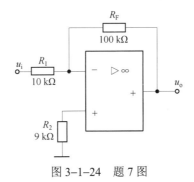

图 3-1-24　题 7 图

项目四

直流稳压电源

 引言

几乎所有的电子设备都需要稳定的直流电源,交流电可以变换成直流电。直流稳压电源从宏观上看,它输入的是交流电,而输出的是稳定的直流电压。这里所说的稳压是指稳定输出的直流电压,也就是当电网电压、负载和环境温度在一定范围内变化时,直流稳压电源都能自动地维持(调节)输出的直流电压基本保持不变。本项目重点介绍直流稳压电源的组成、基本工作原理、集成稳压电路等电源的基本知识。

任务 LM317 输出可调直流稳压电源的制作

任务概述

利用 LM317、二极管、三极管、电容、变压器等元器件制作一个输出可调的集成稳压电源。输出电压可在 3~18 V 内任意调节,带表头指示。

【任务目标】

直流稳压电源制作的任务可分解为以下步骤:

(1)了解全波整流电路的结构和工作原理。

(2)熟悉滤波电路的工作原理与参数计算。

(3)熟悉稳压电路的工作原理。

(4)完成直流稳压电源的制作。

【参考电路】

直流稳压电源电路原理图如图 4-1-1 所示。

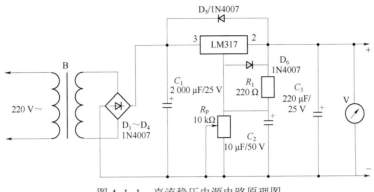

图 4-1-1　直流稳压电源电路原理图

 **知识准备**

知识链接 1　直流稳压电源概述

几乎所有的电子设备都需要稳定的直流电源，直流稳压电源的作用就是把输入的交流电转变成输出端稳定的直流电压。这里所说的稳压是指稳定输出的直流电压，也就是当电网电压、负载和环境温度在一定范围内变化时，直流稳压电源都能自动地维持（调节）输出的直流电压基本保持不变。

直流稳压电源作为直流电能的提供者，它的性能良好与否直接影响整个电子产品的精度、稳定性和可靠性。随着电子技术的日益发展，电源技术也得到了很大的发展，它从过去的一个不太复杂的电子电路变为今天的具有较强功能的电子功能模块，实现电压稳定的方式，也由过去传统的线性稳压发展到今天的开关式稳压，电源技术正从过去附属于其他电子设备的状态逐渐演变为一个电子学科的独立分支。本部分将直流稳压电源分为线性稳压电源和开关电源两个部分，重点介绍线性稳压电源的组成、指标和电路的工作原理，并且介绍应用极广的三端式集成稳压器及其各种典型应用电路。之后，简单介绍开关电源的基本知识，了解它的特点以及与线性电源的主要区别。

（一）直流稳压电源的组成及各部分的作用

1. 直流稳压电源的组成

直流稳压电源的组成框图及各部分的波形图如图 4-1-2 所示，它通常由电源变压器、整流电路、滤波电路和稳压电路四大部分组成。

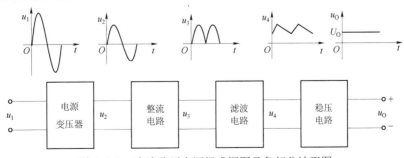

图 4-1-2　直流稳压电源组成框图及各部分波形图

2. 直流稳压电源各部分的作用

1）电源变压器

它的作用就是将电网电压变为（通常是降低）所需要的交流电压，同时还可以起到直流电源与电网的隔离作用，且传输的功率可以很大。小功率交流降压也可以采用电容或电阻，也有一些用电设备，如彩电、计算机中的开关电源，将 220 V 交流电直接整流，而不用变压器。

2）整流电路

它的作用是将交流电压转变为单方向的脉动电压。由于这种电压存在着很大的脉动成分，如果用它直接给负载供电，则由于其纹波的变化，会影响后级负载电路的性能指标，所以，还需进行滤波处理。

3）滤波电路

滤波电路的作用就是尽可能滤掉脉动直流电中的交流分量，使输出电压变得平滑。使之成为一个含交变成分很少的直流电压。

4）稳压电路

尽管经过整流滤波后的直流电压，可以充当某些电子电路的电源，但是其电压的稳定性很差。稳压电路的作用就是当输入电压、负载和环境温度在一定范围内变化时，能自动地维持（调节）其输出的直流电压基本保持不变。另外，稳压电路中通常有保护电路，主要是保护稳压电路中的大功率三极管（调整管）免遭损坏。常用的保护有过流、过压、过热和调整管安全工作区保护等。

文档　知识碎片 线性集成稳压器

（二）直流稳压电源的主要技术指标

直流稳压电源的技术指标共分两类：一类是特性指标，另一类是质量指标。

1. 特性指标

1）最大输出电流 I_{Omax}

它取决于主调整管的最大允许工作电流和变压器的容量，以及二极管的最大整流电流等。

2）输出电压和电压调节范围

这可按照使用对象的要求来确定。对于需要固定电源的设备，其稳压电源的调节范围最好小一些，电压值一旦调好后不再改变。对于输出电压可调电源，其输出范围大都从零伏起调，通常要求调压范围宽些，且连续可调。

3）保护特性

在直流稳压电源中，当负载电流过载或短路时，容易引起调整管的损坏。因此，必须采用快速响应的过流保护电路。此外，当稳压电路出现故障时，输出会出现电压过高的现象，这就会对负载产生危害。因此，还要求有过电压保护电路。

2. 质量指标

稳压电路的输出电压 U_O 会受到输入电压 U_I、负载电流 I_O 和环境温度 T（℃）这三个因素的影响，即

$$U_O = f(U_I, I_O, T) \tag{4-1-1}$$

所以，稳压电源输出电压的变化量的一般表达式可记为

$$\Delta U_O = \frac{\partial U_O}{\partial U_I} \Delta U_I + \frac{\partial U_O}{\partial I_O} \Delta I_O + \frac{\partial U_O}{\partial T} \Delta T \tag{4-1-2}$$

或

$$\Delta U_O = S_u \Delta U_I - R_o \Delta I_O + S_T \Delta T \tag{4-1-3}$$

可见，反映直流稳压电源质量的三项主要指标是 S_u、R_o、S_T，下面分别说明如下。

1）输入调整因数和稳压系数

$$S_u = \frac{\Delta U_O}{\Delta U_I}\bigg|_{\Delta T = 0, \Delta I_O = 0} \tag{4-1-4}$$

将整流滤波后的输出电压的变化量，与输入电压的变化量之比，称为输入电压调整因数。实际上常常用输出电压和输入电压的相对变化量之比来表征电源的稳压性能，称之为稳压系数。按定义可记作

$$S_r = \frac{\Delta U_O / U_O}{\Delta U_I / U_I}\bigg|_{\Delta T = 0, \Delta I_O = 0} \tag{4-1-5}$$

2）输出电阻

在输入电压和温度不变的情况下，输出电压变化量和负载电流变化量之比，定义为输出电阻，记作

$$R_o = -\frac{\Delta U_O}{\Delta I_O}\bigg|_{\Delta T = 0, \Delta U_I = 0} \tag{4-1-6}$$

式中负号表示 ΔU_O 与 ΔI_O 变化方向相反。

3）温度系数

在输入电压和负载电流均不变的情况下，单位温度变化引起的输出电压变化就是稳压电源的温度系数或称温度漂移，记作

$$S_T = \frac{\Delta U_O}{\Delta T}\bigg|_{\Delta I_O = 0, \Delta U_I = 0} \tag{4-1-7}$$

4）纹波电压

在额定工作电流的情况下，输出电压中的交流分量值，称为纹波电压。

对于一个高性能的稳压电源来说，上面所述的 4 项指标，都是越小越好。

5）效率

稳压电源是个换能器，因此，也有能量转换效率的问题。提高效率主要是降低调整管的功耗。

知识链接 2　串联型稳压电路

项目一提到的硅稳压管稳压电路存在两方面的问题：一是稳压值不能随意调节；二是允许负载电流变化不大（即 I_{Omax} 较小）。针对这些不足，人们设计出了串联型稳压电路。

（一）串联型稳压电路的方框图

串联型稳压电路的组成方框图如图 4-1-3 所示，它是由调整管、取样电路、比较放大电路和基准电路（以及保护电路）组成。各部分的作用和配合关系可结合下面的具体电路进行说明。

（二）典型的分立元件串联型稳压电路

1. 电路组成

如图 4-1-4 所示，就是分立元件组成的串联型稳压电路，由于三极管 V_1 是与负载相串联，输出电压 $U_O = U_I - U_{CE1}$，因此称为串联型稳压电路。V_1 起调整输出电压的作用，称之为调整管。V_2 管作为比较放大元件，R_1、R_W、R_2 为取样环节，稳压管电压 U_Z 作为基准电压。

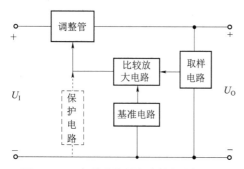

图 4-1-3　串联型稳压电路的组成框图

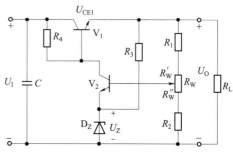

图 4-1-4　串联型稳压电路

2. 工作原理

这个电路的工作原理可分两方面来分析。一是实现输出电压随意可调的原理，二是稳压的原理。输出电压的可调是通过调节电位器 R_W 实现的。设电位器滑动触点的下部分阻值为 R_W''，忽略 U_{BE2} 则有

$$U_O \approx \frac{U_Z}{R_2 + R_W''} \cdot (R_1 + R_W + R_2) \tag{4-1-8}$$

稳压的过程是通过负反馈来实现的。例如，某种变化原因使输出电压 U_O 上升，则负反馈电路能使输出电压的上升受到牵制，因此输出电压就较稳定，上述过程如图 4-1-5 所示。

$$U_O\uparrow \xrightarrow{\text{取样}} U_{\text{取样}}（\text{或} U_{B2}）\uparrow \xrightarrow{\text{比较放大}} U_{B1}\downarrow$$
$$U_O\downarrow$$

图 4-1-5　稳压过程

视频　集成稳压器

动画　串联反馈式稳压电路

知识链接3 线性集成稳压器

随着半导体工艺的发展，稳压电路也制成了集成器件。这类产品的封装只有3个引线端（引脚），即输入端、输出端和公共端，故称为三端稳压器。它的内部设置了过流保护、芯片过热保护及调整管安全工作区保护电路，它具有使用方便、安全可靠、性能稳定和价格低廉等优点，目前得到了广泛的应用，已基本上代替了由分立元件组成的稳压电路。按输出电压来分，可分为：固定式稳压电路，这类器件的输出电压是预先调整好的；可调式稳压电路，这类器件可通过外接元件使输出电压能在较大范围内进行调节。下面介绍这两种常用的器件。

（一）三端固定式稳压器

1. 三端固定式集成稳压器外形及引脚排列

常用三端固定式集成稳压器的外形、引脚排列和电路符号，如图4-1-6所示。

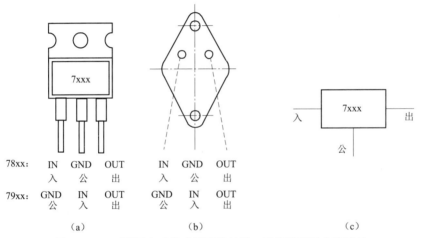

图4-1-6 三端固定式集成稳压器外形、引脚排列及电路符号

（a）塑封形式；（b）金属壳封装；（c）符号图

2. 三端固定式集成稳压器的型号组成及其含义

三端固定式集成稳压器的型号组成及其含义如图4-1-7所示。

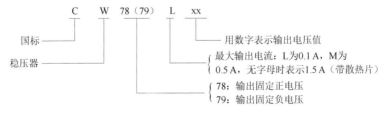

图4-1-7 三端固定式集成稳压器型号组成及其含义

CW78xx系列是三端固定正电压输出的集成稳压器。其输出电压有5 V、6 V、9 V、12 V、15 V、18 V和24 V，共7个挡位，它们型号中后两位数字就表示输出电压值，比如CW7805表示输出电压为5 V，其余类推。这个系列产品的最大输出电流 I_{Omax}=1.5 A。同类型的产品

还有 CW78M00 系列（I_{Omax}=0.5 A）；CW78Lxx 系列（I_{Omax}=0.1 A）；CW78Hxx 系列（I_{Omax}=5 A）和 CW78Pxx 系列（I_{Omax}=10 A）的产品。

与 CW78xx 系列产品对应的负电压输出的集成稳压器是 CW79xx 系列，在输出电压挡位、电流挡位等方面与 CW78xx 的规定都一样。

3. 下面介绍几种实用的电路

图 4-1-8（a）为输出正电压的电路，图 4-1-8（b）为输出负电压的电路，它们的输入电压 U_1 就是整流滤波后的输出电压。其中电容器 C_1 是在输入线较长时用以旁路高频干扰脉冲；C_2 是为了改善输出的瞬态特性并具有消振作用。但当输出电压较高，且 C_2 容量较大时，必须在输入端与输出端之间跨接一个保护二极管 D，否则，一旦输入短路时，C_2 上的电压将通过稳压器内部电路放电，有击穿集成块的可能。接上二极管 D 以后，C_2 可通过 D 放电。此外，还须注意防止稳压器公共接地端开路，因为当接地端断开时，其输出电位接近于不稳定的输入电位，可能使负载过压受损。

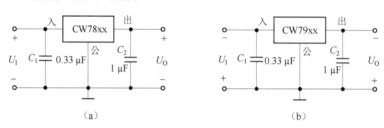

图 4-1-8　三端固定输出的稳压电路

（a）输出固定正电压；（b）输出固定负电压

图 4-1-9 是三端固定输出稳压器 CW7812 的一个具体应用电路，图中 C_1、C_3 是低频滤波电容，可选用 1 000 μF/50 V 左右的电解电容（其容量小了输出电压不稳定），C_2 为高频滤波电容，可选 0.33 μF 或 0.1 μF 的无极性电容。

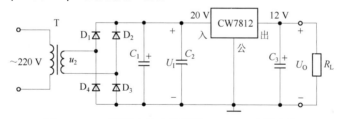

图 4-1-9　三端固定输出稳压器 CW7812 应用电路

当需要同时输出正、负两组电压时，可选用正、负两块稳压器，按图 4-1-10 连接即可。

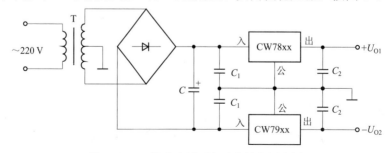

图 4-1-10　输出电压正负对称的稳压电源

（二）三端可调式集成稳压器及其应用

1. 型号组成及含义

可调集成稳压器型号组成及其含义如图 4-1-11 所示。

三端可调稳压器克服了三端固定稳压器输出电压不可调的缺点，继承了三端固定式集成稳压器的诸多优点。

CW317（LM317）是三端可调式正电压输出的稳压器，而 CW337（LM337）则是三端可调式负电压输出的稳压器，器件内部具有限流等保护电路，使用时不会因过载而烧坏。

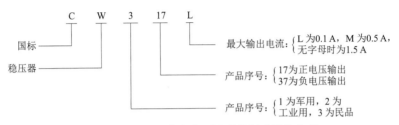

图 4-1-11 可调集成稳压器型号组成及其含义

2. 三端可调稳压器的外形、引脚排列及电路符号

它们的外形如图 4-1-12 所示，同三端固定式稳压器的外形和大功率三极管的外形一样，有输入端（IN）、输出端（OUT）和调节端（ADJ）3 个端，在电路中正常工作时，输出端和调节端之间电压恒等于 1.25 V。

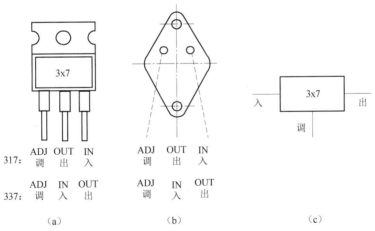

图 4-1-12 三端可调式集成稳压器外形、引脚排列及电路符号

（a）塑封形式；（b）金属壳封装；（c）符号图

3. 基本应用电路

CW317 的基本应用电路如图 4-1-13 所示。

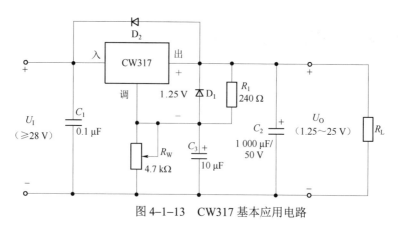

图 4-1-13 CW317 基本应用电路

为了使电路正常工作，它的输出电流应不小于 5 mA，因此可选 R_1 为 240 Ω，即负载开路时稳压器的输出电流为 $\frac{1.25}{240} \approx 5.2$ mA。由于调节端的电流很小（约 50 μA），因此，输出电压为：$U_O \approx 1.25\left(1+\dfrac{R_W}{R_1}\right)$ V，式中 1.25 V 是集成稳压器输出端与调节端之间的固定参考电压 U_{REF}，是由内部电路确定的，R_1 一般取值 120～240 Ω（此值保证稳压器在空载时也能正常工作），调节 R_W 可改变输出电压的大小（R_W 取值视 R_1 和输出电压的大小而确定）。稳压器的输入电压必须是经过整流滤波后的电压，其输入电压的范围为 5～40 V，输出电压可在 1.25～37 V 范围内调整，负载电流可达 1.5 A（需加规定的散热片），电容 C_1 用于高频滤波，电容器 C_2 用作消振和改善输出的瞬态特性，C_3 是为消除 R_W 上的纹波和防止在调压过程中输出电压抖动而设置的。D_1 是防止输出端短路时，C_3 向 CW317 内部电路放电而损坏集成块，D_2 则是防止输入端短路时，C_2 向 CW317 内部电路放电而损坏集成块。

4. 集成稳压器的主要参数

集成稳压器 CW78xx 和 CW317 的主要参数如表 4-1-1 所示。

表 4-1-1　CW78xx 和 CW317 的主要参数

参数 型号	输出电压 U_O/V	最大输出电流 I_{Omax}/A	最大输入电压 U_{Imax}/V	最小输入与输出电压差 $(U_I - U_O)_{min}$/V	电压调整率 S_U	电流调整率 S_I 或输出电阻 R_o
CW78xx	5、6、9、12 15、18、24	1.5	35	2～3	0.1%～0.2%	R_o 30～150 Ω
CW317	1.25～37	1.5	40	2～3	0.01%	S_I　0.3%

文档　知识碎片　线性集成稳压器

知识链接 4　开关型稳压电源

串联型稳压器的调整管工作在输出特性曲线的放大区，处于连续通过负载电流的工作状态，这种连续控制式稳压电源结构简单，输出纹波小，稳压性能好，但它的调整管功耗大，使整个电源的效率较低，一般只有 20%～40%。这是这种稳压器的主要缺点。调整管工作在开关状态下的开关型稳压电源，其效率可提高到 60%～80%，甚至可高达 90% 以上。

开关式稳压器的电路包括三大部分：开关电路、滤波电路和反馈电路，下面简述其工作原理。

开关电路和滤波电路如图 4-1-14 所示。U_I 为经过整流和滤波后的直流电压，开关信号为调整管 V 提供控制信号，当它输出高电平时，V 饱和导通；当它输出低电平时，V 截止。在 V 饱和导通时，输入电压 U_I 经 V 加到 A 点，A 点对地电压等于 U_I（忽略 V 的饱和压降）；在 V 截止时，A 点对地电压为零。用 t_{on} 表示调整管的导通时间，t_{off} 表示调整管的截止时间，则 $t_{on}+t_{off}$ 是调整管的动作周期 T_n（称为开关周期，即开关控制信号的周期）。其中导通时间 t_{on} 与开关周期 T_n 之比定义为占空比 D，即

$$D=\frac{t_{on}}{t_{on}+t_{off}}=\frac{t_{on}}{T_n} \tag{4-1-9}$$

在开关周期 T_n 一定的情况下，调节导通时间 t_{on} 的长短，则可以调节输出平均电压 $U_{O(AV)}$ 的大小

$$U_{O(AV)}\approx DU_I \tag{4-1-10}$$

由此可见，对于一定的 U_I 值，通过调节占空比，即可调节输出电压 $U_{O(AV)}$ 的大小。

调节占空比的方法有两种：一种是固定开关的频率来改变脉冲的宽度 t_{on}，称为脉宽调制型开关电源，用 PWM 表示；另一种是固定脉冲宽度而改变开关周期，称为脉冲频率调制型开关电源，用 PFM 表示。为了减少输出电压的纹波，在开关电路的基础上，再增加 LC 滤波电路，图中还接入了二极管 D 起续流作用。先考察 u_A 的波形，当 V 饱和导通时，$u_A=U_I$，此时，二极管 D 受反向电压而截止，负载中有电流流过；当 V 截止时，滤波电感 L 中将产生自感电动势，其方向是右正左负，在此自感电动势作用下，二极管 D 导通，使滤波电感中的电流通过 D 构成通路，因此 R_L 中继续流过电流，这样的二极管通常称为续流二极管。此二极管导通时，如果忽略该管的导通压降，则 A 点电压近似为零。由此可见，在控制信号作用下，工作在开关状态的调整管使输入直流电压间断地加于 A 点和地之间，u_A 的波形如图 4-1-14（b）的上图所示。

u_A 中除直流分量外，还有许多高次谐波分量。由于电感 L 的直流电阻很小，电容 C 对直流分量无分流，使负载 R_L 上的直流分量接近 u_A 中的直流分量，即 $U_O\approx DU_I$。由于电感 L 对交流分量衰减很大（交流分量大部分降落在电感上），以及电容 C 对交流的旁路，使负载 R_L 上的交流分量很小，这就是输出电压中的纹波电压，其大小与电路参数 L、C 以及开关频率 $f_n\left(f_n=\frac{1}{T_n}\right)$ 的数值有关，L、C 值越大，f_n 越高，则滤波作用越好，纹波电压越小。常用开关频率在 10～100 kHz 范围，频率越高，需要使用的 L、C 值越小。这样，稳压器的体积和重量将会越小，成本也随之降低。另外，开关频率的增加将使调整管单位时间内转换的次数

增加，使调整管的功耗增加，而效率会降低。

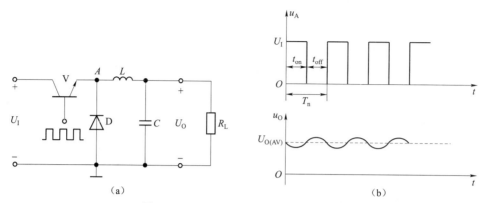

图 4-1-14　开关电路、滤波电路和波形

（a）开关电路、滤波电路；（b）波形

　　实际上，电源都存在内阻。开关电路的输出电压 U_O 亦是随 U_I 和 R_L 的变化而变化的，为了达到稳压目的，电路中还应有反馈控制电路，自动调节使 U_O 基本稳定。

　　由上可知，调整管工作在开关状态，导通时，虽然电流可能很大，但管压降为饱和压降，其值很小，因此功耗很小；截止时，虽然管压降很大接近 U_I，但电流却接近于零，因此功耗也很小，所以电路的输出功率接近于输入功率，电路的效率显著提高，特别适合要求整机体积和重量都较小的电子设备。例如，电子计算机电源和电视机电源，现在都采用开关式稳压电源。

🔄 任务实施

（一）电路原理图及原理分析

　　直流稳压电源电路原理图如图 4-1-15 所示。

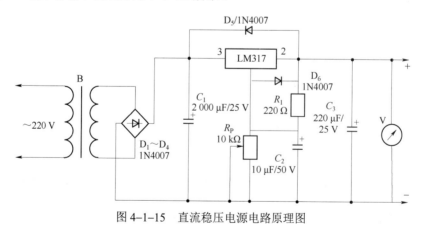

图 4-1-15　直流稳压电源电路原理图

　　（1）变压器为 3 V·A 变压器，初级绕组输入电压有效值为 220 V，二次绕组输出电压有效值为 9 V，后接由 4 只 1N4007 二极管组成的桥式整流电路。

（2）电容 C_1 用于高频滤波，电容两端电压约为 10.8 V。

（3）LM317 输出电压可根据公式 $U_O = 1.25\left(1 + \dfrac{R_P}{R_1}\right)$ V 进行计算。

（4）C_3 用作消振和改善输出的瞬态特性。

（5）C_2 是为消除 R_P 上的纹波和防止在调压过程中输出电压抖动而设置的。

（6）D_5 则是防止输入端短路时，C_3 向 LW317 内部电路放电而损坏集成块。

（二）元器件识别与检测

1. 电阻、电位器的识别与检测

（1）测试 R_1 是否合格，标称阻值为 220 Ω，标准偏差为 ±5%。

（2）测试 R_P 是否合格，标称阻值为 10 kΩ，0～10 kΩ 连续变化，标准偏差为 ±5%。

2. 二极管的识别

（1）型号是否对应，其型号标于二极管体上，为 1N007。

（2）阳极与阴极的区分，有色带端为阴极。

3. 电解电容的识别

（1）电容的容量、耐压值标于电容体上，检查是否正确。

（2）引脚长者为正极，短者为负极；如引脚已经剪切，则带负号色带一端为负极。

4. LM317 引脚识别

LM317 引脚识别见前述内容。

5. 其他器件识别

变压器、电位器旋钮帽（白色）、4 根连接导线（2 粗、2 细）、电源插座。

（三）产品装配

1. 装配顺序

① 电路板（先安装低位元件再安装高位元件）；

② 电压表头配线；

③ 变压器原边配线；

④ 变压器副边配线；

⑤ 固定变压器；

⑥ 固定线路板；

⑦ 安装电位器旋转帽；

⑧ 上底安装板。

2. 装配注意事项

（1）电路原理图符号与电路板上符号应一一对应。

（2）注意变压器的原副边的位置与安装位置，原边在外便于 220 V 的输入，副边在里便于与电路板连接。

（3）注意电路板的安装位置。

（4）检查电烙铁是否正常工作，烙铁头是否平滑。

（四）组织实训

（1）学生开始装配，教师巡查辅导，并进行答疑。

（2）测试设备性能。

① 将电位器调制最低端，慢慢调整，并观察电压表头是否具备稳定输出，记录其电压变化范围。

② 测量整流、滤波后的电压值或波形。

（3）小组测试完毕后，老师检查，进行本次考核及成绩评定。

（五）总结

总结测试环节存在的问题并进行讲解，对本次实训结果进行公布。

知识拓展

正弦波振荡电路

正弦波和非正弦波常常作为信号源，被广泛地应用于无线电通信、自动测量和自动控制等系统中。振荡器的特点是在没有输入信号的条件下，能自动输出交流信号。振荡器实质上是一种正反馈放大器，它把直流电源能量转化成交流振荡能量。这里主要讨论正弦波振荡电路。首先从产生正弦波振荡的条件出发，讨论正弦波振荡电路的基本原理，然后介绍几种典型的 RC、LC 振荡电路和由石英晶体组成的正弦波振荡电路。

正弦波振荡电路是用来产生一定频率和幅度的正弦交流信号的。其频率范围很广，可以从零点几赫兹到几百兆赫兹以上；输出功率可以从几毫瓦到几十千瓦。

当放大电路中的反馈满足一定条件时，电路就会产生自激振荡。在放大电路中，自激是非正常工作状态，必须设法消除它。而这里讨论的振荡电路，正是利用自激振荡产生正弦波。

一、正弦波振荡器的基本原理

（一）平衡振荡的条件

在图 4-1-16 中，$\dot{A}$ 是放大电路，$\dot{F}$ 是反馈网络。当将开关 S 合在端点 1 上时，就是一般的交流放大电路。在放大电路的输入端加上一个正弦波电压，则产生输出电压。如果将输出信号 $\dot{U}_o$ 反馈到输入端，反馈电压为 $\dot{U}_f$，并设法使 $\dot{U}_f$ 与 $\dot{U}_i$ 大小相等，相位相同，则反馈电压 $\dot{U}_f$ 就可以取代外加输入电压 $\dot{U}_i$。此时，将开关合在端点 2 上，去掉信号源而接上反馈电压，输出电压仍保持不变。这样在放大电路的输入端不外接信号的情况下，输出端仍有一定频率和幅度的正弦波信号输出，这样就形成自激振荡。振荡电路的输入信号是从自己的输出端反馈回来的反馈电压，即

$$\dot{U}_i = \dot{U}_f$$

因为

$$\dot{U}_f = \dot{F}\dot{U}_o = \dot{F}\dot{A}\dot{U}_i = \dot{U}_i$$

则 $\qquad\qquad\qquad |\dot{A}\dot{F}|=1$ $\qquad\qquad$ （4-1-11）

式（4-1-11）就是振荡的平衡条件，它包括相位平衡条件和幅度平衡条件。两者缺一不可。

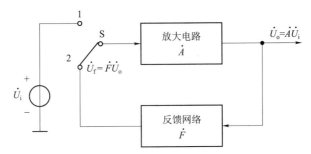

图 4-1-16　正弦波振荡电路的方框图

1. 相位平衡条件

$$\arctan(\dot{A}\dot{F})=\varphi_{A}+\varphi_{F}=\pm 2n\pi \quad (n=0,1,2\cdots) \qquad （4-1-12）$$

式中 φ_{A}、φ_{F} 分别为 $\dot{A}$ 和 $\dot{F}$ 的相位角。式（4-1-12）说明，反馈电压 $\dot{U}_{f}$ 和输入电压 $\dot{U}_{i}$ 要同相，也就是必须是正反馈。因此，反馈电路连接必须正确，否则不能产生振荡。

2. 幅度平衡条件

$$|\dot{A}\dot{F}|=1 \qquad\qquad （4-1-13）$$

式（4-1-13）说明要有足够的反馈量，当 $|\dot{A}\dot{F}|=1$ 时，反馈电压的幅度等于输入电压的幅度，若反馈电压幅度小于输入电压的幅度，则不能振荡。

（二）正弦波振荡电路的起振条件

幅度平衡条件 $|\dot{A}\dot{F}|=1$，是表示振荡电路已经达到稳幅振荡时的情况。但满足 $|\dot{A}\dot{F}|=1$ 的平衡条件并不能使电路起振。只有在 $|\dot{A}\dot{F}|>1$ 的情况下，经过环路由小到大的放大，逐步建立起稳定的振荡。而最初的信号，来自电路接通电源时电压或电流的冲击，冲击信号中包含有无数广的频率分量，其中包括电路的振荡频率信号，通过选频网络的作用，把这个特定的频率信号选出来，把其他频率分量抑制掉。因此，正弦波振荡电路要起振，必须满足 $|\dot{A}\dot{F}|>1$ 的起振条件（也是增幅振荡的条件）。

电路起振后，振荡幅度逐渐增大，但幅度不会无限地增大，当信号幅度增大到一定程度时，通过稳幅环节的作用，电压放大倍数 $|\dot{A}|$ 将降低，最后达到 $|\dot{A}\dot{F}|=1$ 时，振荡幅度便不再继续增大，振荡电路便自动稳定在某一振荡幅度上。从 $|\dot{A}\dot{F}|>1$ 到 $|\dot{A}\dot{F}|=1$，这是自激振荡建立的过程。

（三）正弦波振荡电路的组成与分类

1. 正弦波振荡电路的组成

从上面的分析可知，正弦波振荡电路是由放大电路和正反馈网络组成的。此外，为了得到单一频率的正弦波，并且使振荡电路稳定工作，电路中还应包含选频网络和稳幅环节。

选频网络的功能是从很宽的频率信号中选择出单一频率的信号送到放大器的输入端，而将其他频率的信号进行衰减。常用的有 RC 选频网络、LC 选频网络和石英晶体选频网络等。

选频网络可以单独存在，也可以和放大电路或反馈网络结合在一起。振荡器的振荡频率由选频网络的参数决定。

稳幅环节的作用有两个：一是完成起振时 $|\dot{A}\dot{F}| > 1$ 到平衡时 $|\dot{A}\dot{F}| = 1$ 的自动转换，二是稳定输出电压振荡的幅度，抑制振荡中产生的谐波。稳幅环节一般是靠放大电路中的非线性元件来实现的，它是振荡电路中不可缺少的部分。

2. 正弦波振荡电路的分类

根据选频网络所选用的元件不同，正弦波振荡电路一般分为三种类型。

（1）RC 振荡电路：选频网络由 R、C 元件组成，常用于低频振荡。

（2）LC 振荡电路：选频网络由 L、C 元件组成。根据选频网络的结构和 L、C 的连接形式不同，又分为变压器反馈式、电感三点式和电容三点式等。LC 振荡电路的工作频率较高，一般在几十 kHz 以上。它们可以直接输出较大的功率，放大器可以工作在非线性区，常用于高频电子电路或设备中。

（3）石英晶体振荡电路：选频网络为石英晶体，根据石英晶体的工作状态和连接形式不同，它可以分为并联式和串联式两种石英晶体振荡电路。石英晶体振荡电路的工作频率一般在几十 kHz 以上，它的频率稳定度很高，多用于时基电路和测量设备中。

二、RC 正弦波振荡电路

RC 正弦波振荡电路用来产生较低频率的正弦波信号，常用的 RC 正弦波振荡电路有文氏桥式、移相式和双 T 式三种振荡电路。这里讨论常用的 RC 文氏桥式振荡电路。

（一）RC 串并联网络的选频特性

图 4-1-17 是 RC 文氏桥式振荡器电路，它由两部分组成：放大电路和选频网络。集成运放与 R_F 和 R' 引入的负反馈支路组成同相放大电路，R_1、C_1 和 R_2、C_2 组成的串并联网络为正反馈网络并兼作选频网络。由图可见，串并联网络中的 R_1、C_1 和 R_2、C_2 以及负反馈支路中的 R_F 和 R'，正好组成电桥的四个臂，把这样的电路称为 RC 文氏桥式振荡电路。下面讨论 RC 串并联网络的频率特性。

如图 4-1-18 所示，对 R_1、C_1、R_2、C_2 组成的选频电路来说，$\dot{U}$ 是输入电压（图 4-1-17 中的 $\dot{U}_o$），而 $\dot{U}_f$ 则是输出电压（图 4-1-18 中的 $\dot{U}_+$）。如果取 $R_1 = R_2 = R$，$C_1 = C_2 = C$，则

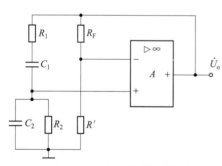

图 4-1-17　RC 文氏桥式振荡器电路

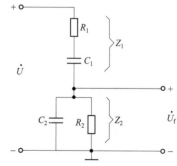

图 4-1-18　RC 串并联选频网络

$$\dot{F} = \frac{\dot{U}_f}{\dot{U}} = \frac{Z_2}{Z_1 + Z_2} = \frac{\dfrac{R}{1 + j\omega RC}}{R + \dfrac{1}{j\omega C} + \dfrac{R}{1 + j\omega RC}} = \frac{1}{3 + j\left(\omega RC - \dfrac{1}{\omega RC}\right)}$$

令 $\omega_0 = \dfrac{1}{RC}$，则上式变为

$$\dot{F} = \frac{1}{3 + j\left(\dfrac{\omega}{\omega_0} - \dfrac{\omega_0}{\omega}\right)} \tag{4-1-14}$$

幅频特性为

$$|\dot{F}| = \frac{1}{\sqrt{3^2 + \left(\dfrac{\omega}{\omega_0} - \dfrac{\omega_0}{\omega}\right)^2}} \tag{4-1-15}$$

相频特性为

$$\varphi_F = -\arctan\left[\frac{\dfrac{\omega}{\omega_0} - \dfrac{\omega_0}{\omega}}{3}\right] \tag{4-1-16}$$

由式（4-1-15）可知，当 $\omega = \omega_0 = \dfrac{1}{RC}$ 时，$\dot{F}$ 的幅值最大，最大值为

$$|\dot{F}|_{max} = \frac{1}{3} \tag{4-1-17}$$

$\dot{F}$ 的相位角为零

$$\varphi_F = 0 \tag{4-1-18}$$

这就是说，当 $\dot{U}$ 的数值一定，$\omega = \omega_0 = \dfrac{1}{RC}$ 时，RC 串并联选频网络输出电压的幅值最大，其最大值为输入电压的 $\dfrac{1}{3}$，同时输出电压与输入电压同相。RC 串并联选频网络的幅频特性和相频特性分别示于图 4-1-19（a）、（b）中。

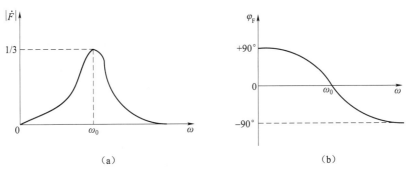

（a）　　　　　　　　　　　　　　（b）

图 4-1-19　RC 串并联选频网络的频率特性

（a）幅频特性；（b）相频特性

（二）RC 桥式振荡电路的工作原理

1. 起振条件及振荡频率

由图 4–1–17 所示的 RC 桥式振荡电路可见，放大电路的输出电压 $\dot{U}_o$ 与输入电压 $\dot{U}_+$ 同相，工作于中频时，$\varphi_A = 0$。放大电路的输入电压为 RC 选频网络的输出电压 $\dot{U}_f$，它是输出电压 $\dot{U}_o$ 的一部分。当 $f = f_0 = \dfrac{1}{2\pi RC}$ 时，$\dot{U}_f$ 与 $\dot{U}_o$ 同相，即 $\varphi_F = 0$，这样，$\varphi_A + \varphi_F = \pm 2n\pi = 0$，满足相位平衡条件。而对其他频率成分，不满足相位平衡条件。同时，在该频率上，反馈电压 $\dot{U}_f$ 具有最大值，反馈最强。因此，该电路的自激振荡频率只能为 f_0。这就保证了电路的输出为单一频率的正弦波。

为了满足起振的幅度平衡条件，还要求 $|\dot{A}\dot{F}| > 1$。

因为 $f = f_0 = \dfrac{1}{2\pi RC}$ 时，$|\dot{F}| = \dfrac{1}{3}$，由 $|\dot{A}\dot{F}| = \dfrac{1}{3}|\dot{A}| > 1$，得 $A > 3$。

因同相比例电路的电压放大倍数为

$$A = 1 + \frac{R_F}{R'}$$

由 $A > 3$ 可获得电路的起振条件为

$$R_F > 2R' \tag{4–1–19}$$

振荡频率为

$$f_0 = \frac{1}{2\pi RC} \tag{4–1–20}$$

最初频率为 f_0 信号的来源：来自接通电源的瞬间 u_o 的冲击信号或噪声信号，u_o 的冲击信号或噪声信号中，包含有很广的频率分量，其中含有频率 $f = f_0$ 的分量，这个特定的频率分量 f_0，满足起振的相位条件和幅值条件，所以它的幅值会由小到大，逐渐增强，使电路振荡在这个特定的频率 f_0 上，而频率 $f \neq f_0$ 的其他频率信号，因不满足起振的幅值条件和相位条件而很快被抑制掉（本电路中，由 RC 选频电路的特性知，当 $f \neq f_0$ 时，$|\dot{F}| < \dfrac{1}{3}$，$\varphi_F \neq 0$）。

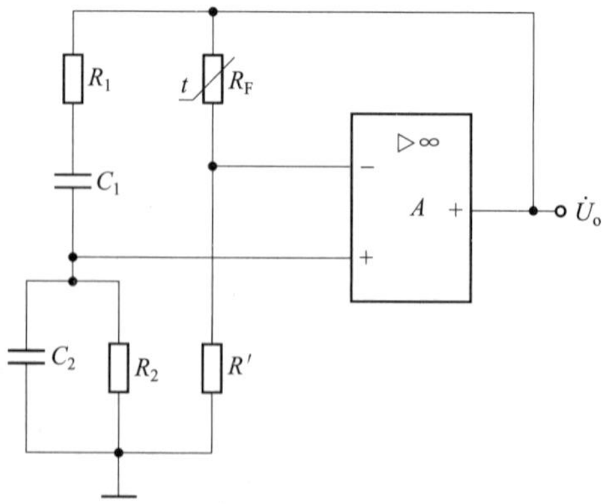

另外，R_F 引入的是电压串联负反馈，它能够提高输入电阻，同时使输出电阻减小，可以提高输出端的带负载能力。还可以提高振荡电路的稳定性和改善输出电压的波形（使其更接近正弦波）。

2. 稳幅措施

由于电源电压的波动，电路参数的变化，负载的变化和环境温度的变化，将使输出幅度不稳定。为此，常采用非线性热敏元件来稳幅，图 4–1–20 是用热敏电阻进行稳幅的 RC 桥式振荡电路。

当 R_F 采用负温度系数的热敏电阻，R' 为普通电

图 4–1–20　热敏电阻稳幅的 RC
文氏桥式振荡电路

阻时，其稳幅过程是：若输出电压幅度增加时，流过电阻 R_F 的电流增大，从而使 R_F 的温度升高，电阻 R_F 阻值减小，负反馈加强，使输出幅度下降，从而保持输出幅度几乎不变。

3. 振荡频率的调节

由式（4–1–20）可知，RC 串并联网络正弦波振荡电路的振荡频率为 $f_0 = \dfrac{1}{2\pi RC}$，因此，只要改变电阻 R 或电容 C 的值，即可调节振荡频率。例如，在 RC 串并联网络中，利用波段开关换接不同容量的电容对振荡频率进行粗调，利用同轴电位器对振荡频率进行细调，如图 4–1–21 所示。采用这种办法可以很方便地在一个比较宽广的范围内对振荡频率进行连续调节。

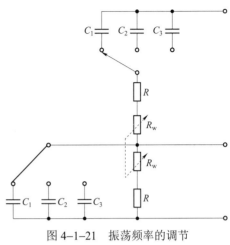

图 4–1–21 振荡频率的调节

三、LC 振荡电路

LC 正弦波振荡电路的选频网络，是由电感和电容组成的。根据反馈形式的不同，又分为变压器、电感三点式和电容三点式三种典型电路。三种电路的共同特点是采用 LC 谐振回路作选频网络，可产生几十 MHz 以上的正弦波信号。在开始讨论 LC 振荡电路之前，首先回顾一下有关 LC 并联电路的主要特性。

（一）LC 并联谐振回路的选频特性

图 4–1–22 所示电路是一个 LC 并联电路，R 表示回路的总等效损耗电阻，其值一般很小。电路的等效阻抗为

$$Z = \frac{\frac{1}{j\omega C} \cdot (R + j\omega L)}{\frac{1}{j\omega C} + R + j\omega L} \approx \frac{\frac{L}{C}}{R + j\left(\omega L - \frac{1}{\omega C}\right)} \quad （一般\ R \ll \omega L） \qquad （4-1-21）$$

对于某个特定频率 ω_0 可满足 $\omega_0 L = \dfrac{1}{\omega_0 C}$，即 $\omega_0 = \dfrac{1}{\sqrt{LC}}$，或

$$f_0 = \frac{1}{2\pi\sqrt{LC}} \qquad （4-1-22）$$

此时，电路产生并联谐振，f_0 叫作谐振频率。谐振时，Z 呈纯电阻性质，且达到最大值，用 Z_0 表示。

$$Z_0 \approx \frac{L}{RC} = \frac{Q}{\omega_0 C} = Q\omega_0 L$$

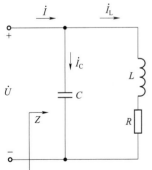

图 4–1–22 LC 并联电路

式中

$$Q = \frac{\omega_0 L}{R} = \frac{1}{R\omega_0 C} = \frac{1}{R}\sqrt{\frac{L}{C}}$$

Q 为谐振回路的品质因数，是 LC 电路的一项重要指标，一般谐振电路的 Q 值为几十到

几百。在谐振频率附近，即当 $\omega \approx \omega_0$ 时，式（4-1-21）可近似表示为

$$Z \approx \frac{Z_0}{1 + jQ\left(1 - \dfrac{\omega_0^2}{\omega^2}\right)}$$

因此可以画出不同的 Q 时，LC 并联电路的幅频特性和相频特性如图 4-1-23 所示。

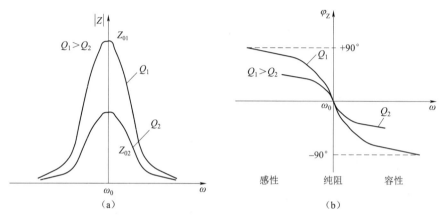

图 4-1-23　LC 并联电路的幅频特性和相频特性

（a）幅频特性；（b）相频特性

谐振时，LC 并联电路的输入电流为

$$|\dot{I}| = \frac{\dot{U}}{Z_0} \approx \frac{\dot{U}}{Q\omega_0 L} = \frac{\dot{U}\omega_0 C}{Q}$$

而流过电容和电感的电流为 $|\dot{I}_C| \approx |\dot{I}_L| \approx \dfrac{\dot{U}}{\omega_0 L} = \dot{U}\omega_0 C \approx Q|\dot{i}|$，通常，$Q \gg 1$，所以由以上的分析可得出并联谐振的特点：

（1）$\dot{U}$ 与 $\dot{i}$ 同相，总阻抗呈纯电阻性质，且阻抗最大，此时阻抗 $Z_0 \approx \dfrac{L}{RC}$。

（2）阻抗 Z_0 近似为感抗和容抗的 Q 倍，即 $Z_0 \approx Q(\omega_0 L) = Q\left(\dfrac{1}{\omega_0 C}\right)$。

（3）支路电流近似为输入电流的 Q 倍，即 $\dot{I}_L \approx -\dot{I}_C = -jQ\dot{i}$。

（4）LC 并联回路具有良好的选频特性，Q 值越高，则幅频特性越尖锐，选频特性越好。

（二）变压器反馈式 *LC* 振荡电路

1. 电路组成

图 4-1-24 是变压器反馈式 LC 振荡器的基本电路，它由放大电路、变压器反馈电路和选频电路三部分组成。图中电感 L 与电容 C 组成选频电路，N_2 是反馈线圈的匝数，另一个线圈 N_3 与负载相连。图中的"●"表示线圈的同名端。

首先分析电路的相位平衡条件。假如在图 4-1-24 中的 a 点断开，向放大电路输入端加入

信号 $\dot{U}_i$，极性用 ⊕ 表示，由于共射极放大电路的发射极和集电极相位相反，故 c 点相位可以用 ⊖ 表示。根据变压器 N_1 和 N_2 绕组同名端的设置，N_2 绕组又引入180°的相位移，反馈电压 $\dot{U}_f$ 的相位与 $\dot{U}_c$ 的相位相反，用 ⊕ 表示，则 $\dot{U}_f$ 与 $\dot{U}_i$ 同相，电路满足正反馈的相位平衡条件。只要放大电路的放大倍数足够大，便能够产生正弦波振荡。

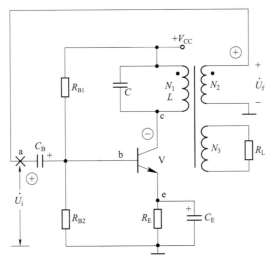

图 4-1-24　变压器反馈式 LC 振荡电路

2. 振荡频率和起振条件

变压器反馈式 LC 振荡电路具有良好的选频特性，它只能在某一频率下产生自激振荡，因而可以输出正弦波信号。在 LC 并联回路中，信号频率低时呈感抗，频率越低，总阻抗值越小；信号频率高时呈容抗，频率越高，总阻抗值也越小。只有在中间某一频率 f_0 时，总阻抗呈纯阻性且总等效阻抗值最大，放大电路的电压放大倍数最大。因此，LC 并联回路在信号频率为 f_0 时发生并联谐振，谐振频率为

$$f_0 = \frac{1}{2\pi\sqrt{LC}}$$

当将振荡电路与电源接通时，在集电极电路中可产生一个电流的冲击。它一般不是正弦量，但它包含一系列频率不同的正弦分量，其中总会有与谐振频率相等的分量。谐振回路对频率为 f_0 的分量发生并联谐振，即对 f_0 这个频率的信号来说，正反馈电压 U_f 的值最大，该值加到放大器的基极被放大，只要再满足起振的幅值条件，则输出更大的电压，然后再反馈、再放大，最终产生恒定幅度的正弦波。对于其他频率的分量，不能发生并联谐振，不满足起振的相位条件和幅值条件而被抑制掉，这样就达到了选频的目的，在输出端得到的只是频率为 f_0 的正弦波信号。而输出波形的稳幅，是靠三极管的非线性来实现的，随着振荡的增强，三极管的部分时间会进入截止区，放大器的放大倍数会自动减小。当改变 LC 电路的参数 L 或 C（通常是改变电容）时，即可调节输出信号的频率。

只要电路的接线正确，则 LC 振荡电路很容易起振。若不能起振，一般是相位平衡条件不满足，很有可能是电路中 N_2 绕组的极性接反了，调换一下位置有时就起振了。

（三）三点式 *LC* 振荡电路

除变压器反馈式 *LC* 振荡电路之外，还有电感三点式和电容三点式 *LC* 振荡电路，下面分别进行讨论。

1. 电感三点式 *LC* 振荡电路

电感三点式 *LC* 振荡电路如图 4-1-25 所示。

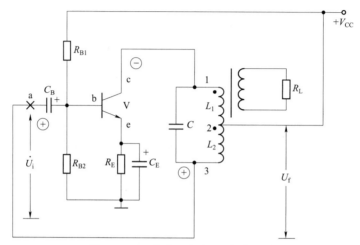

图 4-1-25　电感三点式 *LC* 振荡电路

与图 4-1-24 相比，只是用一个带抽头的电感线圈代替反馈变压器。在交流通路中，电感线圈的三个接线端分别同晶体管的三个电极相连，因此称电感三点式振荡电路。因 C_E 对交流都可视为短路，V_{CC} 在交流电路中可视为接地，3 端接三极管的基极，2 端接三极管的射极（接地），1 端接三极管的集电极。反馈线圈 L_2 是电感线圈的一段，通过它把反馈电压 U_f 送到输入端，这样可以实现反馈。反馈电压的大小可通过改变抽头的位置来调整。下面分析一下电路的相位平衡条件。

假如在图 4-1-25 中的 a 点断开，向放大电路输入端加入信号 u_i，极性用 ⊕ 表示，由于谐振时 *LC* 并联回路的阻抗为纯阻性，因此集电极与基极相位相反，故 c 点极性用 ⊖ 表示，即 $\varphi_A = -180°$，而 L_2 上的反馈电压 u_f 的极性与 c 点极性相反，即 $\varphi_F = 180°$，则 u_f 和 u_i 同相，电路满足相位平衡条件，若再满足起振的幅值条件，电路便能够产生正弦波振荡。

如前所述，当谐振回路的 Q 值很高时，振荡频率基本上等于 *LC* 回路的谐振频率，因此，电感三点式振荡电路的振荡频率为

$$f_0 = \frac{1}{2\pi\sqrt{LC}} = \frac{1}{2\pi\sqrt{(L_1 + L_2 + 2M)C}} \tag{4-1-23}$$

式中，M 为线圈 L_1 和 L_2 之间的互感。

该电路通常由改变电容 C 来调节振荡频率，调节频率非常方便，它一般用于产生几十 MHz 以下的频率信号。由于反馈电压取自电感 L_2，而电感对高次谐波的阻抗较大，不能将高次谐波短路掉，因此输出波形中含有较大的高次谐波，波形较差，且频率稳定度不高。

2. 电容三点式 *LC* 振荡电路

电容三点式 *LC* 振荡电路如图 4-1-26 所示。在交流通路中，三极管的三个电极分别与回路电容 C_1 和 C_2 的三个端点相连，故称电容三点式振荡电路。反馈电压从 C_2 上取出，这种连接可保证实现正反馈（请读者自行分析）。电容三点式 *LC* 振荡电路的振荡频率为

$$f_0 = \frac{1}{2\pi\sqrt{LC}} = \frac{1}{2\pi\sqrt{L\dfrac{C_1 C_2}{C_1 + C_2}}} \tag{4-1-24}$$

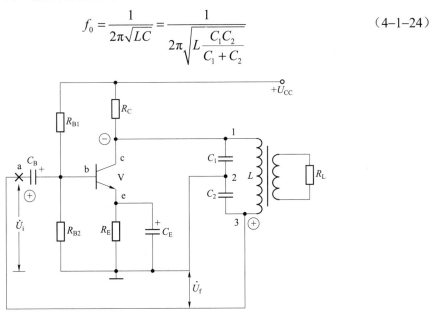

图 4-1-26　电容三点式 *LC* 振荡电路

电容 C_1 和 C_2 的容量一般较小，故振荡频率一般可达 100 MHz 以上。由于反馈电压取自电容 C_2，而电容对高次谐波的阻抗较小，因此反馈电压中的谐波分量很小，输出波形较好。该电路调节振荡频率时，要同时改变 C_1 和 C_2，显得很不方便。可通过与线圈 L 再串联一个容量较小的可变电容 C_3 来调节振荡频率，图 4-1-27 为电容三点式改进电路，振荡频率为

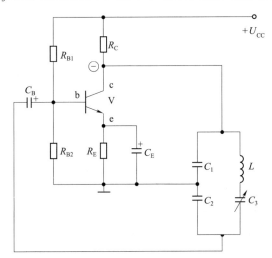

图 4-1-27　电容三点式改进电路

$$f_0 = \frac{1}{2\pi\sqrt{LC}} = \frac{1}{2\pi\sqrt{L\dfrac{1}{\dfrac{1}{C_1} + \dfrac{1}{C_2} + \dfrac{1}{C_3}}}} \tag{4-1-25}$$

其中，在选择电容参数时，一般取 C_1 和 C_2 的容量较大以掩盖极间电容变化的影响，而使串联在 L 支路中的 C_3 值较小，即 $C_3 \ll C_1$，$C_3 \ll C_2$，则在式（4-1-25）中可将 C_1 和 C_2 忽略，此时振荡频率可近似地表示为

$$f_0 \approx \frac{1}{2\pi\sqrt{LC_3}}$$

由于振荡频率 f_0 只取决于 L 和 C_3 的值，而与 C_1 和 C_2 关系很小，所以当三极管的极间电容改变时，对 f_0 的影响也就很小。这种电路的频率稳定度（$\Delta f/f_0$）可达 $10^{-4} \sim 10^{-5}$。

3. LC 振荡电路的特点

（1）LC 正弦波振荡电路主要依靠 LC 并联回路作选频网络，当频率 $f = f_0$ 时产生谐振。

（2）LC 正弦波振荡电路的工作频率一般高于几十 kHz，用于产生较高频率的正弦波信号。

（3）电感三点式振荡电路频率调节方便，但该电路输出中有较大的高次谐波，输出波形较差。而电容三点式 LC 振荡电路高次谐波分量较小，输出波形较好。

【**例 4-1-1**】请检查图 4-1-28（a）所示的 LC 振荡电路有没有错误？如有，请改正。

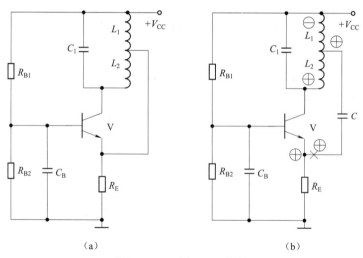

图 4-1-28　例 4-1-1 用图

（a）判断 LC 振荡电路有无错误；（b）改正电路

解： 一般情况下，讨论电路能否振荡，应先考虑相位平衡条件，在满足相位平衡条件的前提下，幅度平衡条件很容易满足。

图示电路为电感三点式电路，放大电路为共基极组态。采用瞬时极性法分析的结果示于图 4-1-28（b）中，反馈电压为 L_1 上的电压（即中间点对地电压），在反馈点"×"处加入信号 u_i，即三极管发射极为 $\oplus$，于是集电极同样为 $\oplus$，经电感 L_1 馈送回发射极的极性为 $\oplus$，满足相位平衡条件。但考虑到电感对直流信号相当于短路，故图 4-1-28（a）中三极管发射极电位 V_E 等于电源电压 V_{CC}，这样三极管便不能正常工作，因此在图 4-1-28（b）中三极管发

射极和电感之间接一隔直电容 C，以实现隔离直流量并使交流信号能顺利通过的目的。

4. 振荡频率的稳定

在实用电路中，常常要求振荡器有稳定的振荡频率，即要求频率稳定度 $\Delta f / f_0$ 的值要小。

引起振荡频率不稳定的原因有选频网络的参数（LC 或 RC）随时间和温度等因素而变化，晶体管参数的不稳定和负载的变化等。

为了得到稳定的振荡频率，除了选用高质量的选频网络元件，采用直流稳压电源以及恒温等措施以外，还应着重指出的是，提高谐振回路的品质因数 Q 的值，可以有效地改善频率稳定性。

通过前面的介绍已知，LC 谐振回路的品质因数 Q 的大小对 LC 振荡电路的性能影响很大。由图 4-1-23 可见，Q 值越大，LC 并联电路的幅频特性曲线越尖锐，即选频特性越好；同时，相频特性在 ω_0 附近也越陡，即对应于同样的相位变化量 $\Delta\varphi_Z$ 来说，角频率的相对变化量 $\Delta\omega/\omega_0$ 越小，说明频率的稳定度越高。而

$$Q = \frac{1}{R}\sqrt{\frac{L}{C}}$$

可见，为了提高 Q 值，必须减小回路的总损耗电阻 R，并适当减小 C 和增大 L 的值。

实践表明，这样做是有限度的，因为电容器有介质损耗，电感器有电阻损耗和高频集肤效应。另外，由于 C 受到电路分布电容的限制，不能做得太小，而 L 值不能做得太大，否则，电感线圈本身的分布电容又要增大，反而使 L/C 值下降，所以，一般的 LC 回路，Q 值最高可达到几百。在要求高频率稳定度的场合，往往采用高 Q 值的石英晶体谐振器代替一般的 LC 回路。

四、石英晶体振荡电路

石英晶体振荡电路突出的特点是振荡频率稳定性好，其频率稳定度可达 $10^{-10} \sim 10^{-11}$。

（一）石英晶体谐振器

1. 石英晶体的压电效应

石英晶体是各向异性的结晶体，从石英晶体中切割的石英片，经加工可以制作石英谐振器。从物理学中知道，若在石英晶体的两侧加一电场，晶片就会产生机械变形；反之，若在晶片的两侧施加机械力，则在晶片相应的方向上产生电场，这种物理现象称为压电效应。如果在晶片两侧的电极上加交变电压，晶片就会产生机械振动。当外加交变电压的频率与晶片的固有频率相等时，其振幅最大，这种现象称为压电谐振。因此石英晶体又称石英晶体谐振器或简称为晶振。晶片的固有频率与晶片的切割方式、几何形状和尺寸有关。

2. 石英晶体的等效电路

石英晶体的压电谐振现象与 LC 回路的谐振现象十分相似，故可用 LC 回路的参数来模拟。当晶体不振动时，可看作平板电容器，用 C_0 表示，称为晶体静电容。晶体振动时，机械振动的"惯性"可用电感 L 来等效；晶片的"弹性"可用电容 C 来等效；晶片振动时的损耗用电阻 R 来等效。这样石英晶体用 C_0、C、R、L 表示的等效电路、符号如图 4-1-29

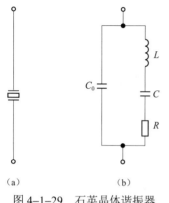

图 4-1-29　石英晶体谐振器

(a) 符号；(b) 等效电路

所示。

由于晶片的等效电感 L 很大，而电容 C 很小，R 也很小，因此回路的品质因数 Q 很大，可达 10^6，故其频率的稳定度很高。加上晶片本身的固有频率只与晶片的几何尺寸有关，所以频率很稳定，而且可做得很精确。因此，利用石英谐振器组成振荡电路，可获得很高的频率稳定度。

3. 石英晶体的谐振频率

从石英晶体谐振器的等效电路中可知，石英晶体谐振器有两个谐振频率。

（1）串联谐振频率 f_S。

当等效电路中 R、L、C 支路串联谐振时，其谐振频率为

$$f_S = \frac{1}{2\pi\sqrt{LC}} \tag{4-1-26}$$

此时 R、L、C 支路呈现很小的纯电阻 R，电路变成了 C_0 与 R 并联的形式，但电容 C_0 很小，其容抗远大于 R，故可视 C_0 为开路，总的等效电路为一个阻值很小的纯电阻 R。

（2）并联谐振频率 f_P。

当工作频率 $f > f_S$ 时，R、L、C 串联支路呈电感性，与 C_0 并联形成并联谐振回路，谐振频率为

$$f_P = \frac{1}{2\pi\sqrt{LC}}\sqrt{1+\frac{C}{C_0}} = f_S\sqrt{1+\frac{C}{C_0}} \tag{4-1-27}$$

因为 $C_0 \gg C$，所以 f_S 和 f_P 很接近。当 $f_S < f < f_P$ 时，等效电路为电感。

图 4-1-30 所示为石英晶体的电抗-频率特性（设 $R=0$）。由图可见，在 f_S 和 f_P 之间，石英晶体呈现出感性，在 $f=f_S$ 或 $f=f_P$ 时晶体呈纯阻性，而在 $f < f_S$ 或 $f > f_P$ 时呈容性。

（二）石英晶体振荡电路

石英晶体谐振电路的基本形式有两类：一类是并联晶体谐振电路，它是利用石英晶体作为一个高 Q 值的电感组成谐振电路；另一类是串联晶体谐振电路，它是利用石英晶体工作在 f_S 时阻抗最小的特点组成谐振电路。

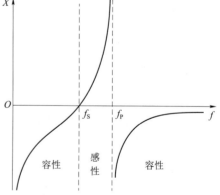

图 4-1-30　石英晶体的电抗-频率特性

1. 串联型石英晶体振荡电路

图 4-1-31 所示为串联型石英晶体振荡电路。石英晶体串联在正反馈回路中，当振荡频率等于晶体的串联谐振频率 f_S 时，晶体呈电阻性，而且阻抗最小，正反馈最强，相移为零，满足起振条件，故产生自激振荡。对于 f_S 以外的频率，晶体阻抗增大，且相移不为零，不满足起振条件。因此在图 4-1-31 所示电路中，晶体起反馈和选频作用，其正弦波振荡频率为谐振频率 f_S。

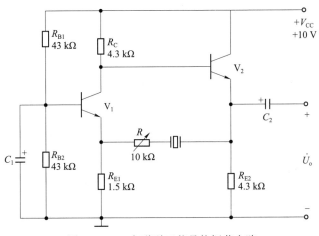

图 4-1-31 串联型石英晶体振荡电路

图 4-1-31 中，调节电阻 R 可改变反馈的强弱，以便获得良好的正弦波输出。若 R 值过大，即反馈量太小，电路不满足起振的振幅条件，不能振荡；若 R 值过小，反馈量太大，输出波形将失真，或者得到近似的方波输出。

2. 并联型石英晶体振荡电路

由于石英晶体谐振器工作在 f_S 和 f_P 之间时，呈现感性，可以方便地构成电容三点式振荡电路。如图 4-1-32 所示，图 4-1-32（a）是并联型石英晶体振荡电路的原理图，图 4-1-32（b）为电路的交流等效电路。此电路相当于改进型的电容三点式振荡电路。振荡频率为

$$f_0 = \frac{1}{2\pi\sqrt{L\dfrac{C(C_0 + C')}{C + C_0 + C'}}}$$

式中

$$C' = \frac{C_1 C_2}{C_1 + C_2}$$

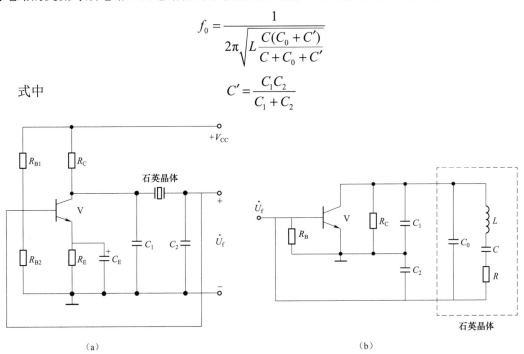

（a） （b）

图 4-1-32 并联型石英晶体振荡电路

（a）电路图；（b）交流等效电路

由于 $C \ll C_0 + C'$，所以振荡频率近似为

$$f_0 \approx \frac{1}{2\pi\sqrt{LC}} = f_S \tag{4-1-28}$$

上式表明，振荡频率基本上由晶体的固有频率 f_S 决定，而与电容 C_1、C_2 的关系很小，因此振荡频率的稳定度很高。

视频　信号发生器的使用

视频　课程实例

🔄 任务达标知识点总结

（1）集成稳压电源主要由变压电路、整流电路、滤波电路、稳压电路 4 部分组成。

（2）整流电路分单相半波整流和全波整流，全波整流用得最多的是桥式整流。

（3）滤波电路一般采用电解电容滤波。

（4）稳压要求不高时可采用稳压二极管，要求高时可采用集成稳压器。集成稳压器可分固定输出和可调输出两种，比较常见的固定输出式的有 CW78 系列和 CW79 系列，可调输出常用的一种稳压器是 LM317。

🔄 自我评测

1. 直流稳压电源的作用是什么？影响输出电压稳定的因素有哪些？

2. 直流稳压电源由哪四部分组成？各部分的作用是什么？

3. 若直流稳压电源接负载 $R_{L1} = 10\ \text{k}\Omega$ 时，输出电压 $U_{O1} = 9.90\ \text{V}$，接 $R_{L2} = 20\ \text{k}\Omega$ 时，输出电压 $U_{O2} = 9.91\ \text{V}$，则该稳压电源输出电阻为多大？

4. 要获得 $+15\ \text{V}$、$1.5\ \text{A}$ 的直流稳压电源，应选用什么型号的三端固定式集成稳压器？

5. 要获得 $-9\ \text{V}$、$1.5\ \text{A}$ 的直流稳压电源，应选用什么型号的三端固定式集成稳压器？

6. 画出变压器降压、桥式整流、电容滤波和 7809 稳压的一张整体电路图，并注明输出电压 U_O 是多少？最大输出电流 $I_{O\max}$ 是多少？7809 稳压器输入端的最小输入电压是多少？

7. 指出图 4-1-33 中的错误，并画出修正后的电路图。

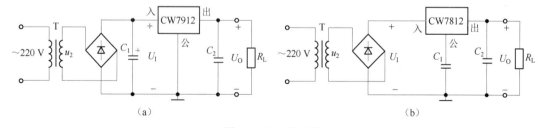

图 4-1-33　题 7 图

8. 三端可调式集成稳压器在电路中正常工作时，输出端和调节端之间的电压是多少伏？

9. 为什么开关电源的效率比线性电源的效率高？

10. CW317 可以用来制作各种形式的充电器。图 4-1-34 所示电路是一个恒流充电器，试问它的充电电流有多大？

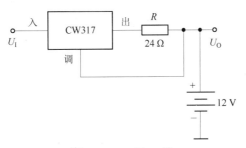

图 4-1-34 题 10 图

项目五

门电路和组合逻辑电路

引言

在数字电路中，逻辑代数是进行逻辑分析与设计的数学工具，是数字电路分析的基础。而门电路是能完成基本的逻辑功能的电子电路，掌握基本的门电路知识对电路设计有很大的帮助。本项目主要让同学们掌握基本的逻辑代数、主要的门电路符号，以此为基础能对简单的组合逻辑电路进行分析。

任务　八路抢答器的设计与制作

任务概述

利用编码器、数码显示器和数码显示译码器以及前面学过的二极管、三极管等器件制作成一个八路抢答器，电路具有第一抢答信号的鉴别与保持功能，抢答后声光提示，主持人具有清零开关，为后一轮抢答做准备。

【任务目标】

（1）掌握数制的构成及数制间的相互转换。

（2）掌握基本的逻辑关系、常见的复合逻辑关系，学会化简逻辑函数。

（3）熟悉常见的组合逻辑电路。

（4）学会分析组合逻辑电路。

（5）实施并完成八路抢答器的制作。

【参考电路】

八路抢答器原理图如图 5-1-1 所示。

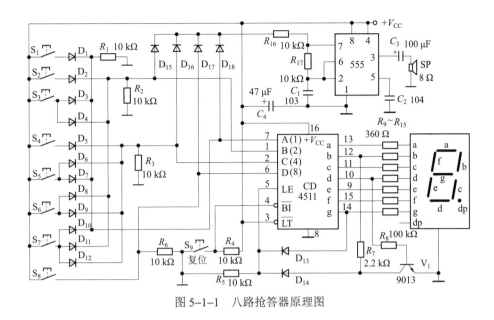

图 5-1-1　八路抢答器原理图

知识准备

知识链接1　数字电路概述

（一）数字信号与数字电路

电子线路处理的信号大致有两类：模拟信号和数字信号。对模拟信号进行传输和处理的电路称为模拟电路，对数字信号进行传输和处理的电路称为数字电路。

模拟信号是指时间上和数值上均连续的信号，如由温度传感器转换来的反映温度变化的电信号等。最典型的模拟信号是正弦波信号，如图 5-1-2（a）所示。模拟信号的优点是用精确的值表示事物，缺点是难以度量且容易受噪声的干扰。

数字信号是指时间上和数值上均离散的信号，如开关位置、数字逻辑等，最典型的数字信号是矩形波，如图 5-1-2（b）所示。数字信号所表现的形式是一系列的高、低电平组成的脉冲波，即信号总在高电平和低电平间来回变化。

数字电路是用数字信号完成对数字量进行算术运算和逻辑运算的电路，它主要研究电路输入、输出状态之间的逻辑关系。

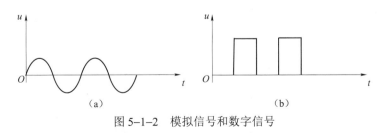

图 5-1-2　模拟信号和数字信号
（a）模拟信号；（b）数字信号

（二）数字电路的特点和分类

1. 数字电路的特点

（1）电路结构简单，容易制作，便于集成。

（2）抗干扰能力强，功耗低，对电路元件的精度要求不高，便于集成化和系列化生产。

（3）电路能够进行数值运算、逻辑运算和判断，因此又称为数字逻辑电路或数字电路与逻辑设计。

（4）电路应用广泛。在日常生活、自动控制、测量仪器、通信等领域都有广泛应用。

2. 数字电路的分类

1）按集成电路规模分类

数字电路按集成度分为小规模（SSI）、中规模（MSI）、大规模（LSI）和超大规模（VLSI）集成电路，如表 5-1-1 所示。

表 5-1-1　集成电路分类

集成电路分类	集成度	电路规模与范围
小规模集成电路（SSI）	1～10 个门/片或 10～100 个元件/片	逻辑单元电路：逻辑门电路、集成触发器
中规模集成电路（MSI）	10～100 个门/片或 100～1 000 个元件/片	逻辑功能部件：译码器、编码器、选择器、计数器、寄存器及比较器等
大规模集成电路（LSI）	>100 个门/片或>1 000 个元件/片	数字逻辑系统：中央处理器、存储器及串并行接口电路等
超大规模集成电路（VLSI）	>1 000 个门/片或>10 万个元件/片	高集成度的数字逻辑系统：如在一个硅片上集成一个完整的微型计算机

2）按电路所用器件分类

数字电路按照所用器件分为双极型（如 TTL、ECL、HTL、I^2L）和单极型（如 NMOS、PMOS、CMOS）电路。

3）按电路结构分类

数字电路按照电路结构分为组合逻辑电路和时序逻辑电路。

视频　数字电路概述

图片　LED 灯

图片　幸运灯

图片　十路流水灯实物图

图片　八路抢答器实物图

图片　声控开关

知识链接 2　数制及数制之间的相互转换

（一）数制

数制是计数的方法，是计数进位制的简称。日常生活中常使用十进制进行计数，而在数字系统中进行数字的运算与处理时，多采用二进制数、八进制数和十六进制数。

1. 十进制数

十进制是人类最熟悉的计数体制，它用 0、1、2、3、4、5、6、7、8、9 这 10 个数码表示数的大小，运算规律是"逢十进一，借一当十"。

例如，$2135 = 2 \times 10^3 + 1 \times 10^2 + 3 \times 10^1 + 5 \times 10^0$。

其中，10 称为基数，即所用数码的数目；10^3、10^2、10^1、10^0 称为该位的权，它是根据各个数码在数中的位置得来，且都是基数 10 的整数次幂。数码与权的乘积称为加权系数，如上述的 2×10^3、1×10^2、3×10^1、5×10^0。十进制的数值是各位加权系数的和。

因此，任意一个十进制数 N 可以表示为：

$$[N]_{10} = \sum K_i \times 10^i$$

式中，K_i 为第 i 位的数码（K_i 取值为 0～9 十个数码）；10^i 为第 i 位的权。

注意：i 取整数，小数点前一位为第 0 位，即 $i = 0$，小数点后第一位 $i = -1$，以此类推。

【例 5-1-1】写出 $[368.137]_{10}$ 的按权展开式。

解：$[368.137]_{10} = 3 \times 10^2 + 6 \times 10^1 + 8 \times 10^0 + 1 \times 10^{-1} + 3 \times 10^{-2} + 7 \times 10^{-3}$。

2. 二进制数

二进制是数字电路中应用最广泛的计数体制，它用 0、1 两个数码表示数的大小，运算规律为"逢二进一，借一当二"。

任意一个二进制 N 可以表示为：

$$[N]_2 = \sum K_i \times 2^i$$

式中，K_i 只取 0 和 1 两个数码；2^i 为第 i 位的权；i 的取值与十进制相同。

【例 5-1-2】写出 $[1011.01]_2$ 的按权展开式。

解：$[1011.01]_2 = 1 \times 2^3 + 0 \times 2^2 + 1 \times 2^1 + 1 \times 2^0 + 0 \times 2^{-1} + 1 \times 2^{-2}$。

3. 八进制数

八进制是以 8 为基数的计数体制，它用 0、1、2、3、4、5、6、7 这 8 个数码表示数的大小，运算规律是"逢八进一，借一当八"。

任意一个八进制数 N 可以表示为：

$$[N]_8 = \sum K_i \times 8^i$$

式中，K_i 取 0～7 共 8 个数码；8^i 为第 i 位的权；i 的取值与十进制相同。

【例 5-1-3】写出 $[2341]_8$ 的按权展开式。

解：$[2341]_8 = 2 \times 8^3 + 3 \times 8^2 + 4 \times 8^1 + 1 \times 8^0$。

4. 十六进制数

十六进制是以 16 为基数的计数体制，它用 0、1、2、...、9、A、B、C、D、E、F 这 16

个数码表示数的大小，运算规律是"逢十六进一，借一当十六"。

任意一个十六进制数 N 可以表示为：

$$[N]_{16} = \sum K_i \times 16^i$$

式中，K_i 取 0～9、A～F 共 16 个数码；16^i 为第 i 位的权；i 的取值与十进制相同。

【例 5-1-4】写出 $[5B7F]_{16}$ 的按权展开式。

解：$[5B7F]_{16} = 5 \times 16^3 + 11 \times 16^2 + 7 \times 16^1 + 15 \times 16^0$。

（二）各种进制之间的转换

1. 二进制、八进制、十六进制数转换为十进制数

将一个二进制、八进制、十六进制数转换为十进制数的方法：写出该进制数的按权展开式，然后按十进制数的计数规律相加，得到所求十进制数。

【例 5-1-5】将下列各种数制转换成十进制数。

（1）$[11010]_2$；（2）$[156]_8$；（3）$[5C3]_{16}$。

解：（1）$[11010]_2 = 1 \times 2^4 + 1 \times 2^3 + 1 \times 2^1 = [26]_{10}$；

（2）$[156]_8 = 1 \times 8^2 + 5 \times 8^1 + 6 \times 8^0 = [110]_{10}$；

（3）$[5C3]_{16} = 5 \times 16^2 + 12 \times 16^1 + 3 \times 16^0 = [1475]_{10}$。

2. 十进制数转换为二进制、八进制、十六进制数

将十进制数转换为二进制、八进制、十六进制数的方法：对整数部分和小数部分分别进行转换。整数部分的转换概括为"除 2、8、16 取余，余数倒序排列"；小数部分的转换概括为"乘 2、8、16 取整，整数顺序排列"。

【例 5-1-6】将十进制数 $[35.625]_{10}$ 分别转换成二进制、八进制、十六进制数。

解：（1）转换成二进制数。

将整数部分、小数部分合起来为：$[35.625]_{10} = [100011.101]_2$。

（2）转换成八进制数。

整数部分的转换：

$[35]_{10} = [43]_8$

小数部分的转换：

$[0.625]_{10} = [0.5]_8$

因此，$[35.625]_{10} = [43.5]_8$。

（3）转换成十六进制数。

整数部分的转换：

小数部分的转换：

因此，$[35.625]_{10} = [23.A]_{16}$。

3. 二进制数与八进制、十六进制数之间的互换

由于 $2^3 = 8$，因此对三位二进制数，从 000～111 共有 8 种组合状态，我们可以将这 8 种状态用来表示八进制数码的 0～7。这样，每一位八进制数正好相当于三位二进制数。反过来，每三位二进制数又相当于一位八进制数。

由于 $2^4 = 16$，四位二进制数共有 16 种组合状态，可以分别用来表示十六进制的 16 个数码。这样，每一位十六进制数正好相当于四位二进制数。反过来，每四位二进制数等值为一位十六进制数。

当要求将八进制数和十六进制数进行相互转化时，可通过二进制来完成。

【例 5–1–7】将二进制数 $[110.1101]_2$ 分别转换成八进制、十六进制数。

解：（1）转换成八进制数：

（2）转换成十六进制数：

因此，$[110.1101]_2 = [6.64]_8$

$[110.1101]_2 = [6.D]_{16}$

视频　数制与转换 1

视频　数制与转换 2

图片　关系

图片　转换

文档　数制

知识链接 3　编码

在数字电路中，往往用 0 和 1 组成的二进制数码表示数值的大小，也可以表示各种文字、符号等，这样的多位二进制数码称为二进制代码。建立二进制代码与对象（如文字、符号和其他进制的数码等）之间对应关系的过程称为编码。

利用二进制数码表示十进制数码的编码方法称为二–十进制编码（Binary Coded Decimal System），简称 BCD 码。BCD 码规定用四位二进制数码表示一位十进制数码。

常用 BCD 码有 8421BCD 码、2421BCD 码、余 3 BCD 码、5421BCD 码等，如表 5–1–2 所示。

表 5-1-2　常用 BCD 编码表

十进制数	8421BCD 码	2421BCD 码	5421BCD 码	余 3 BCD 码
0	0000	0000	0000	0011
1	0001	0001	0001	0100
2	0010	0010	0010	0101
3	0011	0011	0011	0110
4	0100	0100	0100	0111
5	0101	1011	1000	1000
6	0110	1100	1001	1001
7	0111	1101	1000	1010
8	1000	1110	1011	1011
9	1001	1111	1100	1100

1. 8421BCD 码

8421BCD 码是使用最多的一种编码，它用四位二进制数表示一位相应的十进制数，每位二进制数都有固定的位权，所以该代码是一种有权码。每一位二进制的权从高位到低位依次为 8、4、2、1。

需要注意的是，由于十进制数仅有 0~9 十个数码，因此在 8421BCD 码中不允许出现 1010~1111 这 6 个代码。不允许出现的代码称为伪码或无关码。

8421BCD 码与十进制数之间的转换可以直接以 4 位二进制数为一组进行转换。

【例 5-1-8】将 8421BCD 码 $[100100000100.0101]_{8421BCD}$ 转换成对应的十进制数。

解：

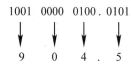

因此，$[100100000100.0101]_{8421BCD}=[904.5]_{10}$。

2. 2421BCD 码、5421BCD 码

2421BCD 码和 5421BCD 码都属于有权码，它们的位权从高位到低位依次是 2、4、2、1 和 5、4、2、1。一般地，只要代表的十进制数为大于等于 5 的数，通常不允许用后三位表示该十进制数，如表 5-1-2 所示。

3. 余 3 BCD 码

余 3 BCD 码是一种无权码，它由 8421BCD 码加 3（0011）得来。余 3 BCD 码中的 0 和 9、1 和 8、2 和 7、3 和 6、4 和 5 各对码相加都为 1111，具有这种特性的代码称为"自补码"，用作十进制的数学运算非常方便。

4. 格雷码

格雷码（Gray Code）是一种无权码，其特点是任意两个相邻的两个代码之间 0、1 的取

值组合只有一位不同，且第一个代码和最后一个代码0、1的取值组合也只有一位不同，故格雷码又叫反射循环码。格雷码属于可靠性编码，是一种错误最小化的编码方式。如表 5-1-3 所示为十进制数、二进制数与格雷码对照表。

表 5-1-3   十进制数、二进制数与格雷码对照表

十进制数	二进制数	格雷码	十进制数	二进制数	格雷码
0	0000	0000	8	1000	1100
1	0001	0001	9	1001	1101
2	0010	0011	10	1010	1111
3	0011	0010	11	1011	1110
4	0100	0110	12	1100	1010
5	0101	0111	13	1101	1011
6	0110	0101	14	1110	1001
7	0111	0100	15	1111	1000

知识链接 4   逻辑代数

视频 编码

逻辑代数又称布尔代数，是 19 世纪中叶英国数学家布尔（George Boole）首先提出的，是分析和设计数字电路的数学工具，是研究逻辑函数与逻辑变量之间规律的学科。

逻辑运算是逻辑思维和逻辑推理的数学描述。

具有"真"与"假"两种可能，并且可以判定其"真""假"的变量叫逻辑变量。一般用英文大写字母 A、B、C、…表示。例如，"开关 A 闭合着""电灯 F 亮着""开关 D 开路着"等均为逻辑变量，可分别将其记作 A、F、D；"开关 B 不太灵活""电灯 L 价格很贵"等均不是逻辑变量。

逻辑变量只有"真""假"两种可能，在逻辑代数中，把"真""假"称为逻辑变量的取值，简称逻辑值，也叫逻辑常量。通常用"1"表示"真"，用"0"表示"假"，或者相反。本教材中，若不作特别说明，"1"就代表"真"，"0"就代表"假"。虽然"1"和"0"叫逻辑值或逻辑常量，但是它们没有"大小"的含义，也无数量的概念，它们只是代表逻辑"真""假"的两个形式符号。

（一）基本逻辑关系

逻辑代数的基本逻辑关系有与逻辑、或逻辑、非逻辑 3 种。所谓逻辑关系是指条件与结果之间的关系。相应的最基本的逻辑运算有与运算、或运算、非运算。

1. 与逻辑

与逻辑关系是指决定一事件的所有条件全部满足（或具备）时，其结果才会出现，这样的一类逻辑关系称为与逻辑关系，简称为与逻辑。

在如图 5-1-3（a）所示的开关电路中，如果规定：两个开关分别用 A、B 表示，开关闭

合为条件，条件满足（开关闭合）时 A（或 B）为1，否则为0；灯用 Y 表示，灯亮为结果，结果出现（灯亮）时 Y 为1，否则为0。显然，只有当 A、B 两个开关都闭合（条件都满足）时，灯亮 Y 这个结果才会出现。显然，Y 与 A 和 B 属于与逻辑。其逻辑表达式为

$$Y=A \cdot B=AB \tag{5-1-1}$$

式（5-1-1）中的"·"表示与逻辑的运算符号，可以省略不写。

与逻辑的运算规则：

$$0 \cdot 0=0, \ 0 \cdot 1=0, \ 1 \cdot 0=0, \ 1 \cdot 1=1$$

能实现与逻辑功能的数字电路称为与门，它是逻辑电路中最基本的一种门电路。与门的逻辑符号如图5-1-3（b）所示。

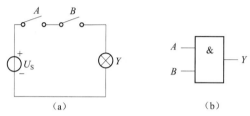

图 5-1-3　与逻辑关系

（a）与逻辑电路；（b）与门逻辑符号

把输入变量可能的取值组合状态及其对应的输出状态列成表格，称为真值表。表 5-1-4 是与逻辑的真值表。

表 5-1-4　与逻辑真值表

条件		结果
A	B	Y
0	0	0
0	1	0
1	0	0
1	1	1

与逻辑的逻辑功能是"有0出0，全1出1"。

2. 或逻辑

或逻辑关系是指决定一事件的所有条件只要满足（或具备）一个或一个以上时，其结果就会出现。如图5-1-4（a）所示的开关电路中，只要当 A、B 两个开关中有一个闭合，灯 Y 就会亮。显然，Y 与 A 和 B 属于或逻辑。其逻辑表达式为

$$Y = A + B \tag{5-1-2}$$

或逻辑的运算规则：

$$0+0=0, \ 0+1=1, \ 1+0=1, \ 1+1=1$$

能实现或逻辑功能的数字电路称为或门，或门的逻辑符号如图5-1-4（b）所示。

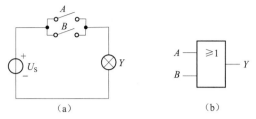

图 5-1-4　或逻辑关系

（a）或逻辑电路；（b）或门逻辑符号

表 5-1-5 是或逻辑的真值表。从真值表中可以看出，或逻辑的逻辑功能是"有 1 出 1，全 0 出 0"。

表 5-1-5　或逻辑真值表

A	B	Y
0	0	0
0	1	1
1	0	1
1	1	1

3. 非逻辑

非逻辑的关系是指结果和条件相反。如图 5-1-5（a）所示是一个开关和灯并联的非门电路，开关 A 闭合为条件，灯亮为结果。显然，开关 A 闭合，灯 Y 不亮；开关 A 断开，灯 Y 亮。该电路满足非逻辑关系。其逻辑表达式为：

$$Y = \overline{A} \tag{5-1-3}$$

实现非逻辑运算的电路叫非门，非门的逻辑符号如图 5-1-5（b）所示。逻辑符号中用小圆圈代表非，"1"表示缓冲。表 5-1-6 是非门电路的真值表。

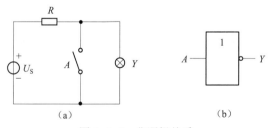

图 5-1-5　非逻辑关系

（a）非逻辑电路；（b）非门逻辑符号

表 5-1-6　非门真值表

A	Y
0	1
1	0

非逻辑的逻辑功能是"有 0 出 1，有 1 出 0"，即"始终相反"。

（二）复合逻辑关系

基本逻辑的简单组合称为复合逻辑，常见的复合逻辑关系有：与非逻辑、或非逻辑、与或非逻辑、异或逻辑、同或逻辑等。

1. 与非逻辑

与非逻辑运算由"与"和"非"两种逻辑运算复合而成，其真值表如表 5–1–7 所示，逻辑表达式为：

$$Y = \overline{AB} \tag{5-1-4}$$

由表 5–1–7 可看出，只要输入变量中有一个为 0，函数值就为 1，输入变量全为 1 时，函数值才为 0。因此"与非"门的逻辑功能为"有 0 出 1，全 1 出 0"。

实现与非逻辑运算的电路叫与非门，与非门的逻辑符号如图 5–1–6（a）所示。

2. 或非逻辑

或非逻辑运算由"或"和"非"两种逻辑运算复合而成，其逻辑表达式为：

$$Y = \overline{A + B} \tag{5-1-5}$$

它的真值表如表 5–1–8 所示。由真值表可见，只要变量 A、B 有一个为 1，函数 Y 就为 0，只有 A、B 全部为 0 时，输出 Y 才为 1。因此，或非逻辑功能为"有 1 出 0，全 0 出 1"。

实现或非逻辑运算的电路叫或非门，或非门的逻辑符号如图 5–1–6（b）所示。

表 5–1–7　与非逻辑真值表

A	B	Y
0	0	1
0	1	1
1	0	1
1	1	0

表 5–1–8　或非逻辑真值表

A	B	Y
0	0	1
0	1	0
1	0	0
1	1	0

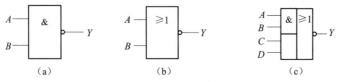

图 5–1–6　常用复合逻辑符号

（a）与非门逻辑符号；（b）或非门逻辑符号；（c）与或非逻辑符号

3. 与或非逻辑

与或非逻辑运算由"与""或""非"三种逻辑运算复合而成，其逻辑符号如图5–1–6（c）所示。实现与或非逻辑运算的门电路称为与或非门。

与或非逻辑函数表达式为：

$$Y = \overline{AB + CD} \tag{5-1-6}$$

表5–1–9是与或非逻辑的真值表，由真值表可知：当输入端的任何一组全为1时，输出为0；只有任何一组输入至少有一个为0时，输出端才为1。

表 5–1–9　与或非逻辑真值表

A	B	C	D	Y
0	0	0	0	1
0	0	0	1	1
0	0	1	0	1
0	0	1	1	0
0	1	0	0	1
0	1	0	1	1
0	1	1	0	1
0	1	1	1	0
1	0	0	0	1
1	0	0	1	1
1	0	1	0	1
1	0	1	1	0
1	1	0	0	0
1	1	0	1	0
1	1	1	0	0
1	1	1	1	0

4. 异或逻辑

当两个输入变量A、B的取值不同时，输出Y为1；当A、B的取值相同时，输出Y为0。这种逻辑关系称为异或逻辑，其真值表如表5–1–10所示。异或逻辑表达式为：

$$Y = A\overline{B} + \overline{A}B = A \oplus B \tag{5-1-7}$$

式中符号"$\oplus$"表示异或运算，实现异或逻辑运算的门电路称为异或门，其逻辑符号如图5–1–7（a）所示。

表 5-1-10　异或逻辑真值表

A	B	Y
0	0	0
0	1	1
1	0	1
1	1	0

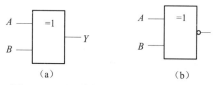

图 5-1-7　异或门和同或门的逻辑符号

（a）异或门逻辑符号；（b）同或门逻辑符号

5. 同或逻辑

当两个输入变量 A、B 的取值相同时，输出 Y 为 1；当 A、B 的取值不同时，输出 Y 为 0。这种逻辑关系称为同或逻辑，其真值表如表 5-1-11 所示。同或逻辑表达式为：

$$Y = AB + \overline{A}\overline{B} = A \odot B \qquad (5-1-8)$$

式中符号"⊙"表示同或运算，实现同或逻辑运算的门电路称为同或门，其逻辑符号如图 5-1-7（b）所示。

表 5-1-11　同或逻辑真值表

A	B	Y
0	0	1
0	1	0
1	0	0
1	1	1

比较表 5-1-10 和表 5-1-11 可以看出，异或逻辑和同或逻辑互为反函数。即：

$$\overline{A \oplus B} = A \odot B \qquad (5-1-9)$$

$$\overline{A \odot B} = A \oplus B \qquad (5-1-10)$$

6. "正"逻辑和"负"逻辑

在逻辑电路中，用"1"表示高电位，"0"表示低电位的，称为"正"逻辑；用"0"表示高电位，"1"表示低电位的，称为"负"逻辑。一般无特殊说明，一律采用"正"逻辑。

（三）逻辑函数及其表示方法

在数字逻辑电路中，当输入变量 A、B、C、…的取值确定以后，输出变量 Y 的值也就被唯一地确定，那么，就称 Y 是 A、B、C、…的逻辑函数，其一般表达式记作：

$$Y=f(A,\ B,\ C,\ \cdots)\qquad\qquad(5\text{-}1\text{-}11)$$

这与数学上函数的定义是相似的，但在逻辑函数中，变量的取值和函数的取值只有 0 和 1。

与、或、非和复合逻辑关系，可以看作是简单的逻辑函数，它们描述的是简单逻辑关系，对复杂的逻辑关系通常用逻辑函数描述。

逻辑函数有多种表示方法，常用的有逻辑函数表达式、真值表、逻辑图、卡诺图及波形图 5 种。它们各有特点，相互联系，而且可以相互转换。

1. 逻辑函数表达式

逻辑函数表达式是用与、或、非等基本逻辑运算来表示输入变量和输出函数之间关系的逻辑代数式，简称为逻辑表达式或表达式。如式（5-1-1）～式（5-1-8）是最基本的逻辑表达式。

逻辑函数表达式可以直接反映变量间的运算关系，但不能直接反映出变量取值间的对应关系，而且同一个逻辑函数有多种不同的表达式。

2. 真值表

真值表是根据给定的逻辑问题，把输入逻辑变量各种可能取值的组合和对应的输出函数值排列成表格，它表示了逻辑函数与逻辑变量各种取值之间的一一对应关系。如表 5-1-10 就是异或逻辑的真值表，它列出了 2 个变量 4 种组合的输入输出对应关系。

一个确定的逻辑函数只有一个真值表，即真值表具有唯一性。

真值表能够直观、明了地反映变量取值与函数值的对应关系，但它不是逻辑运算式，不便推演变换，且当变量较多时列写比较烦琐。

3. 逻辑图

逻辑图是用相应的逻辑门符号将逻辑函数式的运算关系表示出来的图。

例如，用逻辑图表示同或逻辑 $Y=AB+\overline{A}\,\overline{B}$，若各种基本门电路都有，则可以通过逻辑图实现，如图 5-1-8 所示。

由于同一逻辑函数可以有多种逻辑表达式，进而可以对应多种逻辑图，因此逻辑图不是唯一的。

逻辑图的优点是逻辑门符号和实际电路、器件有明显的对应关系，能方便地按逻辑图构成实际电路图。它与真值表一样，不能直接进行逻辑的推演和变换。

4. 卡诺图

卡诺图用来对复杂逻辑函数进行化简，也是逻辑函数的一种重要表示方法。

5. 波形图

波形图又叫时序图，是反映输入变量和输出变量随时间变化的图形。它可以直观地表达出输入变量和输出函数之间随时间变化的规律，便于帮助研究者掌握数字电路的工作情况和诊断电路故障，但它不能直接表示出变量间的逻辑关系。如图 5-1-9 所示为在给定变量 A、B 波形后的同或逻辑 Y 的波形图。

视频　逻辑代数 1

视频　逻辑代数 2

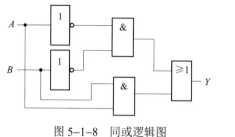

图 5-1-8　同或逻辑图

图 5-1-9　波形图

知识链接 5　逻辑代数的基本定律和规则

逻辑代数与普通代数一样，有相应的公式、定律和运算规则。应用这些公式、定律和运算规则可以对复杂逻辑函数表达式进行化简和变形，对逻辑电路进行分析和设计等。

（一）逻辑代数的基本公式和定律

逻辑代数的基本公式和定律，如表 5-1-12 所示。

表 5-1-12　逻辑代数的基本公式和定律

范围说明	定律名称	逻辑关系	
常量与常量	0-1 律	$0 \cdot 0 = 0$	$0 + 0 = 0$
		$0 \cdot 1 = 0$	$0 + 1 = 1$
		$1 \cdot 0 = 0$	$1 + 0 = 1$
		$1 \cdot 1 = 1$	$1 + 1 = 1$
		$A \cdot 0 = 0$	$A + 0 = A$
		$A \cdot 1 = A$	$A + 1 = 1$
与普通代数相似的定律	交换律	$A \cdot B = B \cdot A$	$A + B = B + A$
	结合律	$(A \cdot B) \cdot C = A \cdot (B \cdot C)$	$(A + B) + C = A + (B + C)$
	分配律	$A \cdot (B + C) = A \cdot B + A \cdot C$	$A + B \cdot C = (A + B)(A + C)$
逻辑代数特殊定律	互补律	$A \cdot \overline{A} = 0$	$A + \overline{A} = 1$
	重叠律	$A \cdot A = A$	$A + A = A$
	反演律	$\overline{A \cdot B} = \overline{A} + \overline{B}$	$\overline{A + B} = \overline{A} \cdot \overline{B}$
	还原律	$\overline{\overline{A}} = A$	

【例 5-1-9】证明分配律：$A + B \cdot C = (A + B)(A + C)$。

证：　　　　　　右边 $= (A + B)(A + C) = A \cdot A + A \cdot C + B \cdot A + B \cdot C$

$$= A + A \cdot C + A \cdot B + B \cdot C$$

$$= A(1+C+B)+B \cdot C$$

$$= A+B \cdot C = 左边$$

【例5-1-10】 证明反演律：$\overline{A \cdot B} = \overline{A}+\overline{B}$；$\overline{A+B} = \overline{A} \cdot \overline{B}$。 　　　　　　(5-1-12)

证：用真值表证明，如表5-1-13所示。

表5-1-13　例5-1-10的真值表

A	B	$\overline{A \cdot B}$	$\overline{A}+\overline{B}$	$\overline{A+B}$	$\overline{A} \cdot \overline{B}$
0	0	1	1	1	1
0	1	1	1	0	0
1	0	1	1	0	0
1	1	0	0	0	0

由表5-1-13可以看出：两个等式的左右两边的真值表完全相同，故等式（5-1-12）成立。

注意： 在逻辑运算中，证明等式的成立一般有两种方法。一种是对等式的相对复杂的一边进行化简使其等于另一边；另一种则是列真值表比较证明，只要等式两边的真值表完全相同则等式成立。

（二）逻辑代数的常用公式

1. 　　　　　　　　$AB+\overline{A}B = B$；$(A+B)(\overline{A}+B) = B$　　　　　　(5-1-13)

【例5-1-11】 对式（5-1-13）进行证明。

证：　　　　　　　　$AB+\overline{A}B = B(A+\overline{A}) = B$

$$(A+B)(\overline{A}+B) = A\overline{A}+AB+B\overline{A}+BB = 0+B(A+\overline{A})+B = B$$

2. 　　　　　　　　$A+AB = A$；$A(A+B) = A$　　　　　　(5-1-14)

【例5-1-12】 对式（5-1-14）进行证明。

证：　　　　　　　　$A+AB = A(1+B) = A$

$$A(A+B) = A+AB = A$$

3. 　　　　　　　　$AB+\overline{A}C+BC = AB+\overline{A}C$　　　　　　(5-1-15)

【例5-1-13】 对式（5-1-15）进行证明。

证：　　　　　　　　$AB+\overline{A}C+BC = AB+\overline{A}C+(A+\overline{A})BC$

$$= AB+\overline{A}C+ABC+\overline{A}BC$$

$$= AB(1+C)+\overline{A}C(1+B)$$

$$= AB+\overline{A}C$$

推论：$AB+\overline{A}C+BCDE = AB+\overline{A}C$（请读者自行证明）

4. 　　　　　　　　$A(\overline{A}+B) = AB$；$A+\overline{A}B = A+B$　　　　　　(5-1-16)

【例5-1-14】 对式（5-1-16）进行证明。

证：
$$A(\bar{A}+B) = A\bar{A}+AB = AB$$

$$A+\bar{A}B = A+AB+\bar{A}B = A+B(A+\bar{A}) = A+B$$

5.
$$AB+\bar{A}C = (A+C)(\bar{A}+B) \tag{5-1-17}$$

$$(A+B)(\bar{A}+C) = AC+\bar{A}B \tag{5-1-18}$$

【例 5-1-15】对式（5-1-17）进行证明。

证：
$$右边 = (A+C)(\bar{A}+B) = A\bar{A}+AB+C\bar{A}+BC$$

$$= AB+\bar{A}C+BC = AB+\bar{A}C = 左边$$

以上公式是逻辑代数的基本公式和常用公式，利用这些公式可以对逻辑函数进行化简。

（三）逻辑代数的 3 个重要规则

逻辑代数中有 3 个重要规则：代入规则、反演规则和对偶规则，它们和基本定律构成了完整的逻辑代数系统，用来对逻辑函数进行描述、推导和变换。

1. 代入规则

代入规则是指在任何逻辑等式中，如果把等式两边所有出现某一变量的地方，都用某一个函数表达式来代替，则等式仍成立。

【例 5-1-16】证明：$\overline{A+B+C} = \bar{A} \cdot \bar{B} \cdot \bar{C}$。

证：由求反律知 $\overline{A+B} = \bar{A} \cdot \bar{B}$，若将等式两端的 B 用 $B+C$ 代替可得

$$\overline{A+(B+C)} = \bar{A} \cdot \overline{(B+C)} = \bar{A} \cdot \bar{B} \cdot \bar{C}$$

可见，求反律对任意多个变量都成立。由代入规则可以推出：

$$\overline{A+B+C+\cdots} = \bar{A} \cdot \bar{B} \cdot \bar{C} \cdots \tag{5-1-19}$$

$$\overline{ABC\cdots} = \bar{A}+\bar{B}+\bar{C}+\cdots \tag{5-1-20}$$

利用代入规则，可以扩大基本公式和定律的应用范围。

2. 反演规则

对于任意一个函数表达式 Y，只要将 Y 中所有原变量变为反变量，反变量变为原变量，"与"运算变成"或"运算，"或"运算变成"与"运算，"0"变成"1"，"1"变成"0"，两个或两个以上变量公用的"长非号"保持不变，即得原函数表达式 Y 的反函数 $\bar{Y}$，这个规则称为反演规则。

在运用反演规则时应注意：为保证逻辑表达式的运算顺序不变，可适当增加或减少括号。

【例 5-1-17】求下列函数表达式的反函数。

（1）$Y = A\bar{B}+CD$；

（2）$Y = A+\overline{B+\overline{\bar{C}+\overline{D+E}}}$。

解：（1）$\bar{Y} = (\bar{A}+B)(\bar{C}+\bar{D})$；

（2）$\bar{Y} = \bar{A} \cdot \overline{\bar{B} \cdot \overline{\overline{C} \cdot \overline{\bar{D} \cdot \bar{E}}}}$。

3. 对偶规则

对于任意一个函数表达式 Y，只要将 Y 中所有的"与"运算变成"或"运算，"或"运算

变成"与"运算,"0"变成"1","1"变成"0",而变量保持不变,且两个或两个以上变量公用的 "长非号"保持不变,即得原函数表达式 Y 的对偶函数 Y'。对偶是相互的,因此,Y 也是 Y' 的对偶函数。

对偶规则:如果两逻辑函数相等,则它们的对偶函数也相等。

使用对偶规则时应注意运算符号的先后顺序,掌握好括号的使用。

【例 5-1-18】求下列函数表达式的对偶函数。

(1) $Y = AC + B$;

(2) $Y = AB + \overline{A}C$。

解:(1) $Y' = (A+C)B$;

(2) $Y' = (A+B)(\overline{A}+C)$。

对偶规则的用途广泛,利用对偶规则,可使需要证明和记忆的公式数目减少一半。

任何逻辑等式,经反演或对偶变换后仍相等。

视频 逻辑代数的基本定律和规则

知识链接 6 逻辑函数的化简

(一)逻辑函数表达式的形式

【例 5-1-19】将与或逻辑表达式 $Y = AB + \overline{A}C$ 转换为其他形式的表达式。

解:$Y = AB + \overline{A}C$ (与或表达式)

$= \overline{\overline{AB}\cdot\overline{\overline{A}C}}$ (与非与非表达式)

$= (A+C)(\overline{A}+B)$ (或与表达式)

$= \overline{\overline{A+C} + \overline{\overline{A}+B}}$ (或非或非表达式)

$= \overline{\overline{A}C + A\overline{B}}$ (与或非表达式)

以上表明,同一个逻辑函数表达式可以有多种形式,形式不同,实现函数时所用的逻辑门就不同。反之,想用什么逻辑门实现函数,就要把表达式整理成相应逻辑门表达式的形式。

(二)逻辑函数的化简

1. 化简的概念

逻辑函数的化简就是在保证逻辑函数逻辑关系不变的条件下,利用逻辑代数中的基本公式和定律等方法,使函数的表达式变得简单的过程。

2. 化简的意义

【例 5-1-20】化简逻辑函数 $Y = A + \overline{A}\,\overline{B}\,\overline{C} + \overline{A}\,BC$,并用逻辑图实现。

解:
$$Y = A + \overline{A}\,\overline{B}\,\overline{C} + \overline{A}\,BC \tag{5-1-21}$$
$$= A + \overline{A}\,\overline{B} \tag{5-1-22}$$
$$= A + \overline{B} \tag{5-1-23}$$

根据逻辑函数式 3 种不同的表达式,可以用 3 种不同的逻辑图来实现,如图 5-1-10 所示。

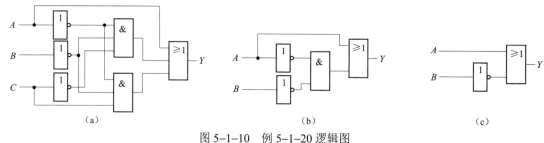

图 5-1-10 例 5-1-20 逻辑图

（a）式（5-1-21）的逻辑图；（b）式（5-1-22）的逻辑图；
（c）式（5-1-23）的逻辑图

由例 5-1-20 可以看出，函数表达式不同，对应的逻辑门结构上有很大差异，表达式越简单，对应的逻辑图就越简单，这样用器件实现函数时，不仅可以简化电路，降低成本，减小体积，而且还可以提高电路的可靠性。因此，逻辑函数的化简具有一定的现实意义。

3. 化简的形式

在进行逻辑函数化简时，一般化简成与或表达式的形式。因为任意一个逻辑函数表达式均可展开为与或表达式；由与或表达式容易转换成其他形式的表达式。

4. 最简标准

最简与或表达式的标准有：

（1）逻辑表达式中乘积项的个数最少。

（2）每个乘积项中的变量个数最少。

（三）逻辑函数的公式化简法

逻辑函数的化简有公式化简法和卡诺图化简法。公式化简法又称代数法，即利用逻辑代数的基本公式、常用公式和 3 个重要规则，对逻辑函数进行化简。

用公式法对逻辑函数进行化简时，常用并项法、吸收法、消去法和配项法。表 5-1-14 列出了公式化简的常用方法及说明。

表 5-1-14　常用化简方法

常用方法	所用公式	方法说明	举　　例
并项法	$A + \overline{A} = 1$	将两项合为一项，消去一个变量	$AB\overline{C} + AB\overline{\overline{C}} = A\overline{B}(C + \overline{C}) = A\overline{B}$
吸收法	$A + AB = A$	消去多余的乘积项 AB	$A\overline{B} + A\overline{B}\,\overline{C}D(E + F) = A\overline{B}$
消去法	$A + \overline{A}B = A + B$	消去乘积项中的多余因子	$AB + \overline{A}C + \overline{B}C$ $= AB + (\overline{A} + \overline{B})C$ $= AB + \overline{AB}C$ $= AB + C$

续表

常用方法	所用公式	方法说明	举　　例
配项法	$A+A=A$	重复写入某项，再与其他项进行化简	$\overline{A}BC+ABC+\overline{A}+\overline{B}C$ $=\overline{A}BC+ABC+\overline{A}\,\overline{B}\,\overline{C}+\overline{A}BC$ $=BC(\overline{A}+A)+\overline{A}C(\overline{B}+B)$ $=BC+\overline{A}C$
	$A=A(B+\overline{B})$	可将一项拆成两项，将其配项，消去多余项	$A\overline{B}+B\overline{C}+\overline{B}C+\overline{A}B$ $=A\overline{B}+B\overline{C}+(A+\overline{A})\overline{B}C+\overline{A}B(C+\overline{C})$ $=A\overline{B}+B\overline{C}+A\overline{B}C+\overline{A}\,\overline{B}C+\overline{A}BC+\overline{A}B\overline{C}$ $=A\overline{B}+B\overline{C}+\overline{A}C$

【例 5–1–21】 应用公式化简法化简下列函数：

（1）$Y=AB+CD+A\overline{B}+\overline{C}D$；

（2）$Y=AB+\overline{A}CD+BCDE$；

（3）$Y=\overline{A\overline{C}B}+\overline{A\overline{C}}+B+BC$。

解：（1）$Y=AB+CD+A\overline{B}+\overline{C}D=A(B+\overline{B})+D(C+\overline{C})=A+D$；

（2）$Y=AB+\overline{A}CD+BCDE=AB+\overline{A}CD$；

（3）$Y=\overline{A\overline{C}B}+\overline{A\overline{C}}+B+BC=\overline{A\overline{C}B}+\overline{A\overline{C}B}+BC=\overline{A\overline{C}}(B+\overline{B})+BC=\overline{A\overline{C}}+BC$

$=\overline{A}+C+BC=\overline{A}+C$。

视频　逻辑代数的化简

知识链接 7　基本逻辑门电路

能完成基本逻辑功能的电子电路称为逻辑门电路，简称门电路。常用的门电路有与门、或门、非门、与非门、或非门、异或门、与或非门等，它们是构成各种数字电路的基本单元。

按照电路结构组成的不同，逻辑门电路分为分立元件门电路和集成门电路。分立元件门电路目前已很少使用；半导体集成门电路具有体积小、功耗低、工作速度高、使用方便等特点，因而得到广泛应用。

（一）与门电路

图 5–1–11（a）是由二极管组成的与门电路，图 5–1–11（b）是与门的逻辑符号。A、B 是输入变量，Y 是输出变量，输入端对地的高低电平分别为 5 V 和 0 V，作为输入变量的两种状态。

假设二极管正向导通电压近似地认为是 0.7 V，下面分 4 种情况进行讨论。

（1）当 $U_A=U_B=0$ V 时，二极管 D_1 和 D_2 都处于正向导通状态且导通压降 $U_{D1}=U_{D2}=0.7$ V，$U_Y=U_A+U_{D1}=0+0.7=0.7$ V。

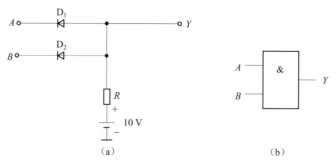

图 5-1-11　二极管与门电路及符号

(a) 与门电路；(b) 与门逻辑符号

（2）当 U_A=0 V，U_B=5 V 时，二极管 D_1 导通，U_Y=U_A+U_{D1}=0.7 V，而 U_{D2}=U_Y-U_B=0.7-5= -4.3 V，二极管 D_2 截止。

（3）当 U_A=5 V，U_B=0 V 时，二极管 D_2 导通，D_1 截止，U_Y=U_B+U_{D2}=0.7 V。

（4）当 U_A=U_B=5 V 时，二极管 D_1 和 D_2 也都处于正向导通状态，此时，U_Y=U_A+U_{D1}=U_B+U_{D2}=5.7 V。

根据上述分析，将输入和输出电平的对应关系列成表格，如表 5-1-15 所示，可以看出，该电路只有所有输入变量为高电平时，输出变量才为高电平，否则输出就是低电平。

表 5-1-15　与门电平关系表　　　　　　　　　　　　　　　　　　　V

U_A	U_B	U_Y
0	0	0.7
0	5	0.7
5	0	0.7
5	5	5.7

假设用"0"表示低电平，用"1"表示高电平，则电平关系表可以表示成两变量的逻辑真值表，如表 5-1-16 所示。

表 5-1-16　与门真值表

A	B	Y
0	0	0
0	1	0
1	0	0
1	1	1

由表 5-1-16 可以看出，变量 A、B 和 Y 之间是与逻辑关系，因此，把这种二极管电路称为与门。即

$$Y=A \cdot B \tag{5-1-24}$$

（二）或门电路

二极管组成的或门电路如图 5-1-12（a）所示，5-1-12（b）为逻辑符号。A、B 是输入变量，Y 是输出变量，输入端对地的高低电平分别为 5 V 和 0 V，作为输入变量的两种状态，二极管导通电压 U_D=0.7 V。

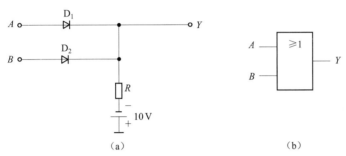

图 5-1-12　二极管或门电路及符号

（a）电路；（b）逻辑符号

根据二极管与门电路的分析思路，二极管或门的工作原理如下：

（1）当 U_A=U_B=0 V 时，二极管 D_1 和 D_2 都处于正向导通状态且导通压降 U_{D1}=U_{D2}=0.7 V，U_Y=U_A−U_{D2}=0−0.7= −0.7 V。

（2）当 U_A=0 V，U_B=5 V 时，二极管 D_2 导通，U_Y=U_B−U_{D2}=4.3 V，而 U_{D1}=U_A−U_Y = 0−4.3= −4.3 V，二极管 D_1 截止。

（3）当 U_A=5 V，U_B=0 V 时，二极管 D_1 导通，D_2 截止，U_Y=U_A−U_{D1}=4.3 V。

（4）当 U_A=U_B=5 V 时，二极管 D_1 和 D_2 也都处于正向导通状态，此时，U_Y=U_A−U_{D1}=U_B−U_{D2}=4.3 V。

根据上述分析，将输入和输出电平的对应关系列成表格，如表 5-1-17 所示，可以看出，该电路只要有一个或一个以上为高电平，输出变量就是高电平；所有输入变量为低电平时，输出变量才为低电平。

表 5-1-17　或门电平关系表　　　　　　　　　　　　　　　　　　V

U_A	U_B	U_Y
0	0	−0.7
0	5	4.3
5	0	4.3
5	5	4.3

假设用"0"表示低电平，用"1"表示高电平，则电平关系表可以表示成两变量的逻辑真值表，如图 5-1-18 所示。

表 5-1-18 或门真值表

A	B	Y
0	0	0
0	1	1
1	0	1
1	1	1

由表 5-1-18 可以看出，变量 A、B 和 Y 之间是或逻辑关系，因此，把这种二极管电路称为或门电路。即

$$Y=A+B \tag{5-1-25}$$

（三）非门电路

非门电路可以由三极管组成，如图 5-1-13（a）所示，图 5-1-13（b）为其逻辑符号。A 为输入变量，输入端对地电压用 u_I 表示；Y 为输出变量，输出端对地的电压用 u_O 表示；V_{CC} 为正电源电压。

假设图 5-1-13（a）中三极管 $\beta = 30$，饱和时 U_{BE}=0.7 V，U_{CES}=0.3 V；输入电压的高电平 U_{IH}=5 V，低电平 U_{IL}=0.3 V。分两种情况对电路工作原理进行分析。

（1）当 $u_I=U_{IL}$=0.3 V 时，由输入电路可知，U_{BE}=0.3 V，此值小于三极管发射结导通电压，三极管截止。因此，i_B=0，i_C=0，输出电压 $u_O=V_{CC}$=5 V。

（2）当 $u_I=U_{IH}$=5 V 时，假设三极管饱和导通，则根据已知条件可以认为 U_{BE}=0.7 V，U_{CES}=0.3 V。根据电路求得

$$i_B = \frac{U_{IH} - U_{BE}}{R_b} = \frac{5-0.7}{10} = 0.43 \,(\text{mA})$$

$$I_{BS} = \frac{V_{CC} - U_{CES}}{\beta R_c} = \frac{5-0.3}{30 \times 1} = 0.16 \,(\text{mA})$$

可见

$$i_B > I_{BS}$$

所以三极管饱和导通的假设成立。根据输出电路可得

$$u_O=U_{CES}=0.3 \text{ V}$$

由上述结果可以列出电路输入和输出的电平关系表，如表 5-1-19 所示。如果用"1"表示高电平。"0"表示低电平，则可以列出电路的逻辑真值表，如表 5-1-20 所示。可见，该电路的输出变量正好是输入变量的反，所以电路称为反相器，可以实现逻辑非的功能。输出变量 Y 的逻辑表达式为

$$Y = \overline{A} \tag{5-1-26}$$

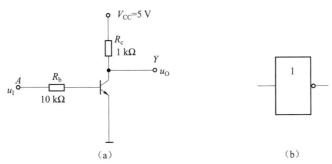

图 5-1-13　三极管非门电路及符号

（a）电路；（b）逻辑符号

表 5-1-19　非门电平关系表　　　　　　　　　　　　　　　　　V

u_I	u_O
0.3	5
5	0.3

视频　基本逻辑门电路

表 5-1-20　非门真值表

u_I	u_O
0	1
1	0

知识链接 8　集成逻辑门电路

数字集成电路的输入级、输出级都由晶体管组成，这种电路称为晶体管-晶体管逻辑门电路，即 TTL（Transistor-Transistor Logic）电路。TTL 集成电路因其生产工艺技术成熟、产品参数稳定、工作可靠而应用广泛。

（一）TTL 与非门电路

1. 电路组成

如图 5-1-14 所示，TTL 与非门电路由输入级、中间级、输出级 3 部分组成。多发射极晶体管 V_1 和电阻 R_1 构成输入级，完成对输入变量 A、B、C 实现与运算；晶体管 V_2 和电阻

R_2、R_3 构成中间级，V_2 的集电极和发射极同时输出两个逻辑电平相反的信号，用来控制晶体管 V_4、V_5 的工作状态；晶体管 V_3、V_4、V_5 和电阻 R_4、R_5 构成输出级，其中，V_5 为反相管，V_3、V_4 组成的复合管是 V_5 的有源负载，完成逻辑非运算。

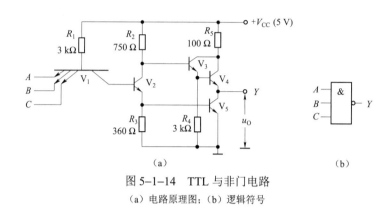

图 5-1-14　TTL 与非门电路

（a）电路原理图；（b）逻辑符号

2. 工作原理

1）当输入端有低电平时（$U_{IL}=0.3\ \text{V}$）

假设输入信号 A 为低电平，即 $U_A=0.3\ \text{V}$，$U_B=U_C=3.6\ \text{V}$（$A=0$，$B=C=1$），那么对应于 A 端的 V_1 管的发射结导通，V_1 管基极电压 U_{B1} 被钳位在 $U_{B1}=U_A+U_{BE1}=0.3+0.7=1\ \text{V}$。为使 V_1 管的集电结、V_2 和 V_5 的发射结同时导通，U_{B1} 至少等于 $2.1\ \text{V}$，此时 $U_{B1}<2.1\ \text{V}$，V_2 和 V_5 截止，$I_{C2}\approx0$，R_2 中电流很小，R_2 上电压很小，$U_{C2}=V_{CC}-U_{R2}\approx5\ \text{V}$。该电压使 V_3、V_4 正向导通，输出电压为高电平：$u_O=U_{OH}=U_{C2}-U_{BE3}-U_{BE4}=5-0.7-0.7=3.6\ \text{V}$，即输入有低电平时，输出为高电平。

2）当输入端全为高电平时（$U_{IH}=3.6\ \text{V}$）

输入信号 $U_A=U_B=U_C=3.6\ \text{V}$（$A=B=C=1$），$V_1$ 管的基极电位最高不超过 $2.1\ \text{V}$，因为 $U_{B1}>2.1\ \text{V}$ 时，V_1 的集电结和 V_2、V_5 的发射结会同时导通，把 U_{B1} 钳在 $U_{B1}=U_{BC1}+U_{BE2}+U_{BE5}=0.7+0.7+0.7=2.1\ \text{V}$，由此可知 V_1 的所有发射结均截止。电源 V_{CC} 经过 R_1、V_1 的集电结向 V_2、V_5 提供基流，使 V_2、V_5 管饱和，输出电压 $u_O=U_{OL}=U_{CES5}=0.3\ \text{V}$，故输入全为高电平时，输出为低电平。

3）当输入端全部悬空时

输入端全部悬空时，V_1 管的发射结全部截止，V_{CC} 通过 R_1 使 V_1 的集电结及 V_2 和 V_5 的发射结同时导通，使 V_2 和 V_5 处于饱和状态，V_3 和 V_4 处于截止状态。显然有 $u_O=U_{CES5}=0.3\ \text{V}$。

通过以上分析可知，当电路输入有低电平时，输出为高电平，而输入全为高电平时，输出为低电平，电路的输入输出关系符合与非逻辑，即

$$Y=\overline{ABC} \tag{5-1-27}$$

可见，输入端全部悬空和输入端全部接入高电平时，电路工作状态完全相同，因此，TTL 电路的某输入端悬空，可以等效地看作该端接入高电平。实际电路中，悬空易引入干扰，故对不用的输入端一般不悬空，应做相应处理。

（二）TTL 系列集成电路及使用注意事项

目前，我国 TTL 集成电路有 CT54/74、CT54H/74H、CT54S/74S、CT54LS/74LS 等 4 个系列国家标准集成电路。其中 C 表示中国，T 表示 TTL，54 表示国际通用 54 系列，74 表示国际通用 74 系列，H 表示高速系列，S 表示肖特基系列，LS 表示低功耗肖特基系列。因此，CT54/74 是国产 TTL 标准系列；CT54H/74H 为国产 TTL 高速系列；CT54S/74S 为国产 TTL 肖特基系列；CT54LS/74LS 为国产 TTL 低功耗肖特基系列。

TTL 集成电路在使用时应注意以下事项。

1. 多余输入端的处理

为了防止外界干扰信号的影响，TTL 门电路多余输入端一般不要悬空，处理方法应保证电路的逻辑关系，并使其正常而稳定地工作。如与门的多余端应接高电平，或门的多余端应接低电平。

实现高、低电平的方法有两种：① 直接接正电源或地；② 通过限流电阻接正电源或地。另外，如果工作速度不高，信号源驱动能力较强，多余输入端也可同已经使用的输入端并接使用。

图 5-1-15 是与非门多余输入端的处理方法，图 5-1-16 为或非门多余输入端的处理方法。

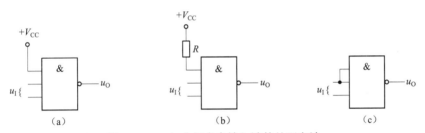

图 5-1-15　与非门多余输入端的处理方法
（a）接电源；（b）通过 R 接电源；（c）与使用输入端并接

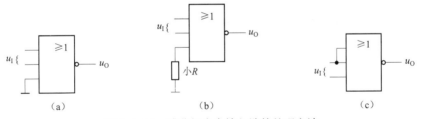

图 5-1-16　或非门多余输入端的处理方法
（a）接地；（b）通过小 R 接地；（c）与使用输入端并接

2. 输出端的使用

TTL 电路（三态门除外）的输出端不允许并联使用（即"线与"连接），也不允许直接与电源或地相连，否则将使电路的逻辑混乱并损坏器件。

动画　TTL "与非" 门电路工作原理　　　　视频　集成逻辑门电路　　　　图片　IC7400_SHOW2

知识链接 9　组合逻辑电路的分析和设计

逻辑电路按逻辑功能可分为两大类：组合逻辑电路和时序逻辑电路。电路在任意时刻的输出状态只取决于该时刻的输入信号，而与时刻前电路的输出状态无关，这种数字电路称为组合逻辑电路；电路在任意时刻的输出状态不仅与该时刻的输入信号有关，而且与该时刻前电路的输出状态有关的数字电路称为时序逻辑电路。

（一）组合逻辑电路概述

组合逻辑电路的特点是输出与输入的关系具有即时性。图 5-1-17 给出了组合逻辑电路

图 5-1-17　组合逻辑电路方框图

的方框图，其中 n 个输入变量（$x_1, x_2, \cdots, x_n$）共有 2^n 个可能的组合状态，m 个输出（$z_1, z_2, \cdots, z_m$）可用 m 个逻辑函数来描述，输出与输入之间的逻辑关系可表示为：

$$z_i = f_i(x_1, x_2, \cdots, x_n) \qquad i = 1, 2, \cdots, m \qquad (5-1-28)$$

从电路的结构和功能上看，组合逻辑电路具有如下特点：

（1）电路中不存在输出端到输入端的反馈电路。

（2）电路主要由门电路组合而成，不包含存储信息的记忆元件。

（3）电路的输入状态一旦确定，输出状态便被唯一确定。

（二）组合逻辑电路的分析

组合逻辑电路的分析，是指已知组合逻辑电路，求输出变量与输入变量之间的逻辑关系，从而了解电路所实现的逻辑功能，并对给定逻辑电路的工作性能进行评价。其大体步骤如下：

（1）由给定的逻辑图，从输入到输出逐级写出逻辑表达式。

（2）化简逻辑表达式。

（3）列出真值表。

（4）根据真值表对逻辑电路进行分析，确定逻辑功能。

【例 5-1-22】分析图 5-1-18 所示组合逻辑电路的逻辑功能。

解：由逻辑电路图可得

$$Y = \overline{\overline{AB} \cdot \overline{BC} \cdot \overline{AC}} \qquad (5-1-29)$$

化简式（5-1-29）得

$$Y = AB + BC + AC \qquad (5-1-30)$$

根据化简结果，列写真值表（见表 5-1-21）。

从真值表可以看出，若输入两个或者两个以上的 1（或 0），输出 Y 为 1（或 0），即输出信号 Y 总是与输入信号的多数电平相一致，此电路在实际应用中可作为多数表决电路使用。

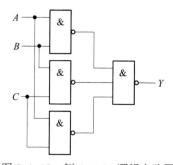

图 5-1-18　例 5-1-22 逻辑电路图

表 5-1-21 例 5-1-22 真值表

A	B	C	Y
0	0	0	0
0	0	1	0
0	1	0	0
0	1	1	1
1	0	0	0
1	0	1	1
1	1	0	1
1	1	1	1

（三）组合逻辑电路的设计

组合逻辑电路的设计和分析是互逆过程。组合逻辑电路设计的目的是根据给定的逻辑功能要求设计最佳电路。工程上的最佳设计需要用多个指标去衡量，主要有以下几个方面：

（1）所用的逻辑器件数目最少，器件的种类最少，且器件之间的连线最简单，这样的电路称为"最小化"电路。

（2）满足速度要求，应使级数尽量少，以减少门电路的延迟。

（3）功耗小，工作稳定可靠。

值得注意的是，"最小化"电路不一定是"最佳化"电路，必须从经济指标和速度、功耗等多个指标综合考虑，才能设计出最佳电路。

组合逻辑电路设计的大体步骤如下：

（1）根据设计要求，确定输入、输出变量的符号和个数，并对它们进行逻辑赋值（即确定 0 和 1 代表的含义）。

（2）根据逻辑功能和上面的规定，列出真值表。

（3）根据真值表得到逻辑函数表达式并化简，根据选用的门电路的类型将逻辑表达式变换成所需要的形式。

（4）根据变换后的逻辑函数表达式画出逻辑图。

【例 5-1-23】我们现在为一个选秀节目设计一款三人表决器。要求当评委中有两人或两人以上表决通过则选手晋级成功，否则晋级失败。试设计表决电路，要求用与非门实现。

解： 首先确定输入、输出变量的符号和个数，并进行逻辑赋值。

设定三个评委，分别用 A、B、C 表示为输入变量，每个评委表决通过为 1，否则为 0。最终表决结果用 Y 表示，通过为 1，否则为 0。列出真值表如表 5-1-22 所示。

表 5-1-22 三人表决器的真值表

A	B	C	Y
0	0	0	0
0	0	1	0

续表

A	B	C	Y
0	1	0	0
0	1	1	1
1	0	0	0
1	0	1	1
1	1	0	1
1	1	1	1

找出真值表中 Y 为 1 对应的乘积项，然后进行或运算，得出复合逻辑需求的最初的逻辑表达式

$$Y = \overline{A}BC + A\overline{B}C + AB\overline{C} + ABC \qquad (5\text{-}1\text{-}31)$$

然后采用公式法对式（5-1-31）进行化简，步骤如下：

$$
\begin{aligned}
Y &= \overline{A}BC + A\overline{B}C + AB\overline{C} + ABC \\
&= \overline{A}BC + A\overline{B}C + AB\overline{C} + ABC + ABC + ABC \\
&= (\overline{A}BC + ABC) + (A\overline{B}C + ABC) + (AB\overline{C} + ABC) \\
&= (\overline{A} + A)BC + (\overline{B} + B)AC + (\overline{C} + C)AB \\
&= BC + AC + AB \\
&= \overline{\overline{BC + AC + AB}} \\
&= \overline{\overline{BC} \cdot \overline{AC} \cdot \overline{AB}}
\end{aligned}
$$

得到电路的与非逻辑表达式为：

$$Y = \overline{\overline{BC} \cdot \overline{AC} \cdot \overline{AB}} \qquad (5\text{-}1\text{-}32)$$

根据式（5-1-32）画出三人表决器逻辑电路图，如图 5-1-19 所示。

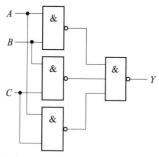

图 5-1-19　三人表决器设计电路

视频　组合逻辑电路的分析

知识链接 10　编码器

在数字系统中，常常需要将某一信息变换成某一特定的代码输出。这种将特定含义的输入信号（如数字、某种文字、符号等）转换成输出端二进制代码的过程，称为编码。具有编

码功能的逻辑电路称为编码器。按照编码方式不同，编码器可分为普通编码器和优先编码器；按照输出代码种类的不同，可分为二进制编码器和非二进制编码器。

常用的编码器有二进制编码器、二进制优先编码器和二－十进制编码器等。

（一）二进制编码器

二进制编码器是用 n 位二进制数把某种信号编成 2^n 个二进制代码的逻辑电路。它属于普通编码器。常见的二进制编码器有 8 线–3 线编码器（输入端有 8 条线，输出端有 3 条线）、16 线–4 线编码器等。现以 8 线–3 线编码器为例说明其工作原理。

如图 5–1–20 所示，该编码器有 8 个输入信号，分别为 $\overline{I_0}$、$\overline{I_1}$、$\overline{I_2}$、$\overline{I_3}$、$\overline{I_4}$、$\overline{I_5}$、$\overline{I_6}$、$\overline{I_7}$，低电平有效；3 个输出端分别为 Y_2、Y_1、Y_0。其真值表如表 5–1–23 所示。当某一个输入端为低电平时，就输出与该输入端相对应的代码。

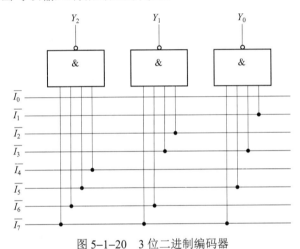

图 5–1–20 3 位二进制编码器

表 5–1–23 3 位二进制编码器真值表

输入								输出		
$\overline{I_0}$	$\overline{I_1}$	$\overline{I_2}$	$\overline{I_3}$	$\overline{I_4}$	$\overline{I_5}$	$\overline{I_6}$	$\overline{I_7}$	Y_2	Y_1	Y_0
0	1	1	1	1	1	1	1	0	0	0
1	0	1	1	1	1	1	1	0	0	1
1	1	0	1	1	1	1	1	0	1	0
1	1	1	0	1	1	1	1	0	1	1
1	1	1	1	0	1	1	1	1	0	0
1	1	1	1	1	0	1	1	1	0	1
1	1	1	1	1	1	0	1	1	1	0
1	1	1	1	1	1	1	0	1	1	1

由表 5–1–23 可得 3 位二进制编码器输出信号的逻辑表达式：

$$Y_2 = \overline{\overline{I_4}\,\overline{I_5}\,\overline{I_6}\,\overline{I_7}} \tag{5-1-33}$$

$$Y_1 = \overline{\overline{I_2}\,\overline{I_3}\,\overline{I_6}\,\overline{I_7}} \tag{5-1-34}$$

$$Y_0 = \overline{\overline{I_1}\,\overline{I_3}\,\overline{I_5}\,\overline{I_7}} \tag{5-1-35}$$

（二）二进制优先编码器

普通编码器电路简单，但同时两个或更多个输入信号有效时，其输出是混乱的。在控制系统中被控对象往往不止一个，因此必须对多个对象输入的控制量进行处理。目前广泛使用的是优先编码器，它允许若干输入信号同时有效，编码器按照输入信号的优先级别进行编码。

常见的集成二进制8线-3线优先编码器74LS148，可以将8条输入数据线编码为二进制的3条输出数据线。它对输入端采用优先编码，以保证只对最高位的数据线进行编码。

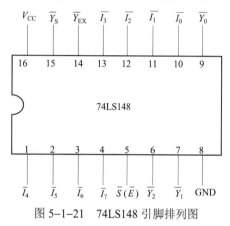

图 5-1-21　74LS148 引脚排列图

图 5-1-21 为 74LS148 引脚排列图。图中引脚 10、11、12、13、1、2、3、4 为 8 个输入信号端，引脚 6、7、9 为 3 个输出端，引脚 5 为使能输入端，引脚 14、15 为用于扩展功能的输出端。

表 5-1-24 为 74LS148 功能表。表中输入输出信号均为低电平有效。优先级别高低次序依次为 $\overline{I_7}$、$\overline{I_6}$、$\overline{I_5}$、$\overline{I_4}$、$\overline{I_3}$、$\overline{I_2}$、$\overline{I_1}$、$\overline{I_0}$，因此 $\overline{I_7}$ 优先级最高，$\overline{I_0}$ 最低。当 $\overline{S}=0$ 时，允许编码，且输出优先级别高的有效输入对应的编码；$\overline{S}=1$ 时，禁止编码，输出端均为无效高电平，即 $\overline{Y_2}\overline{Y_1}\overline{Y_0}=111$，且 $\overline{Y}_{EX}=1$，$\overline{Y}_S=1$。$\overline{Y}_S$ 为使能输出端，主要用于级联，一般接到下一片的 $\overline{S}$。当 $\overline{S}=0$ 允许工作时，如果 $\overline{I_0} \sim \overline{I_7}$ 端有输入信号有效，$\overline{Y}_S=1$，如果 $\overline{I_0} \sim \overline{I_7}$ 端无输入信号有效，$\overline{Y}_S=0$。$\overline{Y}_{EX}$ 为扩展输出端，$\overline{Y}_{EX}=0$ 表示 $\overline{Y_2}\overline{Y_1}\overline{Y_0}$ 的输出是输入信号编码输出的结果。

表5-1-24　74LS148 功能表

输入信号（条件）									输出信号（结果）				
$\overline{S}$	$\overline{I_7}$	$\overline{I_6}$	$\overline{I_5}$	$\overline{I_4}$	$\overline{I_3}$	$\overline{I_2}$	$\overline{I_1}$	$\overline{I_0}$	$\overline{Y_2}$	$\overline{Y_1}$	$\overline{Y_0}$	$\overline{Y}_S$	$\overline{Y}_{EX}$
1	×	×	×	×	×	×	×	×	1	1	1	1	1
0	0	×	×	×	×	×	×	×	0	0	0	1	0
0	1	0	×	×	×	×	×	×	0	0	1	1	0
0	1	1	0	×	×	×	×	×	0	1	0	1	0
0	1	1	1	0	×	×	×	×	0	1	1	1	0
0	1	1	1	1	0	×	×	×	1	0	0	1	0
0	1	1	1	1	1	0	×	×	1	0	1	1	0
0	1	1	1	1	1	1	0	×	1	1	0	1	0
0	1	1	1	1	1	1	1	0	1	1	1	1	0
0	1	1	1	1	1	1	1	1	1	1	1	0	1

（三）二–十进制编码器

二–十进制编码器是将十进制的 10 个数码 0、1、2、3、4、5、6、7、8、9（或其他 10 个信息）编成二进制代码的逻辑电路。这种二进制代码又称为二–十进制代码，简称 BCD 码。二–十进制编码器是 10 线–4 线编码器，即有 10 个输入端，4 个输出端。该编码器的真值表如表 5–1–25 所示。

表 5–1–25　二–十进制编码器真值表

十进制数	输　入　端										输　出　端			
	I_0	I_1	I_2	I_3	I_4	I_5	I_6	I_7	I_8	I_9	Y_3	Y_2	Y_1	Y_0
0	1	0	0	0	0	0	0	0	0	0	0	0	0	0
1	0	1	0	0	0	0	0	0	0	0	0	0	0	1
2	0	0	1	0	0	0	0	0	0	0	0	0	1	0
3	0	0	0	1	0	0	0	0	0	0	0	0	1	1
4	0	0	0	0	1	0	0	0	0	0	0	1	0	0
5	0	0	0	0	0	1	0	0	0	0	0	1	0	1
6	0	0	0	0	0	0	1	0	0	0	0	1	1	0
7	0	0	0	0	0	0	0	1	0	0	0	1	1	1
8	0	0	0	0	0	0	0	0	1	0	1	0	0	0
9	0	0	0	0	0	0	0	0	0	1	1	0	0	1

由表 5–1–25 可以写出各输出逻辑函数式为：

$$Y_3 = I_8 + I_9 \tag{5-1-36}$$

$$Y_2 = I_4 + I_5 + I_6 + I_7 \tag{5-1-37}$$

$$Y_1 = I_2 + I_3 + I_6 + I_7 \tag{5-1-38}$$

$$Y_0 = I_1 + I_3 + I_5 + I_7 + I_9 \tag{5-1-39}$$

根据上述逻辑函数表达式得到最常见的 8421BCD 码编码器，如图 5–1–22 所示。其中，输入信号 $I_0 \sim I_9$ 代表 0~9 共 10 个十进制信号，此电路为输入高电平有效，输出信号 $Y_0 \sim Y_3$ 为相应二进制代码，其中 S 为拨盘开关，当需要转换某一个十进制数时，就将拨盘开关拨到相应的输入端上。

（四）二–十进制优先编码器

74LS147 是一种集成二–十进制优先编码器，下面以 74LS147 为例介绍二–十进制优先编码器的特点和应用。图 5–1–23 为 74LS147 的引脚排列图，表 5–1–26 为其功能表。

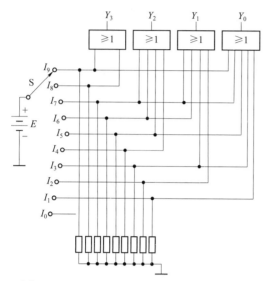

图 5-1-22　8421BCD 编码器的逻辑电路图

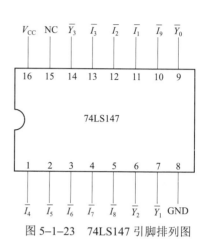

图 5-1-23　74LS147 引脚排列图

表 5-1-26　二-十进制优先编码器真值表

$\overline{I_1}$	$\overline{I_2}$	$\overline{I_3}$	$\overline{I_4}$	$\overline{I_5}$	$\overline{I_6}$	$\overline{I_7}$	$\overline{I_8}$	$\overline{I_9}$	$\overline{Y_3}$	$\overline{Y_2}$	$\overline{Y_1}$	$\overline{Y_0}$
1	1	1	1	1	1	1	1	1	1	1	1	1
×	×	×	×	×	×	×	×	0	0	1	1	0
×	×	×	×	×	×	×	0	1	0	1	1	1
×	×	×	×	×	×	0	1	1	1	0	0	0
×	×	×	×	×	0	1	1	1	1	0	0	1
×	×	×	×	0	1	1	1	1	1	0	1	0
×	×	×	0	1	1	1	1	1	1	0	1	1
×	×	0	1	1	1	1	1	1	1	1	0	0
×	0	1	1	1	1	1	1	1	1	1	0	1
0	1	1	1	1	1	1	1	1	1	1	1	0

　　由表 5-1-26 可以看出，输入低电平有效，输出的是 8421BCD 码的反码，输入端采用优先编码，$\overline{I_9}$ 的级别最高，$\overline{I_0}$ 的级别最低，$\overline{I_0}$ 在功能表中并没有出现，当 $\overline{I_0} \sim \overline{I_9}$ 均无效时输出为 1111，就是 $\overline{I_0}$ 的编码。

视频　编码器

图片　74LS148

知识链接 11 译码器和数码显示

译码是编码的逆过程,译码器的功能是将输入的二进制代码译成与代码对应的输出信号。实现译码功能的数字电路称为译码器。译码器分为变量译码器和显示译码器。变量译码器有二进制译码器和非二进制译码器。

(一)二进制译码器

将二进制代码译成对应的输出信号的电路称为二进制译码器。图 5-1-24 为二进制译码器的方框图。

图 5-1-24 二进制译码器方框图

图中,输入信号是二进制代码,输出信号是一组高低电平信号。对应输入信号的任何一种取值组合,只有一个相应的输出端为有效电平,其余输出端均为无效电平。若输入是 n 位二进制代码,译码器必然有 2^n 根输出线。因此,2 位二进制译码器有 4 根输出线,又称 2 线-4 线译码器;3 位二进制译码器有 8 根输出线,又称 3 线-8 线译码器。

74LS138 是由 TTL 与非门组成的 3 线-8 线译码器。它的逻辑图如图 5-1-25(a)所示,其符号图如图 5-1-25(b)所示。

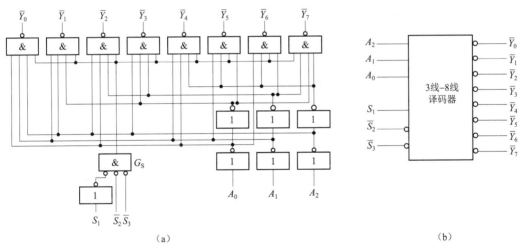

（a）   （b）

图 5-1-25 74LS138 逻辑图及符号图

（a）逻辑图；（b）符号图

当附加控制门 G_S 的输出为高电平（$S=1$）时,可由逻辑图写出

$$\overline{Y_0} = \overline{\overline{A_2}\,\overline{A_1}\,\overline{A_0}S}, \quad \overline{Y_1} = \overline{\overline{A_2}\,\overline{A_1}A_0 S}, \quad \overline{Y_2} = \overline{\overline{A_2}A_1\overline{A_0}S}, \quad \overline{Y_3} = \overline{\overline{A_2}A_1 A_0 S}$$

$$\overline{Y_4} = \overline{A_2\,\overline{A_1}\,\overline{A_0}S}, \quad \overline{Y_5} = \overline{A_2\,\overline{A_1}A_0 S}, \quad \overline{Y_6} = \overline{A_2 A_1\overline{A_0}S}, \quad \overline{Y_7} = \overline{A_2 A_1 A_0 S} \qquad (5\text{-}1\text{-}40)$$

S_1、$\overline{S_2}$、$\overline{S_3}$ 是 74LS138 设置的 3 个附加控制端，也称为"片选"输入端（或称功能控制端）。当 $S_1=1$，$\overline{S_2}=\overline{S_3}=0$ 时，G_S 的输出端为高电平（$S=1$），译码器处于工作状态，否则译码器被禁止，所有的输出端被封锁在高电平。利用片选端的作用可以将多片 74LS138 连接起来以扩展译码器的功能。

（二）二–十进制译码器（BCD 译码器）

将 BCD 代码译成 10 个对应的输出信号的电路称为二–十进制译码器。BCD 代码是由 4 个变量组成的，故电路有 4 个输入端，10 个输出端，因此又称为 4 线–10 线译码器。

图 5-1-26 是二–十进制译码器 74LS42 的逻辑图。

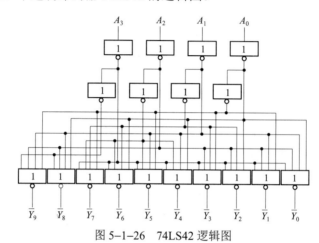

图 5-1-26　74LS42 逻辑图

由图 5-1-26 可以得到逻辑表达式。

$$\overline{Y_0}=\overline{\overline{A_3}\,\overline{A_2}\,\overline{A_1}\,\overline{A_0}} \quad \overline{Y_1}=\overline{\overline{A_3}\,\overline{A_2}\,\overline{A_1}\,A_0} \quad \overline{Y_2}=\overline{\overline{A_3}\,\overline{A_2}\,A_1\,\overline{A_0}} \quad \overline{Y_3}=\overline{\overline{A_3}\,\overline{A_2}\,A_1\,A_0}$$

$$\overline{Y_4}=\overline{\overline{A_3}\,A_2\,\overline{A_1}\,\overline{A_0}} \quad \overline{Y_5}=\overline{\overline{A_3}\,A_2\,\overline{A_1}\,A_0} \quad \overline{Y_6}=\overline{\overline{A_3}\,A_2\,A_1\,\overline{A_0}} \quad \overline{Y_7}=\overline{\overline{A_3}\,A_2\,A_1\,A_0}$$

$$\overline{Y_8}=\overline{A_3\,\overline{A_2}\,\overline{A_1}\,\overline{A_0}} \quad \overline{Y_9}=\overline{A_3\,\overline{A_2}\,\overline{A_1}\,A_0} \tag{5-1-41}$$

根据逻辑表达式（5-1-41）列出真值表，如表 5-1-27 所示。

表 5-1-27　二–十进制译码器真值表

序号	输　　入				输　　出									
	A_3	A_2	A_1	A_0	$\overline{Y_0}$	$\overline{Y_1}$	$\overline{Y_2}$	$\overline{Y_3}$	$\overline{Y_4}$	$\overline{Y_5}$	$\overline{Y_6}$	$\overline{Y_7}$	$\overline{Y_8}$	$\overline{Y_9}$
0	0	0	0	0	0	1	1	1	1	1	1	1	1	1
1	0	0	0	1	1	0	1	1	1	1	1	1	1	1
2	0	0	1	0	1	1	0	1	1	1	1	1	1	1
3	0	0	1	1	1	1	1	0	1	1	1	1	1	1
4	0	1	0	0	1	1	1	1	0	1	1	1	1	1
5	0	1	0	1	1	1	1	1	1	0	1	1	1	1
6	0	1	1	0	1	1	1	1	1	1	0	1	1	1
7	0	1	1	1	1	1	1	1	1	1	1	0	1	1

续表

序号	输　　入				输　　出									
	A_3	A_2	A_1	A_0	$\overline{Y_0}$	$\overline{Y_1}$	$\overline{Y_2}$	$\overline{Y_3}$	$\overline{Y_4}$	$\overline{Y_5}$	$\overline{Y_6}$	$\overline{Y_7}$	$\overline{Y_8}$	$\overline{Y_9}$
8	1	0	0	0	1	1	1	1	1	1	1	1	0	1
9	1	0	0	1	1	1	1	1	1	1	1	1	1	0
伪码	1	0	1	0	1	1	1	1	1	1	1	1	1	1
	1	0	1	1	1	1	1	1	1	1	1	1	1	1
	1	1	0	0	1	1	1	1	1	1	1	1	1	1
	1	1	0	1	1	1	1	1	1	1	1	1	1	1
	1	1	1	0	1	1	1	1	1	1	1	1	1	1
	1	1	1	1	1	1	1	1	1	1	1	1	1	1

由表 5-1-27 可知，该电路的输入是 8421BCD 码，10 个译码输出端为 $\overline{Y_0} \sim \overline{Y_9}$，译中的则输出为零，否则为 1。当输入端 $A_3 \sim A_0$ 出现 1010～1111 六个伪码时，输出 $\overline{Y_0} \sim \overline{Y_9}$ 均为 1，所以它具有拒绝伪码的功能。

（三）显示译码器

在数字测量仪表和各种数字系统中，都需要将数字量直观地显示出来，一方面供人们直接读取测量和运算的结果，另一方面用于监视数字系统的工作情况。专门用来驱动数码管工作的译码器称为显示译码器。显示译码器的种类很多，下面主要介绍常用的 BCD 码七段显示器和集成 BCD 码七段显示译码器 74LS48。

如图 5-1-27 所示为由发光二极管组成的七段显示器字形图及其接法。$a \sim g$ 是由 7 个发光二极管组成，有共阳极和共阴极两种接法。根据发光二极管的特性，当为共阳极接法时，阴极接收到低电平的发光二极管发光；共阴极接法时，阳极接收到高电平的发光二极管发光。例如，如果为共阴极接法，当 $a \sim g$ 为 1011011 时，显示数字"5"。

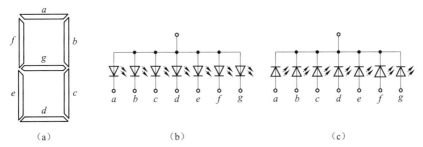

图 5-1-27　发光二极管组成的七段显示器字形图及接法
（a）外形；（b）共阳极接法；（c）共阴极接法

常用的集成 BCD 码七段显示译码器的种类很多，如 74LS47、74LS48、CC4511 等多种型号。如图 5-1-28 所示为 74LS48 的引脚图。

A、B、C、D 为 BCD 码输入端，A 为最低位，$a \sim g$ 为输出端，高电平有效，通过限流电阻，分别驱动显示译码器的 $a \sim g$ 输入端，其他端为使能控制端。74LS48 的功能表如表 5-1-28 所示。

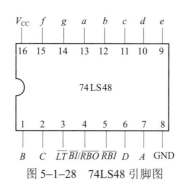

图 5-1-28 74LS48 引脚图

表 5-1-28 74LS48 功能表

十进制数	输入信号（条件）							输出信号（结果）						
	$\overline{LT}$	$\overline{RBI}$	D	C	B	A	$\overline{BI}/\overline{RBO}$	a	b	c	d	e	f	g
0	1	1	0	0	0	0	1	1	1	1	1	1	1	0
1	1	×	0	0	0	1	1	0	1	1	0	0	0	0
2	1	×	0	0	1	0	1	1	1	0	1	1	0	1
3	1	×	0	0	1	1	1	1	1	1	1	0	0	1
4	1	×	0	1	0	0	1	0	1	1	0	0	1	1
5	1	×	0	1	0	1	1	1	0	1	1	0	1	1
6	1	×	0	1	1	0	1	0	0	1	1	1	1	1
7	1	×	0	1	1	1	1	1	1	1	0	0	0	0
8	1	×	1	0	0	0	1	1	1	1	1	1	1	1
9	1	×	1	0	0	1	1	1	1	1	0	0	1	1
10	1	×	1	0	1	0	1	0	0	0	1	1	0	1
11	1	×	1	0	1	1	1	0	0	1	1	0	0	1
12	1	×	1	1	0	0	1	0	1	0	0	0	1	1
13	1	×	1	1	0	1	1	1	0	0	1	0	1	1
14	1	×	1	1	1	0	1	0	0	0	1	1	1	1
15	1	×	1	1	1	1	1	0	0	0	0	0	0	0
灭灯 $\overline{BI}$	×	×	×	×	×	×	0	0	0	0	0	0	0	0
动态灭"0"	1	0	0	0	0	0	0	0	0	0	0	0	0	0
试灯 $\overline{LT}$	0	×	×	×	×	×	1	1	1	1	1	1	1	1

分析功能表与七段显示译码器的关系可知，只有输入二进制码是 8421BCD 码时，才能显示数字 0～9。当输入的四位码不是 8421BCD 码时，显示的字形就不是十进制数。

74LS48 功能说明如下：

（1）$\overline{LT}$ 为试灯输入端。当 $\overline{LT}=0$，$\overline{BI}/\overline{RBO}=1$ 时，不管其他输入状态如何，a～g 七段全亮，用以检查各段发光二极管的好坏。

（2） $\overline{BI}$ / $\overline{RBO}$ 为熄灯输入端/动态灭"0"输出端，低电平有效。$\overline{BI}$ 和 $\overline{RBO}$ 是线与逻辑，既可以作输入信号 $\overline{BI}$ 为熄灯输入端，也可作输出信号 $\overline{RBO}$ 为动态灭"0"输出端，它们共用一根外引线，以减少端子的数目。当 $\overline{BI}$ =0 时，$a\sim g$ 七段全灭；当作为输出信号 $\overline{RBO}$ 作动态灭"0"时，若本位灭"0"时，$\overline{RBO}$ =0，控制下一位的 $\overline{RBI}$ ，作为灭"0"输入。

（3） $\overline{RBI}$ 为灭"0"输入端。作用是将能显示的"0"熄灭。在多位显示时，利用 $\overline{RBI}$ 和 $\overline{RBO}$ 的适当连接，可以灭掉高位或低位多余的0，使显示的结果更加符合人们的习惯。

从功能表可以看出，当输入 $DCBA$ 为0000～1001时，显示数字0～9；输入为1010～1110时，显示稳定的非数字信号；当输入为1111时，7个显示段全部熄灭。

动画 译码器

视频 译码器1

视频 译码器2

动画 数字显示

图片 74HC138

任务实施

（一）电路原理图及原理分析

八路抢答器电路原理图如图5-1-29所示。

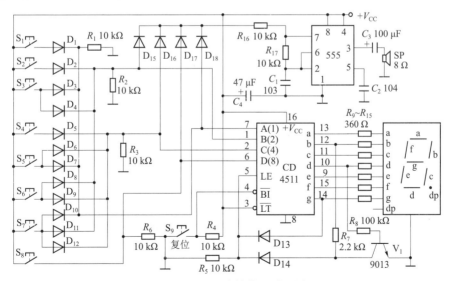

图5-1-29 八路抢答器原理图

（二）八路抢答器工作原理分析

（1）$S_1 \sim S_8$ 是抢答按钮，S_9 是复位按钮。

（2）$S_1 \sim S_7$、$D_1 \sim D_{12}$ 和 $R_1 \sim R_3$ 组成了 3 个或门，用以对二进制数 000～111 进行编码，S_8 对二进制数 1000 进行编码，按钮不按下时，相应或门的输入端为 0，$S_1 \sim S_8$ 均不按时，$DCBA=0000$，按钮按下时，相应或门的输入端为 1，同时使 555 构成的多谐振荡器工作，发出声音；S_9 控制译码器的消隐（熄灭）输入端，用于复位。

（3）锁存信号的产生。

D_{13}、D_{14} 和 R_5 也组成一个或门，其输出端接到 CD4511 的 LE 端，作为锁存信号，用以控制 CD4511 正常译码（这时 LE 为低电平）或锁存（保持（hold）、定格、禁止译码，这时 LE 为高电平）。

锁存信号的产生来自或门电路的输入端，即 D_{13}、D_{14} 两二极管的阳极，这要从 8 字块数码显示器的字形 0～8 进行分析，从而确定 $abcdefg$ 各段电平的高低情况。数字 2、3、4、5、6 和 8 均用到 g 段，g 段通过 D_{13} 使或门输出 LE 为高电平，从而产生锁存信号（数字为 0 时，因 g 段为低电平，故不产生锁存信号）；数字 1 和 7 的共同特点是 b 段是高电平，d 段是低电平，从而使三极管 9013 截止，集电极输出高电平，通过 D_{14} 使或门输出 LE 为高电平，从而产生锁存信号；而数字为 0 时，因 g 段为低电平，同时 b 段和 d 段都是高电平，三极管 9013 饱和导通，集电极输出低电平，这时或门输出 LE 为低电平，故不产生锁存信号。

（4）复位。

电源、R_4 和按钮 S_9 组成复位电路，其输出信号去控制 CD4511 译码器的消隐信号 LE。当按钮 S_9 不按（或松开）时，其输出信号使 LE 为高电平，译码器正常译码；当按钮 S_9 被按下时，其输出信号使 LE 为低电平，译码器消隐，这时 8 字块数码显示器无显示。

（三）组装

（1）先安装连接线 $J_1 \sim J_5$，再安装小个头的二极管和电阻，要卧装。
（2）后安装集成电路、按钮、电容、三极管和七段 LED 数码显示器等。
（3）注意二极管和电解电容的安装极性；也要注意集成电路和数码显示器的安装方向。

组装完成后的八路抢答器实物图如图 5-1-30 所示。

图 5-1-30　八路抢答器实物图

知识拓展

知识拓展1　逻辑函数的卡诺图化简法

（一）最小项与卡诺图

1. 逻辑函数的最小项

1）最小项的定义

在 n 个输入变量的逻辑函数中，如果一个乘积项包含 n 个变量，且乘积项中的每个变量以原变量或反变量的形式出现且仅出现一次，那么该乘积项称为该函数的一个最小项。对 n 个输入变量的逻辑函数，共有 2^n 个最小项，但对一个具体的逻辑函数，通常包含部分最小项。

例如：2 个变量的逻辑函数 $Y = F(A,B)$，有 $2^2=4$ 个最小项：$\overline{A}\,\overline{B}$、$\overline{A}B$、$A\overline{B}$、$AB$；3 个变量的逻辑函数 $Y=F(A,B,C)$，共有 $2^3=8$ 个最小项：$\overline{A}\,\overline{B}\,\overline{C}$、$\overline{A}\,\overline{B}C$、$\overline{A}B\overline{C}$、$\overline{A}BC$、$A\overline{B}\,\overline{C}$、$A\overline{B}C$、$AB\overline{C}$、$ABC$。

2）最小项的性质

（1）最小项的值是变量的取值组合代入最小项后相与的结果。对于任意一个最小项，有且仅有一组相应变量的取值组合使它的值为 1。

（2）任意两个不同最小项的乘积恒为 0。

（3）n 变量的所有最小项的和恒为 1。

（4）若两个最小项之间只有一个变量不同，其余各变量均相同，则称这两个最小项是逻辑相邻的。对于 n 个输入变量的函数，每个最小项有 n 个最小项与之相邻。

3）最小项的编号

由于 n 个输入变量的逻辑函数，共有 2^n 个最小项，为了表达方便，给每个最小项加以编号，记为 m_i，下标 i 就是最小项的编号。编号方法为：先将最小项的原变量用 1 表示，反变量用 0 表示，构成二进制数，然后将二进制数转化成十进制数，即为该最小项的编号。

二变量的最小项编号如表 5–1–29 所示。

表 5–1–29　二变量的最小项编号

最小项	变量取值		最小项编号
	A	B	
$\overline{A}\,\overline{B}$	0	0	m_0
$\overline{A}B$	0	1	m_1
$A\overline{B}$	1	0	m_2
AB	1	1	m_3

2. 最小项表达式

任何一个逻辑函数都可以表示成若干个最小项之和的形式，这样的表达式就是函数的最小项表达式，并且该形式是唯一的。

求逻辑函数最小项表达式的方法如下。

1）由真值表求最小项表达式

已知 Y 的真值表如表 5-1-30 所示。由真值表写出最小项表达式的方法是：使函数 $Y=1$ 的变量取值组合有 001、010、100、110 四项，与其对应的最小项是 $\overline{A}\,\overline{B}C$、$\overline{A}B\overline{C}$、$A\overline{B}\,\overline{C}$、$AB\overline{C}$，则逻辑函数 Y 的最小项表达式为：

$$Y(A, B, C) = \overline{A}\,\overline{B}C + \overline{A}B\overline{C} + A\overline{B}\,\overline{C} + AB\overline{C}$$

$$= m_1 + m_2 + m_4 + m_6 = \sum m(1, 2, 4, 6)$$

表 5-1-30　真值表

A	B	C	Y
0	0	0	0
0	0	1	1
0	1	0	1
0	1	1	0
1	0	0	1
1	0	1	0
1	1	0	1
1	1	1	0

2）由一般逻辑函数式求最小项表达式

首先利用公式将表达式变换成一般与或式，再采用配项法，将每个乘积项都变为最小项。

【例 5-1-24】将 $Y(A, B, C) = \overline{\overline{AB} + \overline{A}B + C} + AC$ 转化为最小项表达式。

解：$Y(A, B, C) = \overline{\overline{AB} + \overline{A}B + C} + AC = \overline{\overline{AB}} \cdot \overline{\overline{A}B} \cdot \overline{C} + AC = (\overline{A} + \overline{B})(A + \overline{B})\overline{C} + AC$

$$= (\overline{A}\,\overline{B} + A\overline{B})\overline{C} + AC(B + \overline{B}) = \overline{A}\,\overline{B}\,\overline{C} + A\overline{B}\,\overline{C} + ABC + A\overline{B}C$$

$$= m_0 + m_4 + m_5 + m_7 = \sum m(0, 4, 5, 7)$$

3. 卡诺图

卡诺图也叫最小项方格图，它是把逻辑函数的最小项按格雷码的规则排在一起，每个小方格代表一个最小项，这样的方格图称为卡诺图。

所谓逻辑相邻，是指两个最小项中除了一个变量取值不同外，其余的都相同，那么这两个最小项具有逻辑上的相邻性。例如 $m_3 = \overline{A}BC$ 和 $m_7 = ABC$ 是逻辑相邻，m_3 和 $m_1 = \overline{A}\,\overline{B}C$、$m_2 = \overline{A}B\overline{C}$ 也是逻辑相邻。

所谓几何相邻，是指在卡诺图中表示两个最小项的方格图有公用边。

卡诺图的特点是几何相邻一定对应逻辑相邻。

利用卡诺图进行逻辑函数化简的方法称为卡诺图化简法。

卡诺图的画法如下：

（1）根据输入变量的个数确定卡诺图的方格数。n 个输入变量的逻辑函数，有 2^n 个最小项，因此该函数的卡诺图将有 2^n 小个方格，排列成方格图。每个小方格和一个最小项相对应，小方格的序号和最小项的序号一样，根据方格外面行变量和列变量的取值决定。

（2）将输入变量分为行变量和列变量，通常行变量为高位组，列变量为低位组。例如，$AB=10$，$CD=01$ 对应的那个小方格的序号为 1001，即最小项 m_9。

（3）要把逻辑相邻用几何相邻实现，在排列卡诺图上输入变量的取值顺序时，不按照二进制数的顺序排列，而是按 00、01、11、10 格雷码的规律排列。

如图 5-1-31 所示为二、三、四变量的卡诺图。图中，输入变量在左边和上边取值正交处的方格就是对应的最小项。

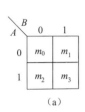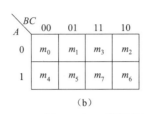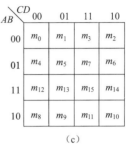

图 5-1-31　变量卡诺图

（a）二变量卡诺图；（b）三变量卡诺图；（c）四变量卡诺图

图 5-1-31 卡诺图中，m_i 对应各最小项。需要注意的是各最小项的排列顺序。

（二）逻辑函数的卡诺图表示法

一个逻辑函数 Y 不仅可以用逻辑表达式、真值表、逻辑图来表示，而且还可以用卡诺图表示。其基本方法是：根据给定逻辑函数画出对应的卡诺图，按构成逻辑函数的最小项在相应的方格中填写"1"，其余的方格填写"0"或不填，便得到相应逻辑函数的卡诺图。

下面举例说明用卡诺图表示逻辑函数的方法。

1. 根据真值表画卡诺图

具体画法是先画与给定函数变量数相同的卡诺图，然后根据真值表来填写每一个方格的值，也就是在相应的变量取值组合的每一小方格中，函数值为 1 的填上"1"，为 0 的填上"0"或不填，就可以得到函数的卡诺图。

【例 5-1-25】已知逻辑函数 Y 的真值表如表 5-1-31 所示，画出 Y 的卡诺图。

解： 先画出 A、B、C 三变量的卡诺图，然后按每一小方块所代表的变量取值，将真值表相同变量取值时的对应函数值填入小方块中，即得函数 Y 的卡诺图，如图 5-1-32 所示。

表 5-1-31　真值表

A	B	C	Y
0	0	0	0
0	0	1	0
0	1	0	0
0	1	1	1
1	0	0	0
1	0	1	1
1	1	0	1
1	1	1	1

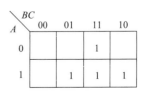

图 5-1-32　例 5-1-25 卡诺图

2. 根据逻辑函数最小项表达式画卡诺图

根据逻辑函数最小项表达式，在其最小项对应的方格中填"1"，没有的最小项对应的方格内填"0"或不填，即得逻辑函数的卡诺图。

【例 5-1-26】 将逻辑函数最小项表达式 $Y = \overline{A}BC + A\overline{B}C + AB\overline{C} + ABC$ 用卡诺图表示。

解： $Y = \overline{A}BC + A\overline{B}C + AB\overline{C} + ABC = m_3 + m_5 + m_6 + m_7 = \sum m(3,5,6,7)$

其卡诺图如图 5-1-33 所示。

3. 根据逻辑函数一般表达式画卡诺图

根据逻辑函数一般表达式画卡诺图时，先将一般逻辑函数表达式变换为与或表达式，然后再变换为最小项表达式，则可得到相应的卡诺图。

【例 5-1-27】 将逻辑函数表达式 $Y = \overline{\overline{A} + CB} + \overline{A}B\overline{C} + AC$ 用卡诺图表示。

解： $Y = \overline{\overline{A} + CB} + \overline{A}B\overline{C} + AC = AB\overline{C} + \overline{A}B\overline{C} + AC(B + \overline{B})$

$= AB\overline{C} + \overline{A}B\overline{C} + ABC + A\overline{B}C = m_6 + m_2 + m_7 + m_5$

$= \sum m(2,5,6,7)$

其卡诺图如图 5-1-34（a）所示。

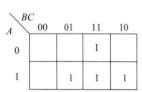

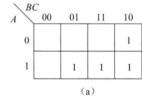

图 5-1-33　例 5-1-26 卡诺图

图 5-1-34　卡诺图

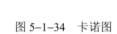
（a）例 5-1-27 卡诺图；（b）例 5-1-28 卡诺图

实际上，我们在根据一般逻辑表达式画卡诺图时，常常可以从一般与或式直接画卡诺图。其方法是：把每一个乘积项所包含的那些最小项所对应的小方格都填上"1"，其余的填"0"或不填，就可以直接得到卡诺图。

【例 5-1-28】 画出 $Y(A,B,C) = AB + B\overline{C} + \overline{A}\,\overline{C}$ 的卡诺图。

解： AB 这个乘积项包含了 $A=1$，$B=1$ 的所有最小项，即 $AB\overline{C}$ 和 ABC。$B\overline{C}$ 这个乘积项包含了 $B=1$，$C=0$ 的所有最小项，即 $AB\overline{C}$ 和 $\overline{A}B\overline{C}$。$\overline{A}\,\overline{C}$ 这个乘积项包含了 $A=0$，$C=0$ 的所有最小项，即 $\overline{A}B\overline{C}$ 和 $\overline{A}\,\overline{B}\,\overline{C}$。最后画出卡诺图如图 5-1-34（b）所示。需要指出的是：

（1）在填写"1"时，有些小方格出现重复，只保留一个"1"即可。

（2）在卡诺图中，只要填入函数值为"1"的小方格，函数值为"0"的可以不填。

（3）上面画的是 Y 的卡诺图。若要画 $\overline{Y}$ 的卡诺图，则要将 Y 中的各个最小项用"0"填写，其余填写"1"。

（三）用卡诺图化简逻辑函数

1. 最小项的合并规律

利用卡诺图合并最小项，实质上就是反复运用公式 $AB + A\overline{B} = A$，消去互补的变量 B，从而得到最简的与或式。由于卡诺图中的最小项是按照逻辑相邻关系排列的，因此凡是逻辑相邻的最小项均可合并，合并时可消去互补变量。利用卡诺图合并最小项有两种方法：圈"0"

得到反函数，圈"1"得到原函数，通常采用圈"1"的方法。圈内"1"方格的个数只有满足 2^n 个才可合并，如 2、4、8 个相邻项可合并。

卡诺图化简方法：消去不同（互补）变量，保留相同变量。

（1）2 个相邻"1"方格可以合并为一项，消去 1 个互补变量；

（2）4 个相邻"1"方格构成方形、长方形或位于四角的可以合并为一项，消去 2 个互补变量；

（3）8 个相邻"1"方格可以合并为一项，消去 3 个互补变量。

图 5-1-35、图 5-1-36、图 5-1-37 分别画出了相邻 2 个最小项，相邻 4 个最小项及相邻 8 个最小项的合并情况。

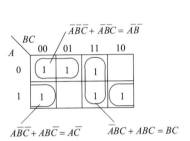

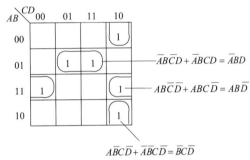

图 5-1-35 卡诺图中 2 个相邻项的合并

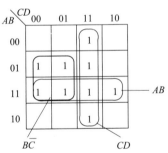

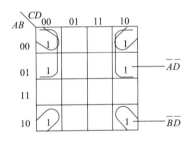

图 5-1-36 卡诺图中 4 个相邻项的合并

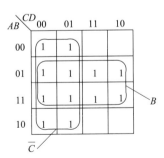

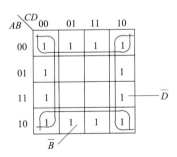

图 5-1-37 卡诺图中 8 个相邻项的合并

2. 用卡诺图化简逻辑函数

用卡诺图化简逻辑函数，一般采用以下步骤：

（1）用卡诺图表示逻辑函数。

（2）画卡诺圈。把相邻的"1"方格用卡诺圈圈起来。

（3）化简卡诺圈。

（4）将各卡诺圈化简的结果相加，就可得到逻辑函数的最简与或表达式。

需要注意的是，用卡诺圈合并"1"方格时，遵循以下原则：

（1）卡诺圈内必须包括 2^n 个逻辑相邻的"1"方格。

（2）卡诺圈越大越好，圈越大化简的结果越简单。

（3）卡诺圈越少越好，可使化简后的乘积项最少。

（4）同一个"1"方格可以被不同的卡诺圈重复包围，但新增的卡诺圈中至少要有一个新的"1"方格（尚未被别的卡诺圈圈过），否则该卡诺圈多余。

（5）所有"1"方格均被圈过，当某一个"1"方格没有相邻的"1"方格时，要单独画圈。

【例5-1-29】 用卡诺图法化简逻辑函数 $Y(A,B,C) = \sum m(2,3,5,6,7)$ 。

解： 第一步：根据逻辑表达式画出三变量的卡诺图，如图5-1-38所示。

第二步：画卡诺圈。

第三步：化简卡诺圈。

第四步：将各卡诺圈化简的结果相加，得到函数的最简与或表达式。

$$Y(A,B,C) = B + AC$$

【例5-1-30】 用卡诺图法化简逻辑函数 $Y(A,B,C,D) = \sum m(3,4,5,7,9,13,14,15)$ 。

解： 画出卡诺图，如图5-1-39所示。

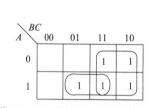

图5-1-38　例5-1-29卡诺图

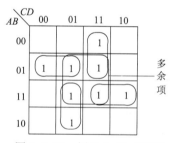

图5-1-39　例5-1-30卡诺图

画卡诺圈并化简，得到逻辑函数的最简与或表达式：

$$Y = \overline{A}B\overline{C} + \overline{A}CD + A\overline{C}D + ABC$$

（四）具有约束项逻辑函数的化简

1. 约束项

在实际的逻辑问题中，有些变量的取值之间是有制约的（不允许、不可能、不应该出现的），这称为约束，这些不允许出现的变量取值组合所对应的最小项称为约束项，又称禁止项或无关项。所有约束项相加构成的逻辑表达式称为约束条件。由于约束项对应的取值组合不会出现，其值恒为0，所以约束项和约束条件的值为0恒成立。

例如，用8421BCD码表示十进制数，只用0000～1001共10组编码来表示0～9这10个十进制数，其余1010～1111六组编码未使用，它们是与8421BCD码无关的组合，在正常工作时，它们是不会（也不允许）出现的，因此1010～1111六种组合所对应的最小项即为约束项，对应的约束条件可写为；

$$\overline{A}\,\overline{B}C\overline{D} + \overline{A}\,\overline{B}CD + AB\overline{C}\,\overline{D} + AB\overline{C}D + ABC\overline{D} + ABCD = 0$$

$$或\ AB + AC = 0\ 或\ \sum d(10,11,12,13,14,15) = 0$$

2. 具有约束项的逻辑函数的化简

研究约束项的目的，在于借助约束项可以化简逻辑函数。由于约束项的存在，它们对应的最小项均不出现，因此，对约束项来说，其函数值是 0 或 1 对逻辑函数实际取值无影响，在卡诺图中为了与 0 和 1 相区别，用"×"表示。

化简具有约束项的逻辑函数需要注意遵循以下原则：

（1）约束项在逻辑函数卡诺图中，既可按"0"处理，也可按"1"处理，到底按什么处理主要看是否有利于函数化简。

（2）为得到最简的逻辑式，可以将某些与最小项相邻的约束项按"1"处理，圈入卡诺圈内；未圈入卡诺圈内的约束项按"0"处理。

【例 5-1-31】 用卡诺图法化简逻辑函数： $Y(A,B,C,D) = \sum m(3,6,7,9) + \sum d(10,11,12,13,14,15)$。

解：本题是含有约束项的卡诺图化简，注意合理利用约束项（需要时将其看为"1"圈入卡诺圈内，不需要时看成"0"不圈）。如图 5-1-40 所示为其卡诺图。

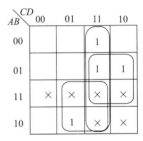

图 5-1-40　例 5-1-31 卡诺图

合并化简得： $Y = AD + BC + CD$

$$AB + AC = 0 \quad （约束条件）$$

知识拓展 2　数据选择器、加法器和数值比较器

（一）数据选择器

在数字系统中，要将多路数据远距离传输时，为了减少传输线的数目，往往通过多个数据通道共用一条传输总线来传送信息。数据选择器能够从多个输入数据中，根据地址控制信号的要求选择其中的某一个传送到输出端（数据传输总线上），它是一个多输入、单输出的组合逻辑电路，它由地址译码器和多路数字开关组成。数据分配器与数据选择器的功能相反，它能把数据传输总线上的信息（输入数据），根据地址控制信号的要求传送到不同的输出端。数据选择器与分配器的功能相当于一个单刀多掷开关，如图 5-1-41 所示。

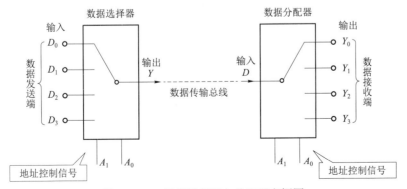

图 5-1-41　数据选择器与分配器方框图

常用的数据选择器有四选一的 74LS153、八选一的 74LS151，另外还有十六选一、三十二选一等多种型号的电路。它们的结构大同小异，只是在地址输入端和数据输入端数目上有差别。

1. 四选一数据选择器

图 5-1-42 为四选一数据选择器的逻辑图。它的功能是根据地址码 A_1、A_0 从 4 个输入数据 $D_0D_1D_2D_3$ 中选择一个送到输出端 Y。由逻辑图不难得出逻辑函数表达式为

$$Y = \overline{A_1}\,\overline{A_0}D_0 + \overline{A_1}A_0D_1 + A_1\overline{A_0}D_2 + A_1A_0D_3 \tag{5-1-42}$$

可见，输出 Y 取决于地址输入端 A_1 和 A_0 的不同组合。当 $A_1A_0=00$ 时，Y 取 D_0；当 $A_1A_0=01$ 时，Y 取 D_1；当 $A_1A_0=10$ 时，Y 取 D_2；当 $A_1A_0=11$ 时，Y 取 D_3。

2. 集成数据选择器

1）双四选一数据选择器

74LS153 是一个双四选一的数据选择器，其引脚如图 5-1-43 所示。其中，$1D_0$、$1D_1$、$1D_2$、$1D_3$、$1Y$、$1\overline{ST}$ 为一个数据选择器的引脚，$2D_0$、$2D_1$、$2D_2$、$2D_3$、$2Y$、$2\overline{ST}$ 为另一个数据选择器的引脚，A_1、A_0 为两个数据选择器的公共地址端，V_{CC} 为电源端，GND 为接地端。

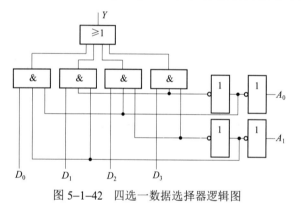

图 5-1-42　四选一数据选择器逻辑图　　图 5-1-43　74LS153 引脚图

表 5-1-32 为 74LS153 的功能表。

表 5-1-32　双四选一数据选择器功能表

$\overline{ST_1}$	$\overline{ST_2}$	A_1	A_0	Y_1	Y_2
0	0	0	0	D_{10}	D_{20}
0	0	0	1	D_{11}	D_{21}
0	0	1	0	D_{12}	D_{22}
0	0	1	1	D_{13}	D_{23}
1	1	×	×	0	0

由表 5-1-32 可得双四选一数据选择器的逻辑表达式为

$$Y_1 = (\overline{A_1}\,\overline{A_0}D_{10} + \overline{A_1}A_0D_{11} + A_1\overline{A_0}D_{12} + A_1A_0D_{13})ST_1 \tag{5-1-43}$$

$$Y_2 = (\overline{A_1}\,\overline{A_0}D_{20} + \overline{A_1}A_0D_{21} + A_1\overline{A_0}D_{22} + A_1A_0D_{23})ST_2 \tag{5-1-44}$$

2）八选一数据选择器

74LS151 是一个八选一数据选择器，图 5-1-44 为其引脚图。它有 8 个数据输入端 $D_0 \sim$ D_7，3 个地址输入端 A_2、A_1、A_0，一个选通控制端 $\overline{S}$，低电平有效，两个互补的输出端 Y、$\overline{Y}$。其功能表如表 5-1-33 所示。

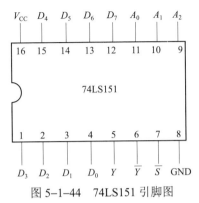

图 5-1-44 74LS151 引脚图

表 5-1-33 八选一数据选择器功能表

输　　入					输　　出	
D	A_2	A_1	A_0	$\overline{S}$	Y	$\overline{Y}$
$\times$	$\times$	$\times$	$\times$	1	0	1
D_0	0	0	0	0	D_0	$\overline{D}_0$
D_1	0	0	1	0	D_1	$\overline{D}_1$
D_2	0	1	0	0	D_2	$\overline{D}_2$
D_3	0	1	1	0	D_3	$\overline{D}_3$
D_4	1	0	0	0	D_4	$\overline{D}_4$
D_5	1	0	1	0	D_5	$\overline{D}_5$
D_6	1	1	0	0	D_6	$\overline{D}_6$
D_7	1	1	1	0	D_7	$\overline{D}_7$

从功能表可以看出，当 $\overline{S}=1$ 时，选择器被禁止，无论地址码是什么，Y 总是等于 0；当 $\overline{S}=0$ 时，选择器被选中，Y 依据地址 $A_2A_1A_0$ 取值的不同，选择数据 $D_0 \sim D_7$ 中的一个输出，此时有：

$$Y = D_0\overline{A}_2\overline{A}_1\overline{A}_0 + D_1\overline{A}_2\overline{A}_1A_0 + D_2\overline{A}_2A_1\overline{A}_0 + D_3\overline{A}_2A_1A_0 + D_4A_2\overline{A}_1\overline{A}_0 + D_5A_2\overline{A}_1A_0 + \tag{5-1-45}$$
$$D_6A_2A_1\overline{A}_0 + D_7A_2A_1A_0$$

（二）加法器和数值比较器

在数字系统中，加法器和数值比较器是两种常用的组合逻辑电路，加法器是运算器的核心，用于二进制加法运算；数值比较器用于比较两个二进制数的数值关系。

1. 加法器

1）半加器

半加器就是能实现两个一位二进制数相加的运算电路，它不考虑从相邻低位来的进位数。

213

因此一般有两个输入端，两个输出端。常用的逻辑符号如图 5-1-45 所示，A 和 B 为输入端，S 为本位和数，C 为向高位送出的进位数。

图 5-1-45　半加器逻辑符号

（a）逻辑符号；（b）国标符号

半加器的真值表如表 5-1-34 所示。由真值表可直接写出逻辑表达式为

$$\begin{cases} S = A\overline{B} + \overline{A}B \\ C = AB \end{cases} \tag{5-1-46}$$

由式（5-1-46）可知，半加器可以用一个异或门和一个与门构成的电路实现，如图 5-1-46 所示。

表 5-1-34　半加器的真值表

输　　　入		输　　　出	
A	B	S	C
0	0	0	0
0	1	1	0
1	0	1	0
1	1	0	1

2）全加器

考虑了来自低位的进位数和两个相同位数二进制数相加的运算电路称为全加器。

若用 A_i 和 B_i 表示两个同位加数，用 C_{i-1} 表示由相邻低位来的进位数，S_i 和 C_i 分别表示运算后的全加和及向高位的进位数。按照加法运算规则，可以列出全加器的真值表，如表 5-1-35 所示。

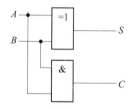

图 5-1-46　半加器逻辑电路

表 5-1-35　全加器真值表

输　　　入			输　　　出	
A_i	B_i	C_{i-1}	S_i	C_i
0	0	0	0	0
0	0	1	1	0
0	1	0	1	0
0	1	1	0	1
1	0	0	1	0
1	0	1	0	1
1	1	0	0	1
1	1	1	1	1

由真值表可以写出 S_i 和 C_i 的标准与或表达式：

$$S_i = \overline{A_i}\,\overline{B_i}C_{i-1} + \overline{A_i}B_i\overline{C_{i-1}} + A_i\overline{B_i}\,\overline{C_{i-1}} + A_iB_iC_{i-1} \qquad (5\text{-}1\text{-}47)$$

$$C_i = \overline{A_i}B_iC_{i-1} + A_i\overline{B_i}C_{i-1} + A_iB_i\overline{C_{i-1}} + A_iB_iC_{i-1} \qquad (5\text{-}1\text{-}48)$$

变换并化简式（5-1-47）、式（5-1-48）得：

$$S_i = (\overline{A_i}B_i + A_i\overline{B_i})\overline{C_{i-1}} + (\overline{A_i}\,\overline{B_i} + A_iB_i)C_{i-1} = (A_i \oplus B_i)\overline{C_{i-1}} + \overline{(A_i \oplus B_i)}\,C_{i-1} \qquad (5\text{-}1\text{-}49)$$

$$= A_i \oplus B_i \oplus C_{i-1}$$

$$C_i = (\overline{A_i}B_i + A_i\overline{B_i})C_{i-1} + (A_iB_i\overline{C_{i-1}} + A_iB_iC_{i-1}) = (A_i \oplus B_i)C_{i-1} + A_iB_i \qquad (5\text{-}1\text{-}50)$$

根据逻辑表达式（5-1-49）、式（5-1-50）可画出如图 5-1-47（a）所示的全加器逻辑图。图 5-1-47（b）是全加器的国标符号。

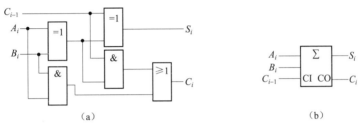

图 5-1-47　全加器逻辑电路及国标符号

（a）全加器逻辑电路；（b）国标符号

3）多位加法器

实现多位二进制相加运算的电路称为多位加法器。

图 5-1-48 是由 4 个全加器组成的四位串行进位加法器。低位全加器的进位输出端依次连至相邻高位全加器的进位输入端，最低 C_{-1} 端接地。

由图 5-1-48 可知，两个四位二进制数 $A=A_3A_2A_1A_0$ 和 $B=B_3B_2B_1B_0$ 相加后，输出结果为

全加和　　　　　　　　　　　　　$S=S_3S_2S_1S_0$

进位　　　　　　　　　　　　　　$C=C_3$

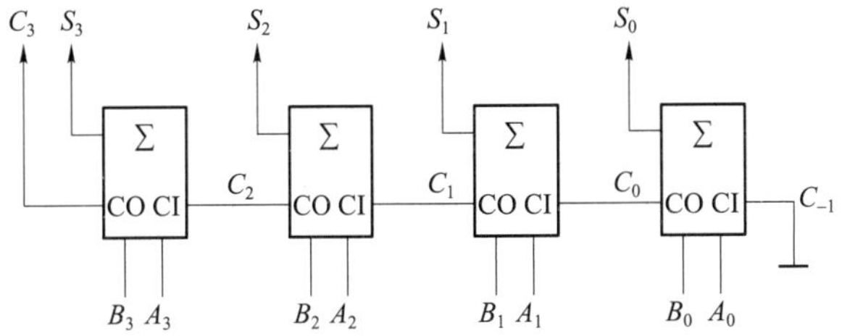

图 5-1-48　四位串行进位加法器

串行进位加法器电路简单，但工作速度较慢。因为高位的运算必须等到低位的进位数确定后才能求出正确的结果。所以，从信号输入到最高位和数输出，需要四级全加器的传输时间。可见，这种电路只适用于运算速度不高的设备中。

2. 数值比较器

1）一位数值比较器

一位数值比较器是将两个一位二进制数 A 和 B 的数值进行比较的电路。该电路有两个输

入端，3 个比较输出端，表 5-1-36 为其真值表。

表 5-1-36　一位数值比较器真值表

输　　入		输　　　出		
A	B	$Y_{(A>B)}$	$Y_{(A=B)}$	$Y_{(A<B)}$
0	0	0	1	0
0	1	0	0	1
1	0	1	0	0
1	1	0	1	0

根据真值表可写出其函数表达式为

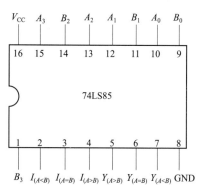

图 5-1-49　四位数值比较器 74LS85 引脚图

$$\begin{cases} Y_{(A>B)} = A\overline{B} \\ Y_{(A=B)} = \overline{\overline{A}B + A\overline{B}} \\ Y_{(A<B)} = \overline{A}B \end{cases} \qquad (5\text{-}1\text{-}51)$$

在数字系统中，往往需要多位二进制数的比较，因此必须讨论多位数值比较器。

2）多位数值比较器

下面以集成四位数值比较器 74LS85 为例，介绍其电路结构和特性。

74LS85 引脚图如图 5-1-49 所示，功能表如表 5-1-37 所示。

表 5-1-37　74LS85（四位数值比较器）功能表

数值输入				级联输入			输出		
$A_3\ B_3$	$A_2\ B_2$	$A_1\ B_1$	$A_0\ B_0$	$I_{(A>B)}$	$I_{(A=B)}$	$I_{(A<B)}$	$Y_{(A>B)}$	$Y_{(A=B)}$	$Y_{(A<B)}$
$A_3>B_3$	× ×	× ×	× ×	×	×	×	1	0	0
$A_3<B_3$	× ×	× ×	× ×	×	×	×	0	0	1
$A_3=B_3$	$A_2>B_2$	× ×	× ×	×	×	×	1	0	0
$A_3=B_3$	$A_2<B_2$	× ×	× ×	×	×	×	0	0	1
$A_3=B_3$	$A_2=B_2$	$A_1>B_1$	× ×	×	×	×	1	0	0
$A_3=B_3$	$A_2=B_2$	$A_1<B_1$	× ×	×	×	×	0	0	1
$A_3=B_3$	$A_2=B_2$	$A_1=B_1$	$A_0>B_0$	×	×	×	1	0	0.
$A_3=B_3$	$A_2=B_2$	$A_1=B_1$	$A_0<B_0$	×	×	×	0	0	1
$A_3=B_3$	$A_2=B_2$	$A_1=B_1$	$A_0=B_0$	1	0	0	1	0	0
$A_3=B_3$	$A_2=B_2$	$A_1=B_1$	$A_0=B_0$	0	1	0	0	1	0
$A_3=B_3$	$A_2=B_2$	$A_1=B_1$	$A_0=B_0$	0	0	1	0	0	1

从表 5-1-37 可以看出，除了两个四位二进制输入端外，还有 3 个用于扩展的级联输入端（$I_{(A>B)}$ $I_{(A=B)}$ $I_{(A<B)}$），其逻辑功能相当于在四位二进制比较器的最低位 A_0、B_0 后面添加了一个更低的比较数位。表中的"×"表示无论是大于还是小于都不影响结果。

在比较数值大小时，按照"高位相等才比低位"的原则，并且只有当 $A_3A_2A_1A_0=B_3B_2B_1B_0$ 时，输出变量才取决于级联输入信号。

【例 5-1-32】试用两片 74LS85 构成八位数值比较器。

解：图 5-1-50 为用两片 74LS85 构成的八位数值比较器，比较两个八位二进制数 A、B。

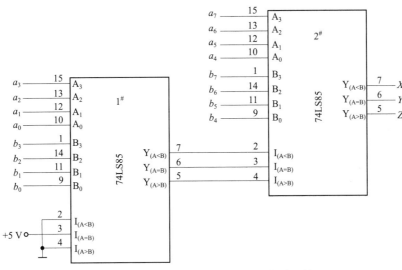

图 5-1-50　2 片 74LS85 构成的八位数值比较器

$A=a_7a_6a_5a_4a_3a_2a_1a_0$，$a_7$ 为最高位，a_0 为最低位；

$B=b_7b_6b_5b_4b_3b_2b_1b_0$，$b_7$ 为最高位，b_0 为最低位。

$1^\#$片比较低 4 位数值，$2^\#$片比较高 4 位数值，低 4 位数值比较结果（3 个输出）送到高 4 位数值相应的级联输入端，而低 4 位数值比较器的级联输入端的接法是：$I_{(A>B)}$ 和 $I_{(A<B)}$ 接地，$I_{(A=B)}$ 接高电平（5 V），因为低 4 位数值的比较结果就取决于这 4 位数值本身。

任务达标知识点总结

（1）数制和码制。

① 十进制→二进制、八进制、十六进制。

整数部分：除 2、8、16 取余，余数倒序排列；

小数部分：乘 2、8、16 取整，整数顺序排列。

② 二进制、八进制、十六进制→十进制：按权展开式求和。

③ 二进制→八进制：以小数点为中心分别向左向右每三位二进制数转换为一位八进制位。

④ 二进制→十六进制：以小数点为中心分别向左向右每四位二进制数转换为一位十六进制位。

（2）基本逻辑运算的特点。

与运算：有 0 出 0，全 1 为 1；

或运算：有 1 出 1，全 0 为 0；

与非运算：有 0 出 1，全 1 为 0；

或非运算：有 1 出 0，全 0 为 1；

异或运算：相异为 1，相同为 0；

同或运算：相同为 1，相异为 0；

非运算：0 变 1，1 变 0。

（3）逻辑代数的 3 个重要规则：代入规则、反演规则、对偶规则。

（4）常见组合逻辑部件：编码器、译码器、数据选择器、数据分配器、半加器、全加器。

（5）组合逻辑电路分析思路：

① 由逻辑图写出输出逻辑表达式；

② 将逻辑表达式化简为最简与或表达式；

③ 由最简与或表达式列出真值表；

④ 分析真值表，说明电路逻辑功能。

自我评测

1. 完成下列数制及编码的转换。

（1）$(11001101)_2$＝（　　　　）$_{10}$＝（　　　　）$_8$＝（　　　　）$_{16}$；

（2）$(256.75)_{10}$＝（　　　　）$_2$＝（　　　　）$_8$＝（　　　　）$_{16}$；

（3）$(2\ 723.3)_8$＝（　　　　）$_2$＝（　　　　）$_{10}$＝（　　　　）$_{16}$；

（4）$(2A.F)_{16}$＝（　　　　）$_2$＝（　　　　）$_8$＝（　　　　）$_{10}$；

（5）$(1001\ 0011\ 0111.0101)_{8421BCD}$＝（　　　　）$_{10}$；

（6）$(1011\ 1001.0101)_{余3\ BCD}$＝（　　　　）$_{10}$；

（7）$(706.35)_{10}$＝（　　　　）$_{8421BCD}$。

2. 下列不同进制数中哪个最小？哪个最大？

（1）$(76)_8$；（2）$(1100101)_2$；（3）$(76)_{10}$；（4）$(76)_{16}$。

3. 将 2004 个"1"异或起来得到的结果是_____。

4. 基本逻辑运算有：_____、_____和_____运算。

5. 与非逻辑的运算规则是_____。

6. 异或门的逻辑关系是：$A \neq B$ 时，Y＝_____；而当 $A = B$ 时，Y＝_____。

7. 在十进制运算中 1+1＝_____，在二进制运算中 1+1＝_____，而在或逻辑运算中 1+1＝_____。

8. 逻辑函数有 4 种表示方法，它们分别是_____、_____、_____和_____。

9. TTL 器件输入脚悬空相当于输入_____电平。

10. 画出图 5-1-51（a）、（b）的真值表，并说明两个电路功能的差别。

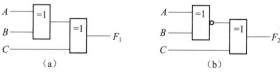

图 5-1-51　题 10 电路图

11. 某组合逻辑电路如图 5-1-52 所示，试写出其逻辑表达式并分析其功能。

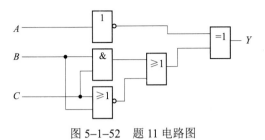

图 5-1-52　题 11 电路图

项目六

触发器和时序逻辑电路

引言

各种触发器是构成时序逻辑电路的基础，本项目主要让同学们认识基本 RS 触发器、JK 触发器、D 触发器、T 触发器，了解它们的结构，掌握它们的符号，明白它们的应用，熟悉由它们构成的计数器、寄存器的原理和用途，同时掌握 555 电路的结构，熟悉 555 电路的应用。

任务　电子幸运转盘灯的设计和制作

任务概述

利用二极管、三极管、发光二极管、555 定时器、环形脉冲分配器等电子元器件，制作一个幸运转盘灯。要求启动开关后，发光二极管高速循环点亮，二极管循环点亮速度越来越慢，并最终随机停止于某个灯上。

【任务目标】

（1）掌握 RS 触发器、JK 触发器、D 触发器、T 触发器的功能，认识它们的符号。

（2）学会分析简单的时序逻辑电路。

（3）掌握计数器的内部结构，并会分析工作原理。

（4）了解 555 定时器的应用。

（5）练习电子焊接的实践技能。

（6）实施并完成电子幸运转盘灯的制作。

【参考电路】

电子幸运转盘灯的电路原理图如图 6-1-1 所示。

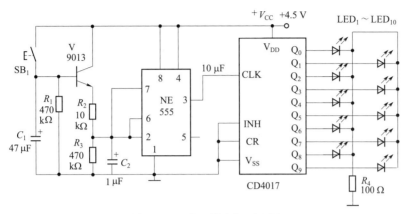

图 6-1-1　幸运转盘灯原理图

 **知识准备**

知识链接 1　双稳态触发器

在数字电路中，不仅需要对数字信号进行各种运算或处理，而且还经常要求将这些数字信号或运算结果保存起来，为此，需要使用具有记忆功能的基本逻辑单元。能够存储一位二值信号的基本单元电路统称为触发器（Flip Flop）。它是一种简单的时序逻辑电路，是构成复杂时序逻辑电路的基本单元。它有以下几个特点：

第一，具有两个能自行保持的稳定状态，用来表示逻辑状态的 0 和 1。

第二，根据不同的输入信号可以置成 1 或 0 状态。

触发器种类繁多，根据不同的分类角度有多种分类方法，其中常见分类为：

① 根据次态是否受脉冲信号控制，可将触发器分为时钟触发器和基本触发器。

② 按照逻辑功能不同，分为 RS 触发器、JK 触发器、D 触发器、T 触发器等。

③ 按照电路结构不同，可分为同步触发器、主从触发器、维持阻塞触发器、边沿触发器。

④ 按照触发器所使用开关器件的不同，又可分为 TTL 触发器和 CMOS 触发器。

它们广泛应用于计数器、运算器、寄存器等电子部件中。

（一）基本 RS 触发器

具有保持、置 0、置 1 功能的触发器称为 RS 触发器，因它是构成其他各种功能触发器的基本组成部分，故又称为基本 RS 触发器。基本 RS 触发器可由两个与非门交叉耦合而成，如图 6-1-2（a）所示，图 6-1-2（b）为基本 RS 触发器的逻辑符号；基本 RS 触发器还可以由两个或非门组成。

现在以两个与非门组成的基本 RS 触发器为例，分析其工作原理。

触发器接收触发输入信号之前的状态称为现态，用 Q^n 表示；触发器接收触发信号之后的状态称为次态，用 Q^{n+1} 表示。现态和次态是两个相邻离散时间里触发器输出端的状态。

在图 6-1-2（a）中，Q 和 $\overline{Q}$ 通常是两个互补的信号输出端。$\overline{R}$、$\overline{S}$ 是信号输入端，是整体符号，字母上面的非号表示整体符号是低电平有效。

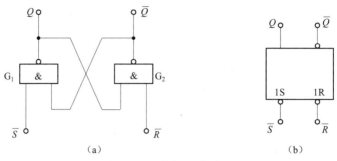

图 6-1-2　基本 RS 触发器

(a) 逻辑电路；(b) 逻辑符号

由于基本 RS 触发器有两个触发信号端，所以有 4 种可能的输入组合。

（1）当 $\overline{R}=0$，$\overline{S}=1$ 时，$\overline{Q}=1$，又 $\overline{S}=1$，所以 $Q=0$，触发器处于"0"态，且当 $\overline{R}$ 端信号撤销以后，$Q=0$ 的状态能够保持不变。由于该输入组合是 $\overline{R}$ 端输入有效电平，最终将触发器置为"0"态，所以称 $\overline{R}$ 端为置 0 输入端或复位端。

（2）当 $\overline{R}=1$，$\overline{S}=0$ 时，$Q=1$，又 $\overline{R}=1$，所以 $\overline{Q}=0$，触发器处于"1"态，且当 $\overline{S}$ 端信号撤销以后，$Q=1$ 的状态能够保持不变。由于该输入组合是 $\overline{S}$ 端输入有效电平，最终将触发器置为"1"态，所以称 $\overline{S}$ 端为置 1 输入端或置位端。

（3）当 $\overline{R}=1$，$\overline{S}=1$ 时，相当于该电路无有效输入信号，故触发器将保持原来的状态，即体现触发器的保持功能。

（4）当 $\overline{R}=0$，$\overline{S}=0$ 时，可以推出 $Q=\overline{Q}=1$，是一个不定状态。且若同时撤去触发信号，无法推断其次态，次态将取决于门电路的传输延迟时间。因此不允许在两个输入端同时加入有效信号，$\overline{R}+\overline{S}=1$ 是基本 RS 触发器的约束方程。

综合以上分析，触发器的次态不仅取决于触发输入信号，还与触发器的现态有关（具有保持功能时），由此可列出表征触发器次态 Q^{n+1} 与现态 Q^n 和触发输入信号 $\overline{R}$、$\overline{S}$ 之间关系的表格，如表 6-1-1 所示，此表称为特性表。

表 6-1-1　基本 RS 触发器的特性表

$\overline{R}$	$\overline{S}$	Q^n	Q^{n+1}
0	0	0	不定
0	0	1	不定
0	1	0	0
0	1	1	0
1	0	0	1
1	0	1	1
1	1	0	0
1	1	1	1

由表 6–1–1 可以得到基本 RS 触发器特性表的简化形式，如表 6–1–2 所示。

表 6–1–2　基本 RS 触发器的简化特性表

$\bar{R}$	$\bar{S}$	Q^{n+1}	功能描述
0	0	不定	不允许
0	1	0	置 0
1	0	1	置 1
1	1	Q^n	保持

在特性表的基础上，可推导出基本 RS 触发器的特性方程：

$$\begin{cases} Q^{n+1} = \bar{\bar{S}} + \bar{R}Q^n \\ \bar{R} + \bar{S} = 1 \qquad （约束条件） \end{cases} \tag{6-1-1}$$

基本 RS 触发器的特点：

（1）结构简单，是构成其他触发器的基本单元。

（2）具有置 0、置 1 和保持的逻辑功能。

（3）输出受电平直接控制，即在输入信号作用时间内，其电平直接控制触发器输出端的状态。这是基本 RS 触发器的动作特点。因此，又将 $\bar{R}$ 和 $\bar{S}$ 叫作直接复位端和直接置位端，并且也常将 $\bar{R}$ 和 $\bar{S}$ 分别用 $\bar{R}_D$ 和 $\bar{S}_D$ 表示。电平直接控制导致该电路抗干扰能力下降。

动画　基本 RS 触发器

（4）$\bar{R}$ 和 $\bar{S}$ 之间有约束。这限制了基本 RS 触发器的使用。

（二）同步 RS 触发器

由于基本触发器电平直接控制，易受外界干扰，因此引入了时钟触发器。时钟触发器的次态不仅受输入触发信号的控制，而且还受时钟脉冲（Clock Pulse）信号的控制，这就改进了基本 RS 触发器电平直接控制的弊端。时钟脉冲信号通常为矩形波形式，如图 6–1–3 所示。

从图中可以看出，CP 的一个周期由 4 个时间段组成：高电平（1）部分、低电平（0）部分、脉冲上升沿（0→1）和脉冲下降沿（1→0）。

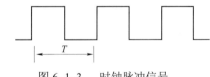

图 6–1–3　时钟脉冲信号

图 6–1–4 所示的同步 RS 触发器，为高电平控制。从图中可以看出，$CP = 0$ 时，门 G_3、G_4 的输出都是 1，输入 S、R 不起作用；$CP = 1$ 时，输入 S、R 经过门 G_3、G_4 的输出为 $\bar{S}$、$\bar{R}$，同步 RS 触发器变为基本 RS 触发器。

由于同步 RS 触发器在 $CP = 1$ 期间正常工作时，仍须满足约束方程 $RS = 0$，为此，可以稍微改动一下电路，将输入端 R 经过一个非门与输入端 S 连接在一起作为整个触发器的输入端 D，如图 6–1–5 所示。这样连接之后，无论输入端 D 是 0 还是 1，对于 G_1、G_2、G_3 和 G_4 组成的同步 RS 触发器来说，一直满足 $RS = 0$。不过触发器的逻辑功能也发生了变化，$D = 0$ 时，$Q = 0$；$D = 1$ 时，$Q = 1$，也即这个触发器只具有置 0 和置 1 的功能，称为 D 触发器，加之该触发器受同步信号的控制，又称其为同步 D 触发器。

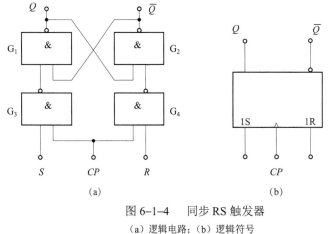

图 6-1-4　同步 RS 触发器　　　　　　　　　图 6-1-5　同步 D 触发器

（a）逻辑电路；（b）逻辑符号

同步 D 触发器的特性方程为：

$$Q^{n+1} = D \tag{6-1-2}$$

由于在 $CP=1$ 期间，输入信号多次发生变化，则触发器的状态也会发生多次翻转（称为空翻），这就降低了电路的抗干扰能力。

视频　同步触发器

（三）主从触发器

为了提高触发器工作的可靠性，希望在每个 CP 周期里输出端的状态只能改变一次，为此，在同步 RS 触发器的基础上又设计出了主从结构触发器。

如图 6-1-6 所示的主从 RS 触发器，由两个时钟脉冲信号反相的同步触发器级联而成。整个触发器的工作分为两步进行。$CP=1$ 时，G_1、G_2、G_3、G_4 组成的从触发器（同步 D 触发器）被封锁，Q 端状态保持不变；G_5、G_6、G_7、G_8 组成的主触发器（同步 RS 触发器）受输入端 R、S 的控制。当 CP 下降沿到来时，主触发器封锁，不再受输入端 R、S 的控制；从触发器接受主触发器的控制。$CP=0$ 期间，由于主触发器被封锁，Q_M^{n+1} 保持不变，所以整个触发器的状态也保持不变。即主从 RS 触发器的特性方程为：

$$\begin{cases} Q^{n+1} = S + \overline{R}Q^n \\ RS = 0 \qquad （约束条件） \end{cases} \tag{6-1-3}$$

从同步 RS 触发器到主从 RS 触发器这一演变，克服了 $CP=1$ 期间触发器输出状态可能多次翻转的问题。但由于主触发器本身是同步 RS 触发器，所以在 $CP=1$ 期间 Q_M、$\overline{Q_M}$ 的状态仍然会随 R、S 状态的变化而多次改变，而且输入信号仍需遵守约束条件 $RS=0$。

为了使用方便，希望即使出现 $S=R=1$ 的情况，触发器的次态也是确定的，因而对 RS 触发器的电路做了改进，改接成图 6-1-7 所示电路，该触发器有 J、K 两个信号输入端，对比图 6-1-6 和图 6-1-7 可知，这相当于 $S=J\overline{Q^n}$，$R=KQ^n$ 的主从 RS 触发器。所以 $R \cdot S = J\overline{Q^n} \cdot KQ^n = 0$，不管 J、K 如何取值，始终满足 RS 触发器的约束条件，即不存在约束条件。

将 $S=J\overline{Q^n}$，$R=KQ^n$ 代入主从 RS 触发器的特性方程可得：

$$Q^{n+1} = S + \overline{R}Q^n = J\overline{Q^n} + \overline{KQ^n}Q^n = J\overline{Q^n} + \overline{K}Q^n$$

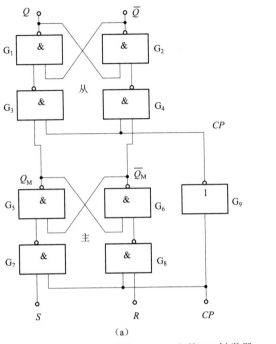

（a）

図 6-1-6　主从 RS 触发器

（a）逻辑图；（b）逻辑符号

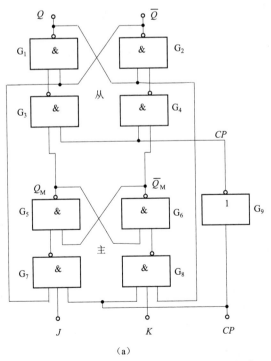

（a）

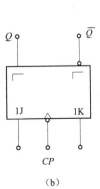

（b）

図 6-1-7　主从 JK 触发器

（a）逻辑图；（b）逻辑符号

即主从 JK 触发器特性方程为：

$$Q^{n+1} = J\overline{Q^n} + \overline{K}Q^n \tag{6-1-4}$$

通过特性方程，不难推出该触发器的特性表和逻辑功能，如表 6-1-3 所示。

表 6-1-3　主从 JK 触发器的特性表

J	K	Q^n	Q^{n+1}		逻辑功能
0	0	0	0	$Q^{n+1} = Q^n$	保持
0	0	1	1		
0	1	0	0	$Q^{n+1} = 0$	置 0
0	1	1	0		
1	0	0	1	$Q^{n+1} = 1$	置 1
1	0	1	1		
1	1	0	1	$Q^{n+1} = \overline{Q^n}$	翻转
1	1	1	0		

具有置 0、置 1、保持和翻转功能的触发器称为 JK 触发器，由于图 6-1-7 所示触发器是主从电路结构，所以称其为主从 JK 触发器。

视频　主从触发器

动画　JK 触发器

【例 6-1-1】设下降沿触发的主从 JK 触发器的时钟脉冲和 J、K 信号的波形如图 6-1-8 所示，请画出输出端 Q 的波形。设触发器的初始状态为 0。

解： 输出端 Q 的波形如图 6-1-8 所示。

（四）边沿触发器

主从触发器输出状态的变化，虽然发生在 CP 下降沿，但只有在 $CP=1$ 期间的全部时间里输入状态始终未变的情况下，用 CP 下降沿到达时输入的状态决定触发器的次态才肯定是对的。否则，就可能出错。故不能单纯地把它视为一个下降沿触发的触发器。为提高触发器的可靠性，增强抗干扰能力，人们研制出了各种边沿触发电路，它们的次态仅仅取决于 CP 信号下降沿（或上升沿）到达时刻接收输入信号的状态。而在此之前和之后输入信号状态的变化对触发器的次态没有影响。

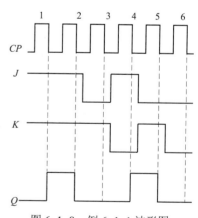

图 6-1-8　例 6-1-1 波形图

较常用的边沿触发器是边沿 JK 触发器和边沿 D 触发器，边沿触发器有上升沿和下降沿两种触发方式。边沿 D 触发器的逻辑符号如图 6-1-9 和图 6-1-10 所示。

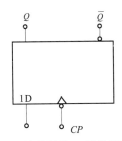

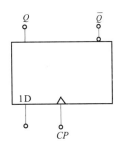

图 6-1-9　下降沿触发 D 触发器逻辑符号　　　图 6-1-10　上升沿触发 D 触发器逻辑符号

边沿 D 触发器具有以下特点：

（1）CP 边沿触发。在 CP 脉冲上升沿（或下降沿）时刻，触发器按照特性方程 $Q^{n+1} = D$ 转换状态，实际上是加在 D 端的信号被锁存起来，并送到输出端。

（2）抗干扰能力极强。因为是边沿触发，只要在触发沿附近一个极短的时间内，加在 D 端的输入信号保持稳定，触发器就能够可靠地接收，在其他时间里输入信号对触发器不起作用。

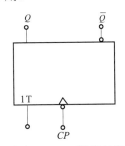

图 6-1-11　下降沿触发 T 触发器逻辑符号

（3）没有翻转功能。在某些情况下，使用起来不如 JK 触发器方便，因为 JK 触发器在时钟脉冲作用下，根据 J、K 取值不同，具有保持、置 0、置 1、翻转 4 种功能。

视频　边沿触发器

实际应用中，有时候只需要具有保持和翻转功能的触发器，这又促使了 T 触发器的问世。将 JK 触发器的两个输入端连接在一起作为一个输入端，就相当于把 JK 触发器的保持、翻转功能独立出来了。如图 6-1-11 所示为 T 触发器的逻辑符号，表 6-1-4 为其特性表。

表 6-1-4　T 触发器特性表

T	Q^n	Q^{n+1}		逻辑功能
0	0	0	$Q^{n+1} = Q^n$	保持
0	1	1		
1	0	1	$Q^{n+1} = \overline{Q^n}$	翻转
1	1	0		

将 $T = J = K$ 代入主从 JK 触发器特性方程即得：

$$Q^{n+1} = J\overline{Q^n} + \overline{K}Q^n = T\overline{Q^n} + \overline{T}Q^n$$

即 T 触发器特性方程为：

$$Q^{n+1} = T\overline{Q^n} + \overline{T}Q^n \tag{6-1-5}$$

此外，在 T 触发器中，若令 $T=1$，则 $Q^{n+1} = \overline{Q^n}$，即此时的触发器每来一个时钟脉冲就翻转一次，只具有翻转功能的触发器为 T′ 触发器。T′ 触发器的特性方程为：

$$Q^{n+1} = \overline{Q^n} \tag{6-1-6}$$

（五）不同逻辑功能触发器之间的转换

实际生产的触发器，只有 JK 型和 D 型两种，而在设计和应用时，经常需要具有其他逻辑功能的触发器，这就需要能够进行不同逻辑功能触发器之间的转换。

在转换时，可以遵循以下步骤：

① 写出已有触发器和待求触发器的特性方程。

② 变换待求触发器的特性方程，使其形式与已有触发器的特性方程一致。

③ 根据方程相等原则（变量相同、系数相等），比较已有和待求触发器的特性方程，求出转换逻辑。

④ 画电路图。

1. JK 触发器转换为 D、T、T′ 触发器

1）JK 触发器转换为 D 触发器

JK 触发器的特性方程为

$$Q^{n+1} = J\overline{Q^n} + \overline{K}Q^n \tag{6-1-7}$$

D 触发器的特性方程为

$$Q^{n+1} = D \tag{6-1-8}$$

变换式（6-1-8），使其与式（6-1-7）形式一致。

$$Q^{n+1} = D = D(Q^n + \overline{Q^n}) = DQ^n + D\overline{Q^n} \tag{6-1-9}$$

比较式（6-1-7）和式（6-1-9）可得：

$$\begin{cases} J = D \\ K = \overline{D} \end{cases}$$

据此，可得到 JK 触发器转换为 D 触发器的电路图，如图 6-1-12 所示。

2）JK 触发器转换为 T 触发器

T 触发器的特性方程为

$$Q^{n+1} = T\overline{Q^n} + \overline{T}Q^n$$

JK 触发器的特性方程为

$$Q^{n+1} = J\overline{Q^n} + \overline{K}Q^n$$

可得：

$$\begin{cases} J = T \\ K = T \end{cases}$$

据此，可得到 JK 触发器转换为 T 触发器的逻辑图，如图 6-1-13 所示。

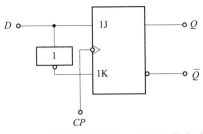

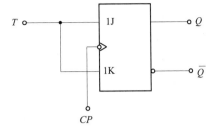

图 6-1-12　JK 触发器转换为 D 触发器的电路图　　图 6-1-13　JK 触发器转换为 T 触发器的电路图

3）JK 触发器转换为 T′触发器

比较 T′触发器的特性方程 $Q^{n+1}=\overline{Q^n}$ 和 JK 触发器的特性方程 $Q^{n+1}=J\overline{Q^n}+\overline{K}Q^n$ 可得：

$$\begin{cases} J=1 \\ K=1 \end{cases}$$

据此，可得到 JK 触发器转换为 T′触发器的电路图，如图 6-1-14 所示。

2. D 触发器转换为 JK、T、T′触发器

用同样的方法，可得到 3 个转换电路图，分别如图 6-1-15～图 6-1-17 所示。

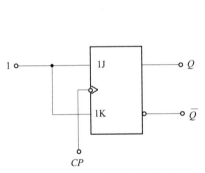

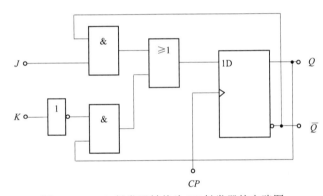

图 6-1-14　JK 触发器转换为
T′触发器的电路图

图 6-1-15　D 触发器转换为 JK 触发器的电路图

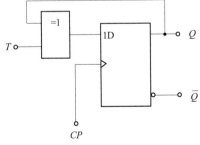

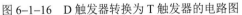

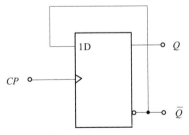

图 6-1-16　D 触发器转换为 T 触发器的电路图　　图 6-1-17　D 触发器转换为 T′触发器的电路图

知识链接 2　时序逻辑电路的分析

时序逻辑电路分析的目的是：根据给定的时序逻辑电路图，求出该电路状态转换的规律

以及输出变化的规律，从而确定该时序电路的逻辑功能和工作特性。

时序逻辑电路分析一般遵循以下步骤：

（1）根据给定时序电路图写出下列各逻辑方程式：

① 各个触发器的时钟信号 CP 的逻辑表达式；

② 时序电路的输出方程；

③ 各个触发器的驱动方程（即各触发器输入信号的逻辑表达式）。

（2）将驱动方程代入各个触发器的特性方程中，得到每个触发器的状态方程。这些状态方程组成整个电路的状态方程组。

（3）根据状态方程和输出方程，列出电路的状态转换表，并画出电路的状态转换图或时序图。

（4）观察状态转换图中各逻辑变量之间的关系，从而确定电路的逻辑功能。

【例 6–1–2】试分析图 6-1-18 所示时序电路的逻辑功能。

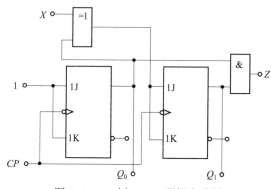

图 6-1-18　例 6-1-2 逻辑电路图

解：

（1）写出各逻辑方程式。

① 这是一个同步时序电路，所谓同步时序电路，是指各触发器使用相同的 CP 脉冲。本例两个 JK 触发器均受 CP 脉冲下降沿触发。各触发器 CP 信号的逻辑表达式不必写。

② 输出方程：

$$Z = Q_0^n Q_1^n$$

③ 驱动方程：

$$J_0 = K_0 = 1$$

$$J_1 = K_1 = X \oplus Q_0^n$$

（2）各触发器状态方程：

$$Q_0^{n+1} = J_0 \overline{Q_0^n} + \overline{K_0} Q_0^n = \overline{Q_0^n}$$

$$Q_1^{n+1} = J_1 \overline{Q_1^n} + \overline{K_1} Q_1^n = X \oplus Q_0^n \oplus Q_1^n$$

（3）列状态表（见表 6-1-5）、画状态图（见图 6-1-19）和时序图（见图 6-1-20）。

表 6-1-5 例 6-1-2 状态表

Q_1^n	Q_0^n	X	Q_1^{n+1}	Q_0^{n+1}	Z
0	0	0	0	1	0
0	1	0	1	0	0
1	0	0	1	1	0
1	1	0	0	0	1
0	0	1	1	1	0
0	1	1	0	0	0
1	0	1	0	1	0
1	1	1	1	0	1

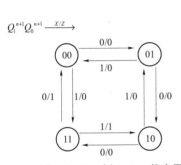
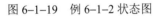

图 6-1-19 例 6-1-2 状态图

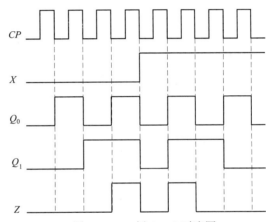

图 6-1-20 例 6-1-2 时序图

（4）逻辑功能分析。

由状态图可知，此电路是一个可控四进制同步计数器。当 $X=0$ 时，进行加法计数，Z 是进位信号；当 $X=1$ 时，进行减法计数，Z 是借位信号。

【例 6-1-3】试分析图 6-1-21 所示时序电路图。

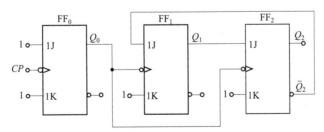

图 6-1-21 例 6-1-3 逻辑电路图

（1）写出各逻辑方程式。

① 这是一个异步电路，需要写出各触发器的时钟方程：

$$CP_0 = CP , \quad CP_1 = CP_2 = Q_0 \quad （↓有效）$$

231

② 驱动方程：

$$J_0 = K_0 = 1$$
$$J_1 = \overline{Q_2^n}, \quad K_1 = 1$$
$$J_2 = Q_1^n, \quad K_2 = 1$$

（2）各触发器状态方程：

$$Q_0^{n+1} = \overline{Q_0^n} \quad (CP\downarrow 有效)$$
$$Q_1^{n+1} = J_1\overline{Q_1^n} + \overline{K_1}Q_1^n = \overline{Q_1^n}\,\overline{Q_2^n} \quad (Q_0\downarrow 有效)$$
$$Q_2^{n+1} = J_2\overline{Q_2^n} + \overline{K_2}Q_2^n = Q_1^n\,\overline{Q_2^n} \quad (Q_0\downarrow 有效)$$

（3）列状态表（见表6-1-6）、画状态图（见图6-1-22）和时序图（见图6-1-23）。

表6-1-6　例6-1-3状态表

Q_2^n	Q_1^n	Q_0^n	Q_2^{n+1}	Q_1^{n+1}	Q_0^{n+1}	CP_0	CP_1	CP_2
0	0	0	0	0	1	↓		
0	0	1	0	1	0	↓	↓	↓
0	1	0	0	1	1	↓		
0	1	1	1	0	0	↓	↓	↓
1	0	0	1	0	1	↓		
1	0	1	0	0	0	↓	↓	↓
1	1	0	1	1	1	↓		
1	1	1	0	0	0	↓	↓	↓

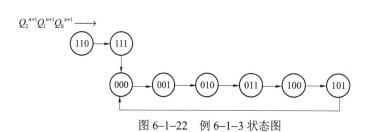

图6-1-22　例6-1-3状态图

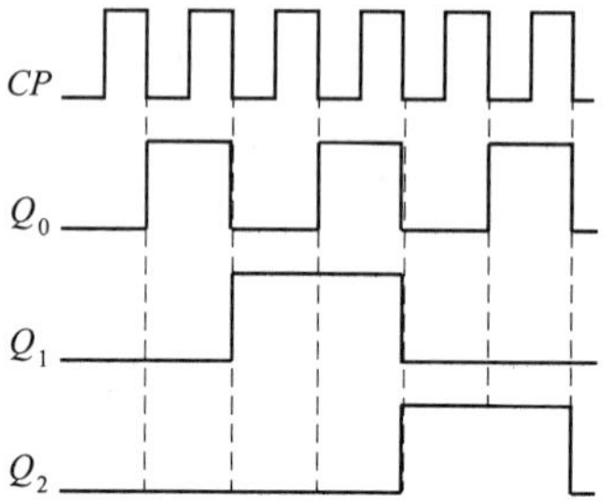

图6-1-23　例6-1-3时序图

（4）逻辑功能分析。

由状态图可看出，这是一个三位二进制异步加计数器，计数范围从000到101构成计数环。110和111为多余项，由于它们能自动进入计数环，所以该电路具有自启功能。

视频　同步时序逻辑电路分析

视频　异步时序逻辑电路分析

知识链接 3 计数器

计数器是用来统计输入脉冲个数的时序逻辑电路，它输入的是脉冲信号，输出的是二进制码，其内部主要由触发器构成，用途广泛，除计数外，还可以实现分频、定时、测量和产生节拍脉冲等。

计数器的种类很多。按数的进制，可分为二进制计数器和非二进制计数器（如十进制和六十进制计数器等）；按计数时是递增还是递减，可分为加法计数器、减法计数器和可逆计数器；按计数器中各触发器翻转是否共用一个时钟脉冲，可分为同步计数器和异步计数器；此外，计数器按照使用的开关元件，还可分为 TTL 和 CMOS 计数器两大类。

（一）二进制计数器

1. 二进制异步计数器

如图 6-1-24 所示，是由 3 个上升沿触发的 D 触发器组成的三位二进制异步加法计数器。由于图中各个 D 触发器的 $\overline{Q}$ 端已经连至 D 端，所以这 3 个触发器具有翻转计数的功能。同时各 $\overline{Q}$ 端又与高位触发器的脉冲输入端相连，所以，各触发器翻转不同步，这是个异步时序电路。结合 D 触发器的翻转特点，不难得出其状态图和时序图，分别如图 6-1-25（a）和图 6-1-25（b）所示。

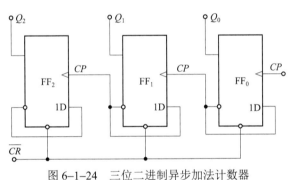

图 6-1-24 三位二进制异步加法计数器

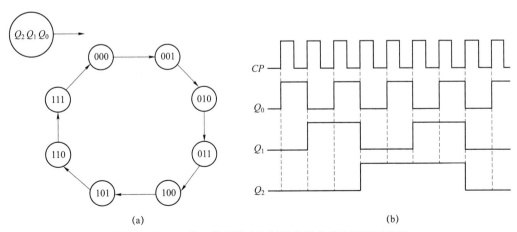

(a) (b)

图 6-1-25 三位二进制异步加法计数器的状态图和时序图

（a）状态图；（b）时序图

由状态图可以清楚地看到，从初态 000 开始，每输入一个计数脉冲，计数器的状态按二进制数规律递增 1，输入第 8 个计数脉冲后，计数器又回到初态 000。

从时序图可以看到：Q_0、Q_1、Q_2 的周期分别是计数脉冲周期的 2 倍、4 倍、8 倍，也即 Q_0、Q_1、Q_2 分别对 CP 波形进行了二分频、四分频、八分频，因而计数器也可作为分频器使用。

如果将图 6-1-24 中触发器 FF_1 和 FF_2 的脉冲分别改为 Q_0、Q_1，如图 6-1-26 所示，不难分析得出该图的时序图如图 6-1-27 所示，按照 $Q_2Q_1Q_0$ 的顺序，可以看出这是三位二进制异步减法计数器。

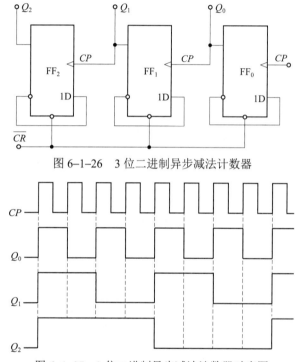

图 6-1-26　3 位二进制异步减法计数器

图 6-1-27　3 位二进制异步减法计数器时序图

2. 二进制同步计数器

为提高计数速度，可采用同步计数器。图 6-1-28 是用 JK 触发器组成的三位二进制同步加法计数器。由于 CP 脉冲同时作用于各个触发器，所有触发器的翻转是同时进行的，因此工作速度一般要比异步计数器高。

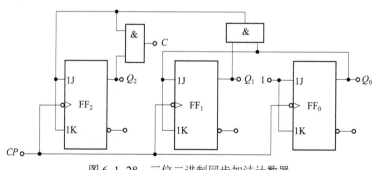

图 6-1-28　三位二进制同步加法计数器

应当指出的是，同步计数器的电路结构较异步计数器复杂，需要增加一些输入控制电路，因而其工作速度也要受这些控制电路的传输延迟时间的限制。

下面我们分析一下这个同步加法计数器：

（1）观察逻辑图。输出变量为 C；这是一个同步时序电路；FF_0、FF_1、FF_2 是下降沿触发的 JK 触发器。

（2）写出各个 JK 触发器的特征方程和驱动方程。

各触发器的特征方程如下：

$$Q_0^{n+1} = J_0 \overline{Q_0^n} + \overline{K_0} Q_0^n$$

$$Q_1^{n+1} = J_1 \overline{Q_1^n} + \overline{K_1} Q_1^n$$

$$Q_2^{n+1} = J_2 \overline{Q_2^n} + \overline{K_2} Q_2^n$$

驱动方程：

$$J_0 = K_0 = 1$$

$$J_1 = K_1 = Q_0^n$$

$$J_2 = K_2 = Q_0^n Q_1^n$$

（3）将驱动方程代入各自的特征方程得到各触发器状态方程：

$$Q_0^{n+1} = \overline{Q_0^n}$$

$$Q_1^{n+1} = J_1 \overline{Q_1^n} + \overline{K_1} Q_1^n = Q_0^n \overline{Q_1^n} + \overline{Q_0^n} Q_1^n$$

$$Q_2^{n+1} = J_2 \overline{Q_2^n} + \overline{K_2} Q_2^n = Q_0^n Q_1^n \overline{Q_2^n} + \overline{Q_0^n Q_1^n} Q_2^n$$

$$C = Q_0^n Q_1^n Q_2^n$$

（4）根据状态方程列出状态表，如表 6-1-7 所示。

表 6-1-7　状态表

CP	Q_2^n	Q_1^n	Q_0^n	Q_2^{n+1}	Q_1^{n+1}	Q_0^{n+1}	C
↓	0	0	0	0	0	1	0
↓	0	0	1	0	1	0	0
↓	0	1	0	0	1	1	0
↓	0	1	1	1	0	0	0
↓	1	0	0	1	0	1	0
↓	1	0	1	1	1	0	0
↓	1	1	0	1	1	1	0
↓	1	1	1	0	0	0	1

（5）根据状态表画出状态转换图，如图 6-1-29 所示。

$Q_2^{n+1}Q_1^{n+1}Q_0^{n+1} \longrightarrow$

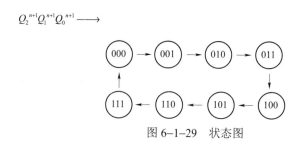

图 6-1-29　状态图

（6）逻辑功能。由状态图可看出，这是一个三位二进制同步加法计数器，计数范围从 000 到 111 构成计数环。

在二进制同步加法计数器的电路基础上，如果用低位触发器的 $\overline{Q}$ 端去驱动高位触发器，将得到二进制同步减法计数器，如图 6-1-30 所示。

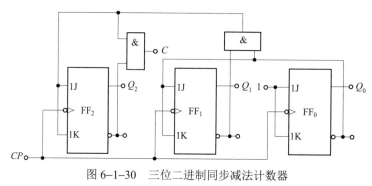

图 6-1-30　三位二进制同步减法计数器

3．集成二进制计数器

集成数字电路 74LS161 是四位二进制同步加法计数器，其基本工作原理与前面介绍的三位二进制同步加法计数器相同。74LS161 的引出端引脚排列图和符号图如图 6-1-31 所示。

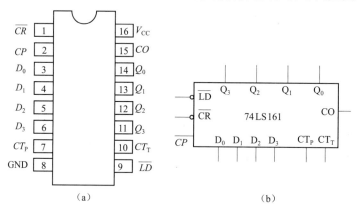

图 6-1-31　74LS161 的引脚排列图和逻辑功能示意图
（a）引脚排列图；（b）符号图

图 6-1-31 中，CP 是计数脉冲输入端，$\overline{CR}$ 是清零端，$\overline{LD}$ 是预置数控制端，CT_T 和 CT_P 是两个计数器工作状态控制端，$D_0 \sim D_3$ 是并行输入数据端，CO 是进位信号输出端，$Q_0 \sim Q_3$ 是计数器状态输出端。

74LS161 的功能表，如表 6-1-8 所示。

表 6-1-8　74LS161 的功能表

输入信号（条件）									输出信号（结果）				备注
$\overline{CR}$	$\overline{LD}$	CT_P	CT_T	CP	D_3	D_2	D_1	D_0	Q_3	Q_2	Q_1	Q_0	
0	×	×	×	×	×	×	×	×	0	0	0	0	清零
1	0	×	×	↑	D_3	D_2	D_1	D_0	D_3	D_2	D_1	D_0	预置数
1	1	1	1	↑	×	×	×	×	加法计数				十六进制
1	1	0	×	×	×	×	×	×	保持				
1	1	×	0	×	×	×	×	×	保持				

由表 6-1-8 可看出，74LS161 是一个具有异步清零、同步置数、可保持状态不变的四位二进制加法计数器。

74LS163 与 74LS161 功能非常相似，只是 74LS163 是同步清零。

视频　计数器

图片　74LS161

（二）十进制计数器

十进制计数器是在二进制计数器的基础上演变而来的，其输出结果通常是 8421BCD 码，所以也称二-十进制计数器。下面仅以异步十进制加法计数器来做介绍。

十进制的编码方式有多种，最常用的 8421 编码方式是取 4 位二进制编码中 16 个状态的前 10 个状态 0000～1001 来表示十进制数的 0～9 这 10 个数码。也就是当计数器计数到第 9 个脉冲后，若再来 1 个脉冲，计数器的状态必须由 1001 变到 0000，完成一个循环的变化。

图 6-1-32 所示是异步十进制加法计数器的一种，用 JK 触发器来构成。当加以第 9 个计数脉冲时，Q_3、Q_2、Q_1、Q_0 的状态应为 1001，由于现在增加了与非门，且该与非门的输出 $G = \overline{Q_3^n Q_1^n}$，因此当第 10 个脉冲作用后，会使 $G = 0$，而 G 的输出又接至 $Q_0 \sim Q_3$ 的直接置零端，所以它又使 $Q_0 \sim Q_3$ 置 0。其结果是：$Q_3 Q_2 Q_1 Q_0 = 1010$ 的状态一经出现，又立即自行复位

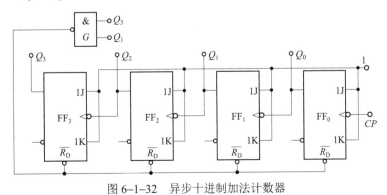

图 6-1-32　异步十进制加法计数器

为0000，这一方法称为反馈归零法。

（三）N进制计数器

n位二进制计数器可以组成2^n进制的计数器，例如四进制、八进制等。但在实际应用中，需要的往往不是2^n进制的计数器，例如五进制、七进制等。这类不是2^n进制的计数器的组成方法一般有两种：一是用时钟触发器和门电路进行设计；二是用集成计数器构成，称为反馈归零法和预置数复位法。这两种方法的基本思想是：利用计数器的直接置零端或预置数端的清零功能，截取计数过程中的某一个中间状态来控制清零端或预置数端，使计数器从该状态返回到零而重新开始计数，这样就弃掉了后面的一些状态，把模较大的计数器改成了模较小的计数器（所谓模，是指计数器中循环状态的个数）。

用预置数复位法获得N进制计数器的主要步骤：首先写出状态S_{N-1}的二进制代码，然后求出预置数复位法的逻辑表达式，最后画出连线图。

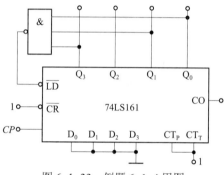

图6-1-33　例题6-1-4用图

【例6-1-4】利用预置数复位法，外加一个与非门，使74LS161构成十二进制计数器。

解：74LS161是一个十六进制同步加法计数器。

（1）写出状态S_{N-1}的二进制代码：

$$S_{N-1} = S_{12-1} = S_{11} = 1011 = Q_3Q_2Q_1Q_0$$

（2）与非门输入端与$Q_0 \sim Q_3$之间的连线规律。

把上式中S_{N-1}状态为1的各个触发器Q端与与非门的输入端相连。

（3）画连线图，如图6-1-33所示。

（四）计数器容量的扩展

集成计数器一般都设有级联用的输入端和输出端，只要正确地把它们连接起来，便可得到容量更大的计数器。各计数器之间的连接方式可分为串行进位方式、并行进位方式、整体清零方式和整体置数方式。其中，常用的串行进位方式是以低位片的进位输出信号作为高位片的时钟输入信号，并行进位方式是以低位片的进位输出信号作为高位片的工作状态控制信号（计数的使能信号），两片的CP输入端同时接计数脉冲输入信号。

一般而言，把一个N_1进制计数器和一个N_2进制计数器串接起来，便可以构成$N = N_1 \times N_2$进制计数器，其框图如图6-1-34所示。

图6-1-34　计数器容量扩展框图

在许多情况下，一般先把集成计数器级联起来扩大容量之后，再用反馈归零或反馈置数法使计数器的容量减小，获得所需进制的计数器。例如，要获得$N=180$进制的计数器，可先把两片74LS161级联起来构成256进制计数器，再用反馈置数法即可得到180进制同步加法计数器，如图6-1-35所示。

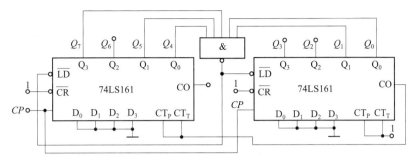

图 6-1-35　两片 74LS161 级联成 180 进制计数器

知识链接 4　寄存器

把二进制数据或代码暂时存储起来的操作叫作寄存，具有寄存功能的电路称为寄存器。寄存器是一种基本时序电路，在各种数字系统中，几乎是无所不在。因为任何现代数字系统，都必须把需要处理的数据、代码先寄存起来，以便随时取用。

从电路组成看，寄存器是由具有存储功能的触发器组合起来构成的，使用的可以是基本触发器、同步触发器、主从触发器或边沿触发器，电路结构比较简单。

从基本功能看，寄存器的任务主要是暂时存储二进制数据或者代码。寄存器一般可分为两大类：一类是基本寄存器（数码寄存器），一类是移位寄存器。

（一）基本寄存器

在基本存储器内，数据或代码只能并行送入寄存器中，需要时也只能并行输出，它由触发器和相应的门电路组成。一个触发器可以存放一位二进制数码，N 位数码就需要 N 个触发器。

仅以 4D 寄存器 74LS175 为例，简单介绍一下基本寄存器的功能。

4D 寄存器 74LS175 内含 4 个边沿 D 触发器，其内部逻辑电路如图 6-1-36 所示。

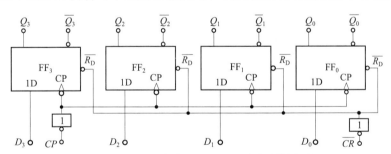

图 6-1-36　4D 寄存器 74LS175 内部逻辑电路

74LS175 的功能表见表 6-1-9。

表 6-1-9　74LS175 的功能表

输　　入						输　　出				说明
$\overline{CR}$	CP	D_3	D_2	D_1	D_0	Q_3	Q_2	Q_1	Q_0	
0	×	×	×	×	×	0	0	0	0	清零
1	↑	D_3	D_2	D_1	D_0	D_3	D_2	D_1	D_0	送数

续表

输　　入						输　　出				说明
$\overline{CR}$	CP	D_3	D_2	D_1	D_0	Q_3	Q_2	Q_1	Q_0	
1	↑	×	×	×	×	保持				
1		×	×	×	×					

在往寄存器中寄存数据或代码之前，通常将寄存器清零。只要 $\overline{CR}=0$，就立即通过异步输入端将 4 个边沿 D 触发器都复位到零状态。

当 $\overline{CR}=1$ 时，CP 的上升沿送数。无论寄存器中原来存储的数据是什么，在 $\overline{CR}=1$ 时，只要送数时钟 CP 的上升沿到来，加在并行输入端 $D_0 \sim D_3$ 的数码马上就被送入寄存器中。

当 $\overline{CR}=1$、CP 上升沿以外的时间，寄存器保持内容不变，即各个输出端的状态与输入的数据无关。

视频　寄存器

（二）移位寄存器

基本寄存器只有寄存数据或代码的功能。有时为了处理数据，需要将寄存器中的各位数据在移位控制信号作用下，依次向高位或向低位移动 1 位。具有移位功能的寄存器称为移位寄存器。移位寄存器根据移位情况的不同，可分为单向移位寄存器和双向移位寄存器两大类。其中单向移位寄存器又分为右移位寄存器和左移位寄存器。

1. 右移位寄存器

右移位寄存器不仅能够寄存输入数码，而且能够对输入的数码进行向右移位，图 6-1-37 所示是右移位寄存器的逻辑电路图。

图中，4 个 D 触发器串联运用，它们的 $\overline{R}_D$ 端相连，用于寄存器置 0。CP 端是移位脉冲输入端，$Q_0 \sim Q_3$ 是寄存器的并行输出端，另外 Q_3 作为该寄存器的串行输出端。

使用前，先给 $\overline{R}_D$ 端输入负脉冲，使寄存器置 0，即 $Q_3Q_2Q_1Q_0=0000$。

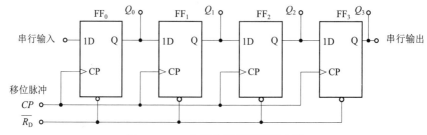

图 6-1-37　右移位寄存器逻辑电路

设输入数码是 1011，D_3 为最高位，D_0 为最低位；输入的数码从高位至低位依次送到触

发器 FF_0 的输入端。

第一个 CP 脉冲到来之后，在 CP 脉冲的上升沿，从输入端输入最高位 D_3 的数码 1，存入 FF_0 触发器中，即 $Q_0 = 1$，则在第一个 CP 脉冲作用后，寄存器输出状态为 $Q_3Q_2Q_1Q_0 = 0001$。

第二个 CP 脉冲到来后，在 CP 脉冲作用下，电路发生了两个变化：一是由于 $Q_0 = 1$，它加到 FF_1 触发器的输入端，所以 $Q_1 = 1$；二是 D_2 输入数码 0 从 FF_0 触发器的输入端输入，使 $Q_0 = 0$。这样，在第二个 CP 脉冲作用后，寄存器输出状态为 $Q_3Q_2Q_1Q_0 = 0010$。

同理可分析出，在第三个 CP 脉冲作用后，寄存器的输出状态为 $Q_3Q_2Q_1Q_0 = 0101$；在第四个脉冲作用后，寄存器的输出状态为 $Q_3Q_2Q_1Q_0 = 1011$。

由以上分析可知，从输入端输入的数码经过 4 个移位脉冲作用后，已移存于该寄存器电路中。

左移位寄存器与右移位寄存器电路基本相同，工作原理与右移位寄存器相同，不再详述。

2. 集成移位寄存器

集成移位寄存器种类很多，如 74LS164、74LS165、74LS166 均为 8 位单向移位寄存器，74LS195 为 4 位单向移位寄存器，74LS194 为 4 位双向移位寄存器，74LS198 为 8 位双向移位寄存器。在此以典型的 74LS165 为例做简单说明。

图 6-1-38 中，$D_0 \sim D_7$ 是 1 个字节的并行数据输入端。$S/\overline{L}$（Shift/Load）为控制信号输入端，该引脚为高电平时具有移位功能；为低电平时，将 $D_0 \sim D_7$ 端的数据输入到内部保存。CP 是移位脉冲输入端，当 $S/\overline{L}$ 为高电平时，CP 端的每次正跳变，都会使已存入内部的数据（$D_0 \sim D_7$）从 Q_7 端移出一位，移位的顺序是 D_7 最先从 Q_7 端移出，D_0 最后移出。Clock Inhibit 为时钟禁止端，当该引脚为高电平时，移

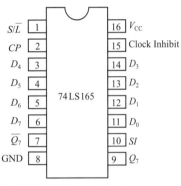

图 6-1-38　74LS165 的引脚排列图

位脉冲不能进入，因而也就不能移位，正常工作时必须接低电平。SI（Serial Input）为串行数据输入端，即 74LS165 能从该引脚接收串行数据并从 Q_7 端移出。

知识链接 5　555 定时器及其应用

555 定时器是一种结构简单、使用方便灵活、用途广泛的多功能电路。该电路只需外接少量的阻容元件就可以构成单稳态触发器、多谐振荡器和施密特触发器。其电源电压范围宽（双极型 555 定时器为 5～16 V，CMOS 555 定时器为 3～18 V），可提供与 TTL 及 CMOS 数字电路兼容的接口电平，还可输出一定功率，驱动微电机、指示灯、扬声器等，因而在波形的产生与变换、测量与控制等许多领域中都得到了广泛的应用。

目前国内外各电子器件公司生产了各自的 555 定时器产品。虽然产品的型号各异，但所有双极型产品型号的最后 3 个数码都是 555，所有 CMOS 产品型号的最后 4 个数码都是 7555。它们的结构、工作原理以及外部引脚排列基本相同。

（一）555 定时器的结构及其特性

555 定时器的内部电路图和引脚图如图 6-1-39 所示。它由分压器、比较器 C_1 和 C_2、基本 RS 触发器和放电三极管 V 等部分组成。

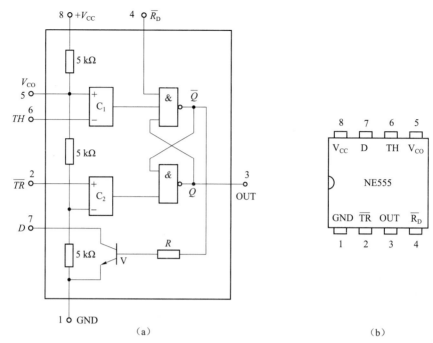

图 6-1-39 555 定时器内部电路图及外部引线图

（a）内部电路图；（b）外引脚排列图

1. 分压器

分压器由 3 个 5 kΩ 电阻组成，它为两个由集成运算放大器构成的电压比较器 C_1 和 C_2 提供了基准电平，当 5 脚悬空时，电压比较器 C_1 的基准电平 $U_{R1} = \frac{2}{3}V_{CC}$，比较器 C_2 的基准电平 $U_{R2} = \frac{1}{3}V_{CC}$，改变 5 脚的电压可改变电压比较器 C_1 和 C_2 的基准电平。当 5 脚不外接其他电阻或者其他电平时，该脚不可悬空，需通过 0.01 μF 左右的电容接地，以防止高频干扰信号影响 5 脚的电位值。

2. 比较器

两个运算放大器组成电压比较器。

当 $U_{TH} > U_{R1}$、$U_{\overline{TR}} > U_{R2}$ 时，比较器 C_1 的输出 $u_{C1}=0$，比较器 C_2 的输出 $u_{C2}=1$，基本 RS 触发器被置成 $Q=0$，同时输出端 OUT 为 0。

当 $U_{TH} < U_{R1}$、$U_{\overline{TR}} < U_{R2}$ 时，$u_{C1}=1$，$u_{C2}=0$，基本 RS 触发器被置成 1 状态，$Q=1$，输出端 OUT 为 1。

当 $U_{TH} < U_{R1}$、$U_{\overline{TR}} > U_{R2}$ 时，$u_{C1}=1$，$u_{C2}=1$，基本 RS 触发器保持原状态不变。

3. 基本 RS 触发器

基本 RS 触发器由两个与非门组成，它的状态由两个比较器的输出控制。根据基本 RS 触发器的工作原理，以确定触发器的输出端 Q 为 1 还是为 0。

4. 直接复位（置零）端 $\overline{R}_D$

4 脚为直接复位端 $\overline{R}_D$，当 $\overline{R}_D = 1$ 时，与非门正常工作；若 $\overline{R}_D = 0$，则与非门输出端恒为 1，从而使 3 脚输出 OUT=0。可见，正常工作时，4 脚应该接高电平，通常将它与 8 脚的正电源接在一起。

5. 放电管 V

放电管 V 工作在开关工作状态，放电端 D 是三极管的集电极（或 MOS 管的漏极），放电端 D 与地（GND 或 V_{SS}）之间近似一个开关，当 OUT=0 时，V 饱和导通，D 与地之间开关闭合（接通）；当 OUT=1 时，V 截止，D 与地之间的开关断开。如果将放电三极管的集电极经过一个外接电阻接到电源上，即可组成一个反相器。

根据上述分析，可以得到 555 定时器的功能表，如表 6–1–10 所示。

表 6–1–10 555 定时器功能表

输入信号（条件）			输出信号（结果）	
$\overline{R_D}$	U_{TH}	$U_{\overline{TR}}$	OUT	D
0	×	×	0	与地之间的开关闭合
1	$>\frac{2}{3}V_{CC}$	$>\frac{1}{3}V_{CC}$	0	与地之间的开关闭合
1	×	$<\frac{1}{3}V_{CC}$	1	与地之间的开关断开
1	$<\frac{2}{3}V_{CC}$	$>\frac{1}{3}V_{CC}$	状态保持不变	状态保持不变

视频 555 电路

动画 由 555 定时器组成的单稳态触发器

（二）由 555 定时器构成的多谐振荡器

如图 6–1–40（a）所示为 555 定时器构成的多谐振荡器，电路中将高电平触发端 TH 和低电平触发端 $\overline{TR}$ 短接，并在放电回路中串入电阻 R_2。其中电阻 R_1 和 R_2 以及 C 作为振荡器的定时元件，决定输出矩形波的脉冲宽度和周期。其工作波形如图 6–1–40（b）所示。

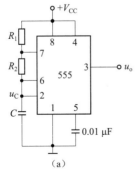

（a）

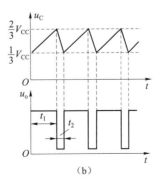

（b）

图 6–1–40 多谐振荡器电路图和工作波形图
（a）电路；（b）工作波形

下面具体分析该振荡器的工作原理。

由于接通电源后，电容器两端电压 u_C=0，故 TH 端与 $\overline{TR}$ 端均为低电平，输出 u_o 为高电平，放电管 V 截止。当电源刚接通时，电源经 R_1、R_2 对电容 C 充电，使其电压 u_C 按指数规律上升，当 u_C 上升到 $\frac{2}{3}V_{CC}$ 时，TH 起作用，输出端 OUT 为低电平，放电管 V 导通，我们把 u_C 从 $\frac{1}{3}V_{CC}$ 上升到 $\frac{2}{3}V_{CC}$ 这段时间内的状态称为第一暂稳态，其维持时间 t_1 的长短与电容的充电时间有关。充电时间常数是：

$$\tau_{充} = (R_1 + R_2)C \tag{6-1-10}$$

由于放电管 V 导通，电容 C 通过电阻 R_2 和放电管放电，电路进入第二暂稳态。放电时间常数是：

$$\tau_{放} = R_2 C \tag{6-1-11}$$

随着 C 的放电，u_C 下降，当 u_C 下降到 $\frac{1}{3}V_{CC}$ 时，输出端 OUT 为高电平，放电管 V 截止，电容 C 放电结束，V_{CC} 再次对电容 C 充电，电路翻转到第一暂稳态，如此反复，则输出可得矩形波形。

由以上分析可知，电路靠电容 C 充电来维持第一暂稳态，其持续时间即为 t_1，电路靠电容 C 放电来维持第二暂稳态，其持续时间为 t_2。电路一旦起振后，u_C 电压总是在（1/3～2/3）V_{CC} 范围变化。

（三）由555定时器构成的单稳态触发器

1. 电路组成

图 6-1-41（a）是用 CC7555 构成的单稳态触发器。图中，R、C 为外接定时元件，输入触发信号 u_i 接在低触发端 $\overline{TR}$ 端，电路产生的矩形波信号由 3 脚输出。

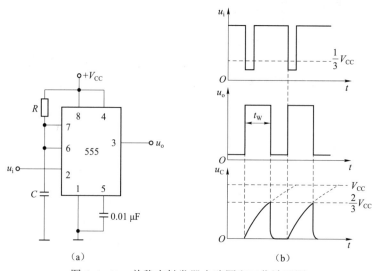

图 6-1-41 单稳态触发器电路图和工作波形图

（a）单稳态触发器电路；（b）工作波形

2. 工作原理

1）电路的稳态

静态时，触发器信号 u_i 为高电平，u_o 为低电平，放电管饱和导通，这是一种稳态，假设 $u_o=1$ 为高电平，这种状态是不稳定的，因为电源 $+V_{CC}$ 经电阻 R 对电容 C 充电，电容两端电压 u_C 上升，当 u_C 上升到 $\frac{2}{3}V_{CC}$ 后，TH 端为高电平，u_o 变为低电平，放电管 V 饱和导通，电容 C 被旁路，无法再充电，电路处于稳定状态。

2）在外加触发信号作用下，电路从稳态翻转到暂稳态

在触发脉冲 $u_i < \frac{1}{3}V_{CC}$ 作用下，输出 u_o 为高电平，放电管 V 截止，电路进入暂稳态，定时开始。在暂稳态期间，电源 $+V_{CC}$ 经 R 和 C 到地，对电容充电，充电时间常数 $\tau = RC$，u_C 按指数规律上升，趋向 $+V_{CC}$ 值。

3）自动返回过程

当电容两端电压 u_C 上升到 $\frac{2}{3}V_{CC}$ 后，TH 端为高电平，此时触发脉冲已经消失，$\overline{TR}$ 端为高电平，输出 u_o 为低电平，放电管 V 导通，电容 C 充电结束，即暂稳态结束。

4）恢复过程

由于放电管 V 导通，电容 C 经放电管放电，u_C 迅速下降到 0。这时 TH 端为低电平，$\overline{TR}$ 端为高电平，基本 RS 触发器状态不变，保持 $Q=0$，输出 u_o 为低电平。

当第二个触发脉冲到来时，又重复上述过程。其工作波形如图 6-1-41（b）所示。

（四）由 555 定时器构成的施密特触发器

将 555 定时器的输入端 6 脚、2 脚相连作为输入端 u_i，将直接复位端 4 脚（对应 $\overline{R}_D$）与电源 8 脚（对应 V_{CC}）连在一起，1 脚接地，信号 u_o 由 3 脚输出，便构成了如图 6-1-42（a）所示的施密特触发器。

若输入信号 u_i 如图 6-1-42（b）所示，结合 555 定时器的功能表可知，当 $u_i < \frac{1}{3}V_{CC}$ 时，定时器输出为高电平；随着 u_i 的上升，当 $\frac{2}{3}V_{CC} > u_i > \frac{1}{3}V_{CC}$ 时，定时器保持原状态不变，输

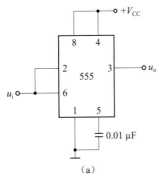

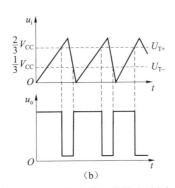

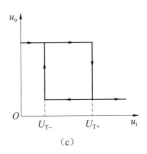

（a）　　　　　　　　　（b）　　　　　　　　　（c）

图 6-1-42　施密特触发器电路图

（a）电路；（b）工作波形；（c）电压传输特性

出仍然为高电平；当 $u_i > \frac{2}{3}V_{CC}$ 时，定时器状态改变，输出变为低电平。随着 u_i 的下降，当 $\frac{2}{3}V_{CC} > u_i > \frac{1}{3}V_{CC}$ 时，定时器保持原状态不变，输出仍然为低电平；当 $u_i < \frac{1}{3}V_{CC}$ 时，定时器状态改变，输出变为高电平。

显然，555 定时器构成的施密特触发器，u_i 上升时引起电路状态改变，由输出高电平翻转为输出低电平的输入电压称为上限阈值电压 $U_{T+} = \frac{2}{3}V_{CC}$；下降时引起电路由输出低电平翻转为输出高电平的输入电压称为下限阈值电压 $U_{T-} = \frac{1}{3}V_{CC}$。两者之差即为回差电压，有：

$$\Delta U_T = U_{T+} - U_{T-} = \frac{1}{3}V_{CC}$$

施密特触发器的电压传输特性称为回差特性，如图 6-1-42（c）所示。回差特性是施密特触发器的固有特性。在实际应用中，可根据实际需要增大或减小回差电压 ΔU_T。在引脚 5 外加一电压，可以达到改变回差电压的目的，读者可自行进行分析。

任务实施

（一）电路原理图及原理分析

幸运转盘灯电路原理图如图 6-1-43 所示。

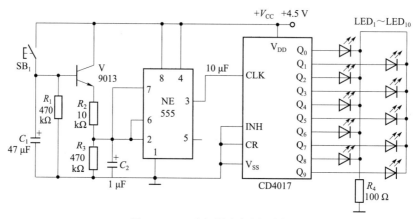

图 6-1-43　幸运转盘灯原理图

其工作原理如下：

NE555 与外围元件组成多谐振荡器电路，但此振荡电路比较特殊，送电后，不按下按钮 SB_1 时，C_1 两端没有电压，三极管截止，NE555 的 2、6、7 脚为低电平，3 脚为高电平，这是振荡器的一种稳态，振荡器不发出振荡信号；电源正常，当按下按钮 SB_1 时，电容 C_1 充电，C_1 两端电压等于电源电压，三极管饱和导通，发射极电位约等于电源电压，这时振荡器有较高的振荡频率，10 个 LED 灯循环亮的速度较快，因为电容 C_2 的放电时间常数为零，所以振荡器输出为低电平的时间极短；松开按钮 SB_1 后，电容 C_1 通过 R_1 放电，C_1 两端电压逐渐降低,同时三极管发射极电位也降低(硅三极管导通时 $U_{BE} \approx 0.7\text{ V}$),电容 C_2 通过 R_2 充电到 $\frac{2}{3}V_{CC}$ 需要的时间会延长,所以随着电容 C_1 的放电,振荡器的振荡频率会逐渐降低,10 个 LED 灯循环亮的速度变慢,当三极管发射极电位约为 $\frac{2}{3}V_{CC}$ 时,振荡器停振,CD4017 这时只有一个输出端为高电平,只有一个 LED 灯亮。时间常数 $\tau_1 = C_1 \times R_1$ 决定延迟时间(τ_1 越大,延迟时间越长),时间常数 $\tau_2 = C_2 \times R_2$ 决定振荡频率(τ_2 越大,振荡频率越低),也就决定了 LED 灯循环的速度。

(二)元件清单

幸运转盘灯元件清单如表 6-1-11 所示。

表 6-1-11 幸运转盘灯元件清单

名称	参数	数量	名称	参数	数量
电阻 R_1、R_3	470 kΩ	2	集成电路 U2	CD4017	
电阻 R_2	10 kΩ	1	发光二极管	ϕ5,红	10 个
电阻 R_4	100 Ω	1	三极管 V	9013	1
电容 C_1(电解)	47 μF/25 V	1	电路板		1
电容 C_2(电解)	1 μF	1	轻触按钮	6 mm×6 mm	1
集成电路 U1	NE555	1	电池盒	3 节 5 号	1

CD4017 芯片介绍:

CD4017 是 5 位 Johnson 计数器,具有 10 个译码输出端,CP、CR、INH 输入端(也可以说是一个具有十个输出状态的环形脉冲分配器)。时钟输入端的斯密特触发器具有脉冲整形功能,对输入时钟脉冲上升和下降时间无限制。INH 为低电平时,计数器在时钟上升沿计数;反之,计数功能无效。CR 为高电平时,计数器清零。译码输出一般为低电平,只有在对应时钟周期内保持高电平。在每 10 个时钟输入周期,CO 信号完成一次进位,并用作多级计数链的下级脉动时钟。

本电路中 CD4017 采用输入脉冲上升沿出发,清零端 CR 接地,始终为无效电平。R_4 为 10 个 LED 公共的限流电阻。

CD4017 的工作电压范围为 3~15 V,输出低电平电流 0.88 mA,输出高电平电流 −0.36 mA,功耗 700 mW。

(三)幸运转盘灯实物图

幸运转盘灯实物图如图 6-1-44 所示。

图 6-1-44　幸运转盘灯实物图

（四）装配注意事项

先安装电阻和集成电路，后安装发光二极管和电容。

（1）电阻无极性要求，紧贴电路板卧装。

为了便于学生们识别色环电阻的阻值，要根据电阻的阻值注明电阻的颜色，如 470 kΩ 色环电阻，第一个色环是黄色，第二个色环是紫色，等等。

（2）NE555 和 CD4017 两集成块有方向，注意电路板上的提示。

（3）电容 C_1 和 C_2 为电解电容，有正负极，注意识别，长引线为正极，短引线为负极。

（4）发光二极管 LED 安装：分清极性（长引线为正极，短引线为负极）。

（五）故障检修

（1）现象：送电后 LED 灯全不亮。

原因分析：4.5 V 直流电源没加上（可用万用表直流电压挡检查）；555 不振（可用万用表直流电压挡检查 555 的 1 脚和 5 脚之间电压）；LED 灯全部接反；电源处短接。

（2）现象：送电后 LED 灯有一个不亮。

原因分析：LED 灯接反；LED 灯坏（可以用万用表的二极管挡检查）；该二极管阳极与 CD4017 的输出端断开（可以用万用表的电阻挡检查）。

（3）现象：按下按钮 SB_1 时，有 4 个 LED 灯总不亮，其他 LED 灯正常。

原因分析：经检查，是电路板上与 4 个 LED 灯连接的地线断开，连接后，一切正常。

（4）现象：按下按钮 SB_1 时，幸运转盘灯有时工作正常，有时不正常。

原因分析：经检查，是电容 C_2 极性接反所致。

（5）现象：按下按钮 SB_1 时，幸运转盘灯工作正常，松开按钮后只有一个 LED 灯亮，而且不循环。

原因分析：经检查，是电容 C_1 一个端没焊好所致。

（6）现象：按下按钮 SB_1 时，幸运转盘灯全亮，过一会只有一个 LED 灯亮。

原因分析：经检查，是电容 C_2 一个端没焊好，555 振荡频率很高所致。

（六）考核验收

对学生制作的幸运转盘灯通电验收。

 **知识拓展**

数/模与模/数转换

随着数字电子技术的发展，用数字系统处理模拟信号的情况越来越多，由于数字信号的抗干扰性强、易于传输和处理等突出优点，得到广泛应用。在电子技术中，将模拟量转换成数字量的电路叫模/数（A/D）转换电路，即 ADC（Analog Digital Converter）。数字设备处理后的数字信号又要转换成人们熟悉的模拟信号，实现这一转换过程的电路叫数/模（D/A）转换电路，即 DAC（Digital Analog Converter）。

（一）D/A 转换器（DAC）

D/A 转换器（DAC）用于将输入的二进制数字量转换为与该数字量成比例的电压或电流。其组成框图如图 6-1-45 所示。图中，数据锁存器用来暂时存放输入的数字量，这些数字量控制模拟电子开关，将参考电压源 U_{REF} 按位切换到电阻译码网络中变成加权电流，然后经运放求和，输出相应的模拟电压，完成 D/A 转换过程。

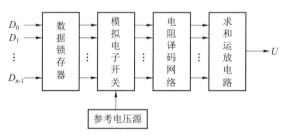

图 6-1-45　D/A 转换器方框图

1. 二进制权电阻网络 DAC

如图 6-1-46 所示为四位二进制权电阻网络 DAC 原理图。集成运放反相输入端虚地，每个开关可以切换到两个不同的位置，当数字量为"1"时，开关接 U_{REF}；当数字量为"0"时，开关接地。

选择权电阻网络中电阻的阻值时，应该使流过该电阻的电流与该电阻所在位的权值成正比。这样，从最高位到最低位，每一位对应的电阻值应该是相邻高位的 2 倍，使各支路电流从高位到低位逐位递减 1/2。

下面对电路进行原理分析。

当输入二进制代码中第三位 D_3=1 时，开关 S_3 接至基准电压 U_{REF}，这时在相应的电阻 $R_3 = 2^0 R$ 支路上产生电流为：

$$I_3 = \frac{U_{REF}}{R_3} = \frac{U_{REF}}{2^0 R}$$

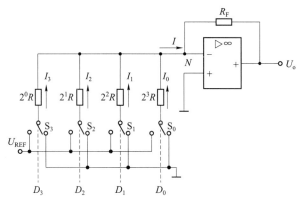

图 6-1-46　二进制权电阻 DAC 原理图

同理，若 D_2、D_1、D_0 分别为 1 时，在相应电阻支路上产生的电流分别为

$$I_2 = \frac{U_{REF}}{R_2} = \frac{U_{REF}}{2^1 R}, \quad I_1 = \frac{U_{REF}}{R_1} = \frac{U_{REF}}{2^2 R}, \quad I_0 = \frac{U_{REF}}{R_0} = \frac{U_{REF}}{2^3 R}$$

当 D_3、D_2、D_1、D_0 分别为 0 时，$I_3 = I_2 = I_1 = I_0 = 0$。

由此可以推广到 n 位二进制权电阻 DAC。
第 i 路的电流为

$$I_i = \frac{U_{REF}}{2^{n-1} R} 2^i D_i$$

总的输出电流为

$$I = \sum_{i=0}^{n-1} I_i = \sum_{i=0}^{n-1} \frac{U_{REF}}{2^{n-1} R} 2^i D_i = \frac{U_{REF}}{2^{n-1} R} \sum_{i=0}^{n-1} 2^i D_i$$

输出电压为

$$U_o = -R_F I = -\frac{R_F U_{REF}}{2^{n-1} R} \sum_{i=0}^{n-1} 2^i D_i$$

权电阻网络 DAC 的转换精度取决于基准电压 U_{REF} 以及模拟电子开关、运算放大器和各权电阻值的精度。由于各权电阻的阻值都不相同，位数越多，相差越大，阻值的精度难以保证。

2. T 型电阻网络 DAC

4 位 R-$2R$ T 型网络 D/A 转换器的电路如图 6-1-47 所示，它主要由 R-$2R$ T 型电阻网络、求和运算放大器和模拟电子开关三部分构成，其中 R-$2R$ 电阻网络是 D/A 转换电路的核心，求和运算放大器构成一个电流、电压转换器，它将与输入数字量成正比的输入电流转换成模拟电压输出。

该电路的特点是，网络中任何一个节点（A、B、C、D）向左、向右、向下看进去的等效电阻都为 $2R$（N 点为虚地），S_0、S_1、S_2、S_3 是 4 个模拟开关，用于表示数字信号 D_0、D_1、D_2、D_3 的状态，当开关接在电源上时，表示对应的数字信号 D_i 为 "1"；当开关接地时，表示对应的数字信号 D_i 为 "0"。

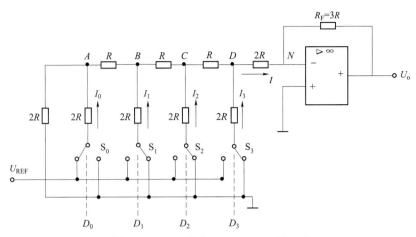

图 6-1-47　T 型电阻网络 DAC 原理图

根据图 6-1-47 不难看出，当只有一个电子模拟开关 S 合向 1，而其余电子模拟开关 S 均合向 0 时，从该支路的 2R 电阻向左、右看去的等效电阻均为 2R，该电流流向 N 点时，每经过一节 R-2R 电路，电流就减少一半。如只有开关 S_0 合向 1，即对应输入的二进制数为 $D_3D_2D_1D_0=0001$ 时，R-2R 电阻网络等效电路如图 6-1-48 所示。

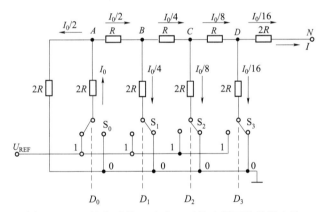

图 6-1-48　只有开关 S_0 合向 1 时的电阻网络等效电路

由图可以看出

$$I_0 = \frac{U_{\mathrm{REF}}}{3R}, \quad I = \frac{1}{2^4}\frac{U_{\mathrm{REF}}}{3R}$$

从而可得

$$U_{\mathrm{o0}} = -\frac{1}{2^4}\frac{U_{\mathrm{REF}}}{3R}R_{\mathrm{F}} = -\frac{1}{2^4}\frac{U_{\mathrm{REF}}}{3R}3R = -\frac{U_{\mathrm{REF}}}{2^4}$$

同理可得，当 S_1、S_2、S_3 分别单独接电源 $+U_{\mathrm{REF}}$ 时，DAC 的相应输出为：

$$U_{\mathrm{o1}} = -\frac{U_{\mathrm{REF}}}{2^3}, \quad U_{\mathrm{o2}} = -\frac{U_{\mathrm{REF}}}{2^2}, \quad U_{\mathrm{o3}} = -\frac{U_{\mathrm{REF}}}{2^1}$$

由于 S_i 开关接电源表示 "1"，接地表示 "0"，也就是 D_i 为 "1" 或 "0"，当所有开关接 "1" 或 "0" 时，根据叠加定理，DAC 的输出电压可以表示为：

$$U_o = U_{o0} \times D_0 + U_{o1} \times D_1 + U_{o2} \times D_2 + U_{o3} \times D_3$$
$$= -\frac{U_{REF}}{2^4}(2^3 D_3 + 2^2 D_2 + 2^1 D_1 + 2^0 D_0)$$

推广到 n 位 T 型电阻网络 DAC，则相应的输出为：

$$U_o = -\frac{U_{REF}}{2^n}(D_{n-1}2^{n-1} + D_{n-2}2^{n-2} + \cdots + D_1 2^1 + D_0 2^0)$$

显然，输出的模拟电压与输入数字量成正比，实现了数字量与模拟量的转换。

该电路中，电阻阻值只有 R 和 $2R$ 两种，精度易于保证，且流过各模拟开关的电流均相同，所以给设计和制作带来方便，故集成 D/A 电路中多采用这种电路形式。

3. 倒 T 型电阻网络 DAC

如图 6-1-49 所示为一个四位倒 T 型电阻网络 DAC，同 T 型电阻网络 DAC 一样，它是由 $2R$ 和 R 两种规格的电阻组成，形式上像倒置的 T 型电阻 DAC，故常称为 R-$2R$ 倒 T 型电阻网络 D/A 转换器。

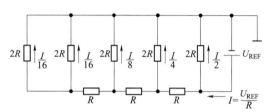

图 6-1-49　倒 T 型电阻网络简化等效电路

下面对电路进行分析。

当模拟开关 S_i 打向左侧时，相应 $2R$ 支路接地；打向右侧时，相应 $2R$ 支路接虚地。故无论开关打向哪一侧，从 U_{REF} 向左看，倒 T 型电阻网络均可等效为图 6-1-50 所示。

由图 6-1-50 可以得到，等效电阻为 R，因此总电流

$$I = U_{REF}/R$$

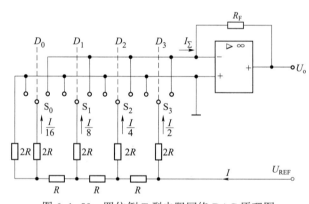

图 6-1-50　四位倒 T 型电阻网络 DAC 原理图

流入每个 $2R$ 电阻的电流从高位到低位依次为 $I/2$、$I/4$、$I/8$、$I/16$，模拟开关 S_i 受相应数字位 D_i 控制。当 D_i=1 时，开关合向右侧，相应支路电流 I_i 输出；D_i=0 时，开关合向左侧，I_i 流入地而不能输出。因此，流入运算放大器反相输入端的电流为

$$I_\Sigma = D_3 \frac{I}{2} + D_2 \frac{I}{4} + D_1 \frac{I}{8} + D_0 \frac{I}{16} = \frac{U_{REF}}{2^4 R}(D_3 \times 2^3 + D_2 \times 2^2 + D_1 \times 2^1 + D_0 \times 2^0)$$

所以运算放大器的输出电压为

$$U_o = -I_\Sigma R_F = -\frac{U_{REF} R_F}{2^4 R}(D_3 \times 2^3 + D_2 \times 2^2 + D_1 \times 2^1 + D_0 \times 2^0)$$

若 $R_F = R$，则有

$$U_o = -\frac{U_{REF}}{2^4}(D_3 \times 2^3 + D_2 \times 2^2 + D_1 \times 2^1 + D_0 \times 2^0)$$

推广到 n 位 DAC，则有

$$U_o = -\frac{U_{REF}}{2^n}(D_{n-1} \times 2^{n-1} + D_{n-2} \times 2^{n-1} + \cdots + D_1 \times 2^1 + D_0 \times 2^0)$$

由上式可以看出，输出的模拟电压与输入数字量成正比，实现了数字量与模拟量的转换。

4. D/A 转换器的主要技术指标

1）分辨率

分辨率指最小输出电压增量 U_{LSB} 与满刻度输出电压 U_m 之比。它反映数字量在最低位上变化 1 时输出模拟量的最小变化量。

$$分辨率 = \frac{U_{LSB}}{U_m} = \frac{1}{2^n - 1} \tag{6-1-12}$$

对 8 位 D/A 转换器来说，分辨率为最大输出幅度的 0.39%，即为 1/255；在 10 位 D/A 转换器中，分辨率为 0.1%，即

$$\frac{1}{2^{10} - 1} = \frac{1}{1\,023} \approx 0.001$$

因此，分辨率与 D/A 转换器的位数有关，位数越多，最小输出电压的变化量就越小，分辨率就越高。分辨率表示 D/A 转换器在理论上可以达到的精度。

分辨率也可用输入二进制数的位数表示。如 8 位 D/A 转换器的分辨率为 8。

2）线性误差

线性误差是指 D/A 转换器的实际转移特性与理想直线之间的最大误差和最大偏移。一般情况下，偏差值应小于 $\pm\frac{1}{2}$ LSB。

3）转换精度

D/A 转换器的转换精度是指经数字量转换成模拟量的精确度，即实际输出的模拟电压与理论输出的模拟电压的偏差。通常影响转换精度的因素主要有：转换器的位数、增益误差、零点误差和噪声等。

4）转换速度和转换时间

转换速度指每秒钟可以转换的次数，其倒数是转换时间。通常用建立时间来描述 D/A 转换器的转换速度。转换时间是指 D/A 转换器从输入数字信号开始，到输出稳定的模拟电压所需要的时间。

5. 集成 D/A 转换器芯片及其应用

1）集成 D/A 转换器简介

常用集成 DAC 有两类：一类内部仅含有电阻网络和电子模拟开关两部分，常用于一般的电子电路。另一类内部除含有电阻网络和电子模拟开关外，还带有数据锁存器，并具有片选控制和数据输入控制端，便于和微处理器进行连接，多用于微机控制系统中。

集成 DAC 芯片类型很多，按照转换方式有串行和并行两大类；按字长分为 8 位、10 位、12 位等；按照输出形式有电压输出型和电流输出型两类。8 位 D/A 转换芯片 DAC0832 是较常用的芯片之一。

2）DAC0832 简介

DAC0832 是美国国家半导体公司生产的 8 位电流输出型 D/A 转换芯片，它是用 CMOS 工艺制成的双列直插式单片 8 位 DAC，可以直接与 Z80、8080、8085、MCS51 等微处理器相连接。其结构框图和引脚排列图如图 6-1-51 所示。

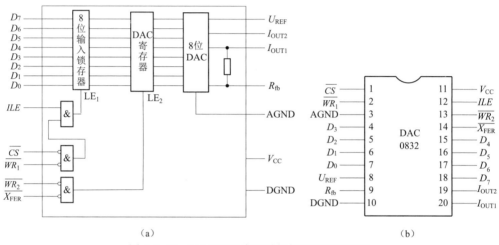

（a）

（b）

图 6-1-51　DAC0832 内部结构框图和引脚排列

（a）DAC0832 内部结构框图；（b）DAC0832 引脚排列

DAC0832 由 8 位输入锁存器、8 位 DAC 寄存器和 8 位 D/A 转换器三大部分组成。它有两个分别控制的数据寄存器，可以实现两次缓冲，所以使用时有较大的灵活性，可根据需要接成不同的工作方式。

DAC0832 中采用的是倒 T 型 $R-2R$ 电阻网络，无运算放大器，是电流输出，使用时需外接运算放大器。芯片中已经设置了 R_{fb}，只要将 9 号引脚接到运算放大器输出端即可。但若运算放大器增益不够，还需外接反馈电阻。

结合图 6-1-51（a）可以看出转换器进行各项功能时，对控制信号电平的要求如表 6-1-12 所示。

表 6-1-12　DAC0832 控制电平说明

功　　能	$\overline{CS}$	ILE	$\overline{WR_1}$	$\overline{X_{FER}}$	$\overline{WR_2}$	说　　明
数据 $D_7 \sim D_0$ 输入到寄存器	0	1	$\times$			$\overline{WR_1}=0$ 时存入数据，$\overline{WR_2}=1$ 时锁定
数据由寄存器 1 转送寄存器 2				0	$\times$	$\overline{WR_2}=0$ 时存入数据，$\overline{WR_2}=1$ 时锁定
从输出端取模拟量						无控制信号，随时可取

$\overline{CS}$：片选信号，输入低电平有效。

$\overline{WR_1}$：输入数据选通信号，输入低电平有效。

ILE：输入锁存允许信号，输入高电平有效。

$\overline{X_{\mathrm{FER}}}$：数据传送控制信号，输入低电平有效。

$\overline{WR_2}$：数据传送选通信号，输入低电平有效。

$D_0{\sim}D_7$：8 位输入数据信号。

I_{OUT1}：DAC 输出电流 1。此输出信号一般作为运算放大器的一个差分输入信号（一般接反相端）。

V_{CC}：数字部分的电源输入端。V_{CC} 可在+5～+15 V 范围内选取。

DGND：数字电路地。

AGND：模拟电路地。

DAC0832 的使用有 3 种工作方式：双缓冲器型、单缓冲器型和直通型，如图 6–1–52 所示。

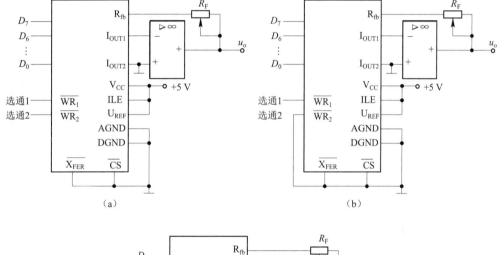

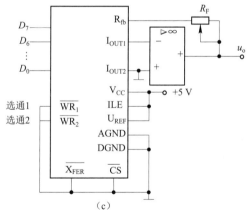

图 6–1–52 DAC0832 的 3 种工作方式

（a）双缓冲器型；（b）单缓冲器型；（c）直通型

双缓冲器型如图 6–1–52（a）所示。首先 $\overline{CS}$ 接低电平，将输入数据先锁存在输入寄存器中。当需要 D/A 转换时，再将 $\overline{WR_2}$ 接低电平，将数据送入 DAC 寄存器中并进行转换，工作方式为两级缓冲方式。

单缓冲器型如图 6–1–52（b）所示。DAC 寄存器处于常通状态，当需要 D/A 转换时，将 $\overline{WR_1}$ 接低电平，使输入数据经输入寄存器直接存入 DAC 寄存器中并进行转换。工作方式为单缓冲方式，即通过控制一个寄存器的锁存，达到使两个寄存器同时选通及锁存。

直通型如图 6-1-52（c）所示。两个寄存器都处于常通状态，输入数据直接经两寄存器到 DAC 进行转换，故工作方式为直通型。

在实际应用时，要根据控制系统的要求来选择工作方式。

（二）A/D 转换器（ADC）

1. A/D 转换原理

A/D 转换器的作用是将输入的模拟信号转换为数字信号。转换过程通过采样、保持、量化和编码 4 个步骤完成。如图 6-1-53 所示为 A/D 转换原理框图。

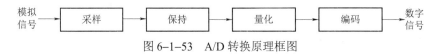

图 6-1-53　A/D 转换原理框图

1）采样和保持

采样（又称抽样或取样）是将时间上连续变化的模拟信号转换为时间上离散的模拟信号，即转换为一系列等间隔的脉冲。采样原理如图 6-1-54 所示。图中，u_i 为模拟输入信号，CP 为采样脉冲信号，u_o 为采样后的输出信号。

采样电路实质上是一个受控开关。在采样脉冲 CP 有效期 τ 内，取样开关接通，使 $u_o=u_i$；在采样脉冲 CP 无效时，输出 $u_o=0$。因此，每经过一个取样周期，在输出端便得到输入信号的一个取样值。

为了不失真地用采样后的输出信号 u_o 来表示输入模拟信号 u_i，采样频率 f_s 必须满足

$$f_s \geqslant 2f_{max} \qquad (6-1-13)$$

式（6-1-13）为采样定理。

其中，采样频率 f_s 是采样周期 T_s 的倒数，f_{max} 为输入信号 u_i 的上限频率（即最高次谐波分量的频率）。

采样脉冲的宽度往往是很窄的，而 ADC 把取样信号转换成数字信号需要一定的时间，需要将这个断续的脉冲信号保持一定时间以便进行转换，这个过程就是保持。

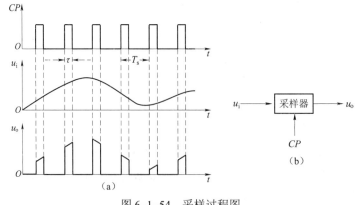

图 6-1-54　采样过程图

如图 6-1-55（a）所示是一种常见的采样保持电路，它由采样开关、保持电容和缓冲放

大器组成。图中，利用场效应管做模拟开关。在采样脉冲 CP 到来的时间 τ 内，开关接通，输入模拟信号 $u_i(t)$ 向电容 C 充电，电容 C 上的电压在时间 τ 内跟随 $u_i(t)$ 变化。采样脉冲结束后，开关断开，因电容的漏电很小且运算放大器的输入阻抗又很高，所以电容 C 上电压可保持到下一个采样脉冲到来为止。运算放大器构成跟随器，具有缓冲作用，以减小负载对保持电容的影响。在输入一连串采样脉冲后，输出电压 $u_o(t)$ 波形如图 6-1-55（b）所示。

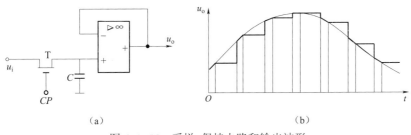

（a）　　　　　　　　　　　　　　（b）

图 6-1-55 采样-保持电路和输出波形

（a）采样-保持电路；（b）输出波形

2）量化和编码

所谓量化，就是把采样电压转化为某个最小单位电压 Δ 的整数倍的过程。分成的等级叫作量化级，Δ 称为量化单位。所谓编码，就是用二进制代码来表示量化后的量化电平。显然，数字信号最低有效位（LSB）的 1 所代表的数量大小就等于 Δ。采样后的数值不可能刚好是某个量化基准值，总有些偏差，这个偏差称为量化误差。量化级越细，量化误差就越小，但所用的二进制代码的位数就越多。同时，采用不同的量化等级进行量化时，可能产生不同的量化误差。

下面举例进行说明。把 $0\sim+1$ V 的模拟电压转换成 3 位二进制代码，最简单的方法是取 $\Delta=\frac{1}{8}$ V，并规定凡数值在 $0\sim\frac{1}{8}$ V 范围的模拟电压量化时都当作 $0\cdot\Delta$，用二进制数 000 表示；凡数值在 $\frac{1}{8}\sim\frac{2}{8}$ V 范围的模拟电压都当作 $1\cdot\Delta$，用二进制数 001 表示，以此类推，$\frac{7}{8}\sim$ 1 V 范围的模拟电压都当作 $7\cdot\Delta$，用二进制数 111 表示，如图 6-1-56 所示。不难看出，这种量化方法可能带来的最大量化误差可达 Δ，即 $\frac{1}{8}$ V。这样，采样的模拟电压经过量化编码电路后就转化成一组 n 位的二进制数输出，这个二进制数就是 A/D 转换的输出结果。

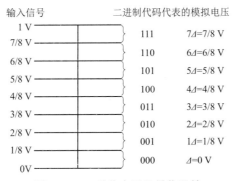

图 6-1-56 量化电平及量化误差

2. A/D 转换电路

1）逐次逼近型 A/D 转换器

逐次逼近型 A/D 转换器主要由逐次逼近型寄存器、D/A 转换器、电压比较器及逻辑控制电路组成，如图 6-1-57 所示。

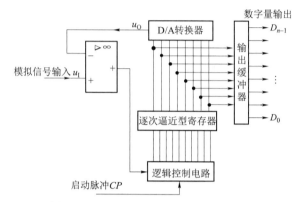

图 6-1-57　逐次逼近型 A/D 转换原理图

转换开始时，在第一个启动脉冲 CP 作用下，将寄存器清零，同时逻辑控制电路将寄存器的最高位置 1，其余位置 0，即寄存器输出 10000000，该数字量加到 D/A 转换器，被 D/A 转换器转换为模拟电压 u_O 加到电压比较器的反相输入端。然后 u_O 与模拟输入电压 u_I，经电压比较器比较。若 $u_I \geqslant u_O$，则电压比较器输出为 1，经逻辑控制电路使寄存器最高位的 1 保留（最高位寄存器置1）；若 $u_I \leqslant u_O$，则电压比较器输出为 0，经逻辑控制电路使寄存器最高位的 1 去掉（寄存器置0），完成第一次比较。当第二个启动脉冲 CP 到来时，通过逻辑控制电路将寄存器次高位置 1，然后重复上述过程，依次进行 D/A 转换和比较，直到寄存器的最低位比较完毕。最后，寄存器寄存的各位数据经数据缓冲寄存器输出，完成 A/D 转换过程。

显然，上述工作过程可以与天平称物类比。图 6-1-57 中的电压比较器相当于天平，被测模拟电压输入相当于重物，称量时，天平左端放置被称物体，然后大体估测物体质量并在右端放置相近的砝码，观察天平，若砝码质量大于物体，则将砝码去掉，更换小砝码；若砝码质量小于物体，则保留砝码，并再添加小砝码，直至称出物体质量。例如，设物体质量为 13 g，砝码质量分别为 8 g、4 g、2 g、1 g，称量过程如表 6-1-13 所示。如果砝码保留用"1"表示，去掉用"0"表示，则被称物体质量可表示为二进制数 1101。

表 6-1-13　逐次逼近称物体过程

称量顺序	砝码	比较	砝码去留	二进制表示
1	8 g	8<13	留	1
2	4 g	12<13	留	1
3	2 g	14>13	去	0
4	1 g	13=13	留	1

2）双积分型 A/D 转换器

如图 6-1-58 所示为双积分 A/D 转换器原理图。它由积分器、比较器、计数器及控制电路组成。所谓双积分，是指积分器要用两个极性不同的电源进行两个不同方向的积分。其波形图如图 6-1-59 所示。

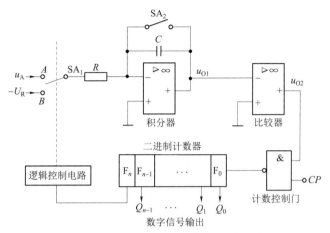

图 6-1-58　双积分 A/D 转换器原理图

转换之前，将计数器清零，开关 SA_2 闭合，电容放电到零，积分器反相输入端是"虚地"，积分器输出 $u_{O1}=0$。

转换开始，逻辑控制电路使开关 SA_2 断开，开关 SA_1 接通抽样保持电路，输入样值 u_A。积分电流为 u_A/R，方向从左向右，由于恒流充电，电容 C 上电压线性变化，u_{O1} 线性下降，如图 6-1-59 中从 $t=0$ 到 $t=t_1$ 所示。

由于 u_{O1} 是负值，比较器输出高电平，开放计数控制门，计数器由零开始计数。当计数器计到 $Q_nQ_{n-1}\cdots Q_0=10\cdots 0$ 时，Q_n 由低变高，触发开关 SA_1 切换到接通基准电压 $-U_R$ 的位置。

可见，电容是定时充电，充电时间为 2^n 个计数脉冲周期。

显然，样值 u_A 越大，积分电流就越大，u_{O1} 的绝对值就越大。图 6-1-59 中，实线示出的为 u_A 较大时的 u_{O1} 的波形。

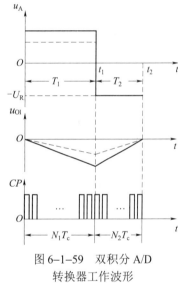

图 6-1-59　双积分 A/D 转换器工作波形

在开关 SA_1 接通 $-U_R$ 的同时，计数器又从零开始计数。电容放电，放电电流 u_R/R 是恒流，方向从右向左，u_{O1} 线性上升。放电开始后无论 u_{O1} 的绝对值是大是小，u_{O1} 绝对值下降的速度都一样，即放电曲线斜率不变，如图 6-1-59 中从 t_1 到 t_2 之间的波形所示。

由于实际电路中必须保证 $|U_R|>u_A$，故电容的放电电流比充电电流大，放电比充电快。计数器尚未计到 $Q_n=1$ 时，电容就放电完毕，并反向充上少量电荷，使 u_{O1} 变为正值。当 u_{O1} 稍大于 0 时，u_{O2} 就变为低电平，封锁了计数控制门，计数器停止计数。此时，计数器的即时计数值 $Q_nQ_{n-1}\cdots Q_0$ 就是抽样值 u_A 对应的二进制数字编码。

当取样值是负值时，基准电压应为正值。其工作原理与上述分析过程相同，只是所有相关电流方向和电压极性与上述样值是正值时相反。

3. A/D 转换器的主要技术指标

1）分辨率与量化误差

A/D 转换器的分辨率用输出二进制数的位数表示，位数越多，误差越小，转换精度越高。例如，输入模拟电压的变化范围为 0～5 V，输出 8 位二进制数可以分辨的最小模拟电压为 5 V×2^{-8}=20 mV；而输出 12 位二进制数可以分辨的最小模拟电压为 5 V×2^{-12}≈1.22 mV。

量化误差则是由于 A/D 转换器的分辨率有限而引起的误差，其大小通常规定为 $\pm\dfrac{1}{2}$ LSB。

该量反映了 A/D 转换器所能辨认的最小输入量，因而量化误差与分辨率是统一的，提高分辨率可减小量化误差。LSB 是指最低一位数字量变化所带来的幅度变化。

2）线性误差

线性误差是指实际的输出特性曲线偏离理想直线的最大偏移值。

3）转换精度

A/D 转换器的转换精度可以用绝对精度和相对精度来描述。绝对精度是指转换器在其整个工作区间理想值和实际值之间的最大偏差。它包括量化误差、偏移误差和线性误差等所有误差。相对误差是指绝对误差与满刻度值之比，一般用百分数（%）表示。

4）转换速度

转换速度是指完成一次转换需要的时间。转换时间是指从接到转换控制信号开始，到输出端得到稳定的数字输出信号所经过的时间，它可以通过产品手册查出。一般转换速度越高，价格越贵，在应用时可根据实际需要来选择器件。

4. 集成 A/D 转换器芯片及其应用

集成 A/D 转换器芯片很多，下面以 ADC0809 为例介绍其应用。

ADC0809 是一种采用 CMOS 工艺制成的 8 位逐次逼近型 A/D 转换集成电路。其内部结构如图 6-1-60 所示。

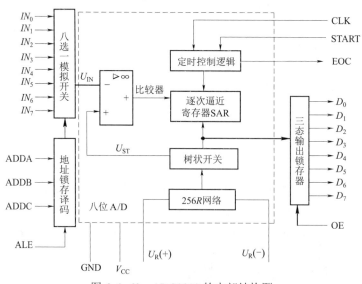

图 6-1-60　ADC0809 的内部结构图

它由单一+5 V 供电，片内带有锁存功能的 8 路模拟开关，可对 8 路 0～5 V 的输入模拟电压分时进行转换，完成一次转换需要 100 μs。ADC0809 是目前采用比较广泛的芯片之一，主要应用于对精度和采样速度要求不是很高的场合。

图 6-1-61 是 ADC0809 的引脚图，各引脚的名称和功能如下：

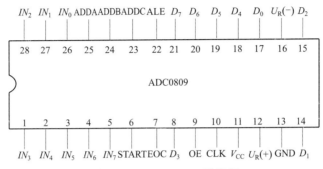

图 6-1-61　ADC0809 引脚图

$IN_0 \sim IN_7$：8 路单端模拟输入电压的输入端。

$D_0 \sim D_7$：转换器的数码输出线，D_7 为高位，D_0 为低位，可直接和计算机 CPU 数据线连接。

U_R（+）、U_R（-）：基准电压的正、负极输入端。由此输入基准电压，其中心点应在 $V_{CC}/2$ 附近，偏差不应超过 0.1 V。

START：启动脉冲信号输入端。当需启动 A/D 转换过程时，在此端加一个正脉冲，脉冲的上升沿将所有的内部寄存器清零，下降沿时开始 A/D 转换过程。

ADDA、ADDB、ADDC：模拟输入通道的地址选择线。

ALE：地址锁存允许信号，高电平有效。当 ALE=1 时，将地址信号有效锁存，并经译码器选中其中一个通道。

CLK：时钟脉冲输入端。

OE：输出允许信号，高电平有效。当 OE=1 时，打开输出锁存器的三态门，将数据送出。

EOC：转换结束信号，高电平有效。在 START 信号上升沿之后 1～8 个时钟周期内，EOC 信号输出变为低电平，标志转换器正在进行转换，当转换结束，所得数据可以读出时，EOC 变为高电平，作为通知接收数据的设备取该数据的信号。

任务达标知识点总结

（1）触发器的概念和特点。

触发器是构成时序逻辑电路的基本逻辑单元。其具有如下特点：

① 它有两个稳定的状态：0 状态和 1 状态。

② 在不同的输入情况下，它可以被置成 0 状态或 1 状态，即两个稳态可以相互转换。

③ 当输入信号消失后，所置成的状态能够保持不变，具有记忆功能。

（2）不同逻辑功能的触发器功能为：

RS 触发器：具有置 0、置 1、保持功能。

JK 触发器：具有置 0、置 1、保持、翻转功能。

D 触发器：具有置 0、置 1 功能。

T 触发器：具有保持、翻转功能。

T'触发器：具有翻转功能。

（3）常见时序逻辑部件：计数器、寄存器。二者均由触发器构成。

自我评测

1. 时序逻辑电路的输出不仅和_____有关，而且还与_____有关。

2. 基本 RS 触发器的约束条件是_____。

3. 触发器根据逻辑功能的不同，可分为_____、_____、_____、_____、_____等。

4. 一个 JK 触发器有_____个稳态，它可存储____位二进制数。

5. 把 JK 触发器改成 T 触发器的方法是_____。

6. 对于 JK 触发器，若 $J = K$，则可完成_____触发器的逻辑功能；若 $J = \overline{K}$，则可完成_____触发器的逻辑功能。

7. 计数器按 CP 脉冲的输入方式可分为_____和_____。

8. 上升沿 D 触发器波形如图 6-1-62 所示，试画出输出端 Q 的波形（设 Q 的初态为 0）。

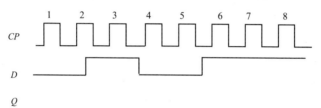

图 6-1-62　题 8 图

9. 试用下降沿 JK 触发器设计一个九进制同步计数器，要求使用（0000～1000）9 个状态：① 列出状态转移真值表；② 求各触发器的次态方程；③ 检查能否自启动；④ 画出状态图。

10. 试用 X 做控制端，用 D 触发器设计一个双向三进制计数器，当 $X=0$ 时为加法计数，即 $\rightarrow$00$\rightarrow$01$\rightarrow$10；$X=1$ 时为减法计数，即 $\rightarrow$11$\rightarrow$10$\rightarrow$01。要求：① 列出状态表；② 求各触发器的次态方程；③ 检查电路能否自启动；④ 画出电路图。

11. 分析如图 6-1-63 所示电路，判断它是几进制计数器，有无自启能力。

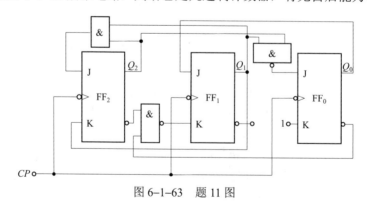

图 6-1-63　题 11 图

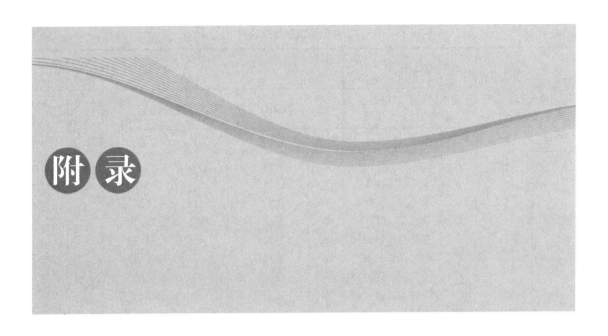

附录1 半导体器件型号与命名方法
（摘自国家标准 GB249—1974）

（1）半导体器件的型号由 5 个部分组成。

第一部分　第二部分　第三部分　第四部分　第五部分

用汉语拼音字母表示器件的规格号

用阿拉伯数字表示器件的序号

用汉语拼音字母表示器件的类型

用汉语拼音字母表示器件的材料和极性

用阿拉伯数字表示器件的电极数目

示例：

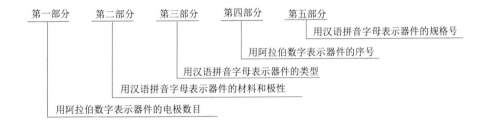

硅整流二极管
2 C Z 3
序号
整流器
N 型硅材料
二极管

硅NPN型高频小功率三极管
3 D G 6 B
规格号
序号
高频小功率管
NPN 型硅材料
三极管

（2）型号组成部分的符号及含义，如附表 1 所示。

附表 1　半导体器件型号组成部分的符号及其含义

第一部分		第二部分		第三部分				第四部分	第五部分
用阿拉伯数字表示器件的电极数目		用汉语拼音字母表示器件的材料和极性		用汉语拼音字母表示器件的类型				用阿拉伯数字表示器件的序号	用汉语拼音字母表示器件的规格号
符号	含义	符号	含义	符号	含义	符号	含义		
2	二极管	A	N 型，锗材料	P	普通管	D	低频大功率管（$f_a<3$ MHz，$P_C \geqslant 1$ W）		
		B	P 型，锗材料	V	微波管				
		C	N 型，硅材料	W	稳压管				
		D	P 型，硅材料	C	参量管	A	高频大功率管（$f_a \geqslant 3$ MHz，$P_C \geqslant 1$ W）		
3	三极管	A	PNP 型，锗材料	Z	整流管				
		B	NPN 型，锗材料	L	整流堆				
		C	PNP 型，硅材料	S	隧道管				
		D	NPN 型，硅材料	N	阻尼管	T	半导体闸流管（可控整流器）		
		E	化合物材料	U	光电器件				
				K	开关管	Y	体效应器件		
				X	低频小功率管（$f_a<3$ MHz，$P_C<1$ W）	B	雪崩管		
						J	阶跃恢复管		
						CS	*场效应器件		
				G	高频小功率管（$f_a \geqslant 3$ MHz，$P_C<1$ W）	BT	*半导体特殊器件		
						FH	*复合管		
						PIN	*PIN 型管		
						JG	*激光器件		

附录 2　部分半导体二极管参数选录

（1）硅整流二极管参数，如附表 2 所示。

附表 2　部分硅整流二极管的参数

参数 型号	最大整流电流	正向压降（25 ℃）	最高反向工作电压（峰值）	最高工作频率
	A	V	V	kHz
2CZ52B～2CZ52H	0.1	≤0.8	B: 50　 C: 100　 D: 200 E: 300　 F: 400　 G: 500 H: 600　 I, J: 700　 K: 800	3
2CZ53C～2CZ53K	0.3	≤0.8		
1N4001 1N4004 1N4005 1N4007	1	≤1	50 400 600 1 000	3

续表

参数 型号	最大整流电流	正向压降（25 ℃）	最高反向工作电压（峰值）	最高工作频率
	A	V	V	kHz
1N5400 1N5404 1N5408	3	≤0.8	50 400 1 000	3

（2）硅稳压管参数，如附表3所示。

附表3　部分硅稳压管参数

参数 型号	稳定电压 U_Z	稳定电流 I_Z	最大稳定电流 I_{ZM}	最大功耗 P_{ZM}	动态电阻 r_Z	温度系数 C_{TV}
	V	mA	mA	W	Ω	℃$^{-1}$
2CW52	3.2～4.5	10	55	0.25	<70	−0.08%
2CW57	8.5～9.5	5	26	0.25	<20	+0.08%
2DW230	5.8～6.6	10	30	<0.20	<25	±0.005%

（3）发光二极管主要参数，如附表4所示。

附表4　部分发光二极管主要参数

颜色	波长/nm	基本材料	正向电压（10 mA 时）/V
红外	900	砷化镓	1.3～1.5
红	655	磷砷化镓	1.6～1.8
黄	583	磷砷化镓	2～2.2

附录3　常用部分小功率晶体三极管的型号与参数选录

常用部分小功率晶体三极管的型号与参数选录见附表5。

附表5　常用部分小功率晶体三极管参数选录

参数 型号	极性	P_{CM}/ mW	I_{CM}/ mA	$U_{(BR)CEO}$/ V	h_{FE}	I_{CBO}/ μA	f_T/ MHz	C_{ob}/ pF	备注
3AX31A	PNP（锗）	125	125	≥12	40～180	≤20			低频管
3BX31A	NPN（锗）	125	125	≥12	40～180	≤20			低频管
3CX200A	PNP（硅）	300	300	≥12	55～400	≤1			低频管
3DX200A	NPN（硅）	300	300	≥12	55～400	≤1			低频管
3AG55A	PNP（锗）	150	50	≥15	40～180		≥100	≤8	

续表

参数 型号	极性	$P_{CM}/$ mW	$I_{CM}/$ mA	$U_{(BR)CEO}/$ V	h_{FE}	$I_{CBO}/$ μA	$f_T/$ MHz	$C_{ob}/$ pF	备注
3BG1	NPN（锗）	50	20	≥15	20～150				
3CG100A	PNP（硅）	100	30	≥15	≥25	≤0.1	≥100	≤4.5	
3DG100A	NPN（硅）	100	20	≥10	≥30	≤0.1	≥150	≤4	3DG6A
9011	NPN（硅）	300	300	≥30	54～198	≤0.1	≥150		塑封
9012	PNP（硅）	625	500	≥20	64～202	≤0.1			塑封
9013	NPN（硅）	625	500	≥20	64～202	≤0.1			塑封
9014	NPN（硅）	450	100	≥45	60～1 000	≤0.05	≥150		塑封
9015	PNP（硅）	625	100	≥20	60～600	≤0.1	≥100		塑封
8050	NPN（硅）	800	1 500	≥25	85～300	≤1	≥100		塑封
8550	PNP（硅）	800	1 500	≥25	85～300	≤1	≥100		塑封

注：表中 8050 与 8550、9012 与 9013、9014 与 9015 为互补对管，可用于推挽功放电路。

附录4　电阻标称阻值及允许误差

电阻值的基本单位是欧姆，简称欧（Ω）。另外，电阻值还有一些较大的单位，如千欧（kΩ）、兆欧（MΩ），它们之间的关系是：$1\ M\Omega=10^3\ k\Omega=10^6\ \Omega$。电阻器的标称阻值系列如附表 6 所示。任何电阻器的标称阻值都应符合附表 6 所列数值乘以 10^n 的关系，其中 n 为整数。

附表 6　电阻器标称值系列

系列	允许偏差	电阻标称值系列
E6	±20%	1.0　　1.5　　2.2　　3.3　　4.7　　6.8
E12	±10%	1.0　1.2　1.5　1.8　2.2　2.7　3.3　3.9　4.7　5.6　6.8　8.2
E24	±5%	1.0　1.1　1.2　1.3　1.5　1.6　1.8　2.0　2.2　2.4　2.7　3.0 3.3　3.6　3.9　4.3　4.7　5.1　5.6　6.2　6.8　7.5　8.2　9.1
E96	±1%	1.00　1.02　1.05　1.07　1.10　1.13　1.15　1.18　1.21　1.24 1.27　1.30　1.33　1.37　1.40　1.43　1.47　1.50　1.54　1.58 1.62　1.65　1.69　1.74　1.78　1.82　1.87　1.91　1.96　2.00 2.05　2.10　2.15　2.21　2.26　2.32　2.37　2.43　2.49　2.55 2.61　2.67　2.74　2.80　2.87　2.94　3.01　3.09　3.16　3.24 3.32　3.40　3.48　3.57　3.65　3.74　3.83　3.92　4.02　4.12 4.22　4.32　4.42　4.53　4.64　4.75　4.87　4.99　5.11　5.23 5.36　5.49　5.62　5.76　5.90　6.04　6.19　6.34　6.49　6.65 6.81　6.98　7.15　7.32　7.50　7.68　7.87　8.06　8.25　8.45 8.66　8.87　9.09　9.31　9.53　9.76

附录5　电容标称容量和允许误差及额定工作电压

1. 标称容量及允许误差

电容器容量的基本电位是法拉，用英文字母 F 表示。这个单位较大，常用的单位有微法（μF）、纳法（nF）和皮法（pF）。它们的关系是：$1\ \mu F = 10^{-6}\ F$，$1\ nF = 10^{-9}\ F$，$1\ pF = 10^{-12}\ F$。

常用电容器容量的标称值如附表 7 所示。任何电容器的标称容量都应满足附表 7 中数据乘以 10^n 的关系，这里 n 为整数。实际电容器的容量与标称值之间的相对误差，称为电容器的误差。

附表 7　固定电容器容量标称值

类　别	允许误差	容量标称值系列											
纸介质、金属化纸介质、低频无极性有机薄膜介质	±5%	100 pF～1 μF		1.0	1.5	2.2	3.3	4.7	6.3				
	±10%	1 μF～100 μF		1	2	4	6	8	10	15	20		
	±20%	只取表中值		20	50	60	80	100					
高频无极性有机薄膜介质、瓷介质、云母介质	±5%	1.0　1.1　1.2　1.3　1.5　1.6　1.3　2.0　2.2　2.4　2.7　3.0 3.3　3.6　3.9　4.3　4.7　5.1　5.6　6.2　6.8　7.5　8.2　9.1											
	±10%	1.0　1.2　1.5　1.8　2.2　2.7　3.3　3.9　4.7　5.6　6.8　8.2											
	±20%	1.0　　1.5　　2.2　　3.3　　4.7　　6.8											
铝、钽电解电容		1.0　　1.5　　2.2　　3.3　　4.7　　6.8											

2. 额定工作电压

额定工作电压又称为耐压值，是指电容器在规定的温度下，长期可靠工作时所能承受的最高直流电压。耐压值的大小与电容的介质材料及厚度有关。另外，温度对电容器的耐压也有很大的影响。常用固定电容器的耐压值有 1.6、4、6.3、10、16、25、32*、40、50*、63、100、125*、160、250、300*、400、450*、500、630、1 000（单位：V）等多种等级，其中有"*"符号的只限于电解电容器用。耐压值一般也是直接标在电容器上的，但也有一些电解电容器在正极根部标上色点来代表不同的耐压等级，如棕色代表耐压值为 6.3 V，而红色代表 10 V，灰色代表 16 V 等。

参 考 文 献

[1] 吕国泰，白明友. 电子技术 [M]. 4版. 北京：高等教育出版社，2013.

[2] 胡宴如. 模拟电子线路 [M]. 北京：高等教育出版社，2013.

[3] 孙津平. 数字电子技术 [M]. 西安：西安电子科技大学出版社，2003.

[4] 康华光. 电子技术基础 [M]. 4版. 北京：高等教育出版社，1999.

[5] 张龙兴. 电子技术基础 [M]. 北京：高等教育出版社，2000.